图解西门子

陈先锋 / 编著

840DsI / 840D

数控系统维修调试

与PLC故障诊断

U0243542

化学工业出版社

·北京·

内 容 简 介

本书围绕西门子 SINUMERIK 840D sl/840D 数控系统，从机床应用的角度出发，详细介绍了西门子 SINUMERIK 840D sl/840D 有关维修和调整方面的知识。本书按照学习者对于西门子 840D sl/840D 数控系统机床认识和调试的进程，按照五天的学习时间进行讲解，内容涵盖系统硬件连接、驱动配置、机床参数配置、PLC 编程调试、系统优化以及故障诊断等各种应用技能。本书主要针对 SINUMERIK 840D sl/840D 数控系统的应用调试，图文并茂，侧重实际，实用性强。

本书是针对西门子数控技术的一本非常实用的职业技能培训教材，可作为 SINUMERIK 840D sl/840D 数控机床的设计、调试和维修工程师的查阅资料，及专业技术人员学习和掌握西门子数控系统的进阶手册，也可作为高校及职业院校数控、机电、自动化、智能制造等专业的参考书。

图书在版编目（CIP）数据

图解西门子 840Dsl/840D 数控系统维修调试与 PLC 故障诊断五日通/陈先锋编著. —北京：化学工业出版社，2021.11（2023.8 重印）
ISBN 978-7-122-39848-2

Ⅰ.①图… Ⅱ.①陈… Ⅲ.①数控机床-数字控制系统-调试方法-图解②数控机床-数字控制系统-维修-图解③PLC 技术-故障诊断-图解 Ⅳ.① TG659-64 ② TM571.61-64

中国版本图书馆 CIP 数据核字（2021）第 179406 号

责任编辑：王　烨	文字编辑：林　丹
责任校对：宋　夏	装帧设计：刘丽华

出版发行：化学工业出版社（北京市东城区青年湖南街 1 号　邮政编码 100011）
印　　装：北京科印技术咨询服务有限公司数码印刷分部
787mm×1092mm　1/16　印张 18½　字数 483 千字　2023 年 8 月北京第 1 版第 4 次印刷

购书咨询：010-64518888　　　　　　　售后服务：010-64518899
网　　址：http://www.cip.com.cn
凡购买本书，如有缺损质量问题，本社销售中心负责调换。

定　　价：89.00 元

版权所有　违者必究

序

在制造业中，数控机床作为高端装备制造业的典型代表，是企业承担核心工艺及重要生产岗位的核心装备，尤其在汽车、航空航天、医疗和自动化生产及其配套产业发展迅速，大量制造业龙头企业成百上千地购置数控机床，承担着企业主要的加工制造任务，提高了企业的核心竞争力。数控系统作为数控机床的控制"大脑"，如何用好、维护维修好数控系统是以上行业工程技术人员的重要任务。机床设计、调试和维修人员如何选择配件、配置和调整系统？如何让设备发挥出最优的性能？如何让系统的调试时间和故障停机时间最小化？甚至如何扩展用户的功能，等等，这些都是广大工程技术人员关注的焦点。

西门子是国际数控系统制造商的重要代表，SINUMERIK是西门子数控系统的品牌名称，西门子旗下SINUMERIK 840D sl系统，从诞生迄今，广泛应用于航空航天、汽车、医疗器械、自动化产线等领域及其配套产业，在高档数控机床控制领域处于全球领先地位。本书以西门子SINUMERIK 840D sl/840D数控系统为基础，从机床应用的角度出发，详细介绍该系统的维修、调整方面的知识，包括硬件连接、软件编程调试、驱动配置、机床参数配置、系统优化以及故障诊断等各种应用技术。同时介绍PLC在该数控系统中的应用技巧以及接口信号的应用。附录中还引入了行业最新的虚拟调试技术，便于读者拓展技术思维。

本书作者陈先锋博士毕业于同济大学机械制造及其自动化专业，曾任上海某高校教师、西门子工业培训中心数控培训师。他成立的泰之（上海）自动化科技有限公司作为数控硬件维修、现场服务以及技术培训的专业服务型公司，为本书的编写提供了大量硬件维修调试的技术文档、现场故障诊断分析报告以及数控功能调试的实验装置。本书不少案例来源于陈博士《SIEMENS数控机床电气系统维修调试与PLC故障诊断技术培训》的培训课程，汲取了他调查并总结各期学员在培训及工作中的实际需求，更加贴近西门子数控技术应用工程师的岗位实践。

本书有较强的实用性，面向现场维护调试人员、工程技术人员、院校数控维修调试专业教师，相信本书能够对于读者成为西门子数控系统技术应用专家起到重要作用。

杨轶峰

数控数字化教育行业高级经理

西门子（中国）有限公司

前言

在制造业中，数控机床是至关重要的设备，西门子作为数控系统制造商的代表者，其各个系列数控产品在数控机床中都得到广泛的应用。同时，数控系统作为数控机床的核心部分，这方面的人才培养是发展先进制造业、提高产业竞争力的必然要求。以上海为中心的长三角地区，汽车、航空及其配套产业的发展势头迅速，很多企业拥有很多台数控机床，这些数控机床承担着企业近80%的制造任务。数控机床数量大，高性能的数控机床在企业中扮演重要角色，因此，数控机床的应用技术对制造业至关重要。

随着西门子数控系统的广泛应用，广大的工程技术人员对其应用要求也越来越迫切，远远不满足于系统的操作、简单的编程。对于机床设计、调试和维修人员来说，如何选择配件、配置和调整系统，如何让设备发挥出最优的性能，以及如何让系统的调试时间和故障停机时间最小化，甚至如何扩展用户的功能，等等，都是广大工程技术人员关注的焦点，也符合读者想成为西门子数控技术高级应用工程师的需求。

本书以西门子 SINUMERIK 840D sl/840D 数控系统为基础，从机床应用的角度出发，详细介绍西门子 SINUMERIK 840D sl/840D 有关维修和调整方面的知识，包括硬件连接、软件编程调试、驱动配置、机床参数配置、系统优化以及故障诊断等各种应用技术。同时介绍 PLC 在西门子数控系统中的应用技巧以及接口信号的应用。本书主要针对 SINUMERIK 840D sl/840D 数控系统的应用调试，从工程使用的角度出发，给读者一个通道，读者学习完本书，就可以实现对 840D sl/840D 数控系统进行硬件系统功能配置、安装调试以及故障诊断，能够最快地形成一个对西门子数控系统应用技术的完整的知识结构，有利于在应用 840D sl/840D 数控技术以及在调试过程中举一反三。

在本书的编写过程中，力图做到面向现场维护调试人员、工程技术人员，注重实践，以典型应用讲解西门子 SINUMERIK 系列数控系统的应用调试以及故障诊断知识，做到结合实际数控机床的设计开发、工程实践以及技术培训经验编写，做到理论精简、通俗、叙述到位，直接根据工程实际需求组织编写，删繁就简，实用性强。

泰之（上海）自动化科技有限公司作为一家西门子数控硬件维修、现场服务以及技术培训的专业服务型公司，为本书的编写提供了大量硬件维修调试的技术文档、现场故障诊断分析报告以及数控功能调试的实验装置。同时，泰之（上海）自动化科技有限公司定期举办《SIEMENS 数控机床电气系统维修调试与 PLC 故障诊断技术培训》培训课程，在该培训课程中，全面调查并总结各期学员在西门子数控系统技术应用及调试过程中的切实需求，使得本书能够更加贴近西门子数控技术应用工程师的需求，让读者能够通过学习本书提高自身在实际机床调试、现场维修与故障诊断等方面的能力。

由于笔者的水平有限，书中难免存在一些不足之处，希望广大读者能够批评指正，不胜感激。

编著者

目 录

第 3 天

西门子840D sl/840D数控系统的基本启动

第4天
西门子840D sl/840D数控系统的功能调整及补偿优化

第5天
840D sl/840D数控系统的接口信号与故障诊断

第 1 天

840D sl/840D数控系统调试软件工具及系统组件

"工欲善其事，必先利其器"，我们做数控机床的维修调试也是一样的，需要有齐备的软硬件工具，并且知道各常用软件的使用场合及使用方法。因此，第 1 天的学习先要把 840D sl/840D 数控系统调试的软件工具了解清楚，包括软件的安装、应用场合、联机设置等。在西门子的数控系统调试软件中，有些适用于 840D sl 数控系统，有些适用于 840D 数控系统，大部分软件是有通用性的。

数控系统的系统组件通常定义为由通信网络连接的功能组件。840D sl 通信网络为以太网，网络连接有 NCU、PCU/TCU、MCP、HT2/HT8 等功能组件；840D 通信网络为 OPI，网络连接有 NCU、PCU、MCP、HHU 等功能组件。

1.1 软件安装环境及注意事项

1.1.1 软件安装环境

大部分的工程师在维修调试工作中，既会有 840D sl 数控系统的机床，也经常会遇到 840D 数控系统的机床，但是我们使用的调试计算机通常是比较固定的一台计算机，因此我们的调试计算机的操作系统要能够兼顾不同的数控系统。通过笔者的调试经验来看，使用 Windows 7 旗舰版的操作系统兼容性好（32 位系统或 64 位系统都可以）。如果使用 Windows 10 的操作系统，通常需要使用虚拟机（比如 VMware-workstation）来安装一些不能在 Windows 10 操作系统上兼容的调试软件。但是现在购买的新计算机通常都不好直接安装 Windows 7 的操作系统，因此使用虚拟机也是一个选择，虚拟机的安装使用在本书中不涉及。

计算机除了操作系统有要求之外，对于硬件的配置也有一定的要求，通常 CPU 处理器最好能够是 i5 以上、系统内存至少不低于 4GB、系统分区 C 盘容量最好能够在 100GB 或以上。这样有利于调试软件的顺畅运行，可以通过计算机属性查看所使用计算机的配置情况，如图 1-1

Windows 版本

Windows 7 旗舰版

版权所有 © 2009 Microsoft Corporation. 保留所有
权利.

Service Pack 1

系统

分级：　　　　　**3.9** Windows 体验指数

处理器：　　　　Intel(R) Core(TM) i5 CPU　　M 540 @ 2.53GHz
　　　　　　　　2.53 GHz

安装内存(RAM)：　5.00 GB (2.92 GB 可用)

系统类型：　　　　32 位操作系统

笔和触摸：　　　　没有可用于此显示器的笔或触控输入

图 1-1　计算机的配置信息

所示。

1.1.2　软件安装注意事项

西门子数控调试软件安装有一些既定的要求必须遵照，否则无法正常完成软件的安装，或者软件安装好了之后也无法正常使用。

（1）软件安装顺序

本书所有涉及的软件中，优先安装 STEP7 调试软件，然后再根据调试现场要求安装其它软件。

（2）软件存储路径及安装路径

西门子的大部分软件是不允许存储在具有中文字符或其他特殊字符的文件夹路径下的，比如软件的存储文件夹为"西门子数控软件"或"数控培训软件"之类的文件夹都不允许使用，可以命名为"SIEMENS CNC SoftWare"或者"SINUMERIK Trainning SoftWare"之类纯英文的文件夹。如图 1-2（a）所示为正常可以安装的软件存储文件夹，图 1-2（b）所示为无法正常安装的软件存储文件夹。另外需要注意的是，软件一般不要放在计算机的"桌面"上存储，也不要在 U 盘上直接进行安装。

(a) STEP 7软件的英文文件夹存储路径

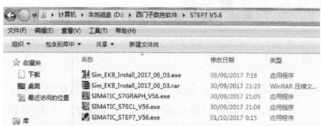

(b) STEP 7软件的中文文件夹存储路径

图 1-2　软件存储路径

软件安装除了有软件存储路径的要求之外，其安装的路径一般要求选择在默认的安装路径，通常软件都是安装在操作系统盘的"C:\Program Files\"路径下，尽量不要更改安装路径，这主要是有利于软件使用的稳定性以及不同软件之间的兼容性考虑。

（3）操作系统重启提示信息

有一些软件在安装时会跳出一个提示框要求操作系统重启，如图 1-3 所示，事实上如果重启计算机然后接着安装软件，还是会出现该提示信息框。此时通常不要重启计算机，而是要进入注册表中，删除字符串值"Pending-FileRenameOperations"，该字符串值在以下路径中："HKEY_LOCAL_MACHINE \ System \ CurrentControlSet \ Control \ Session Manager \ "。

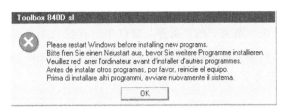

图1-3　系统要求重启信息提示框

进入注册表操作步骤如下：点击计算机开始菜单→运行，或通过键盘上的快捷键 + R，在"运行"窗口中，输入"REGEDIT"，然后点击"确认"打开注册表，如图1-4所示。

打开注册表之后，按照上述路径找出"PendingFileRenameOperations"字符串值选项，或者可以通过注册表查找功能直接查找"PendingFileRenameOperations"字符串值选项，如图1-5所示，随后把查找出来的"PendingFileRenameOperations"字符串值选项删除，关闭注册表，继续安装软件即可顺利往下安装，而不要重新启动计算机。这里需要注意的是，一旦计算机重启之后"PendingFileRenameOperations"字符串值选项又会重新生成，需要安装其它软件的时候需要再次删除该字符串选项。

图1-4　运行打开注册表

图1-5　删除注册表选项

（4）杀毒软件与防火墙

西门子的很多软件并不与"360安全卫士""腾讯电脑管家""金山卫士"软件兼容，因此在安装西门子软件之前，建议把上述这类软件关闭并退出保护功能，以免在西门子软件安装过程中把相应的文件阻止或误删除，从而导致软件安装好之后无法正常运行或使用。

（5）软件授权

西门子大部分软件是需要授权才可以正常运行的，没有正确授权运行软件会出现没有授权的提示信息，如图1-6所示。没有正常授权的软件无法正常打开运行，需要重新安装授权文件。

有时候，软件原来已经正常安装了授权文件，但是由于授权管理器出故障也会导致软件无法启动运行，如图1-7所示。此时需要检查授权管理器服务是否正常启动，或者重新安装授权管理器。

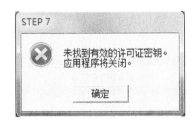

图1-6　软件缺少授权

图1-7　授权管理器故障提示信息

　　授权管理器是属于 Windows 的服务，检查其是否正常启动可以点击"计算机"右键，在"管理"选项下的"服务"窗口中，查找"Automation License Manager Service"，检查其状态为"已启动"则是正常状态。如果状态为"未启动"则需要双击该服务，然后点击"启动"按钮让该服务启动起来，如图 1-8 所示。

图 1-8　启动授权管理器服务

1.2　SINUMERIK 840D sl/840D 学习流程与调试软件

1.2.1　学习流程

　　SINUMERIK 840D sl/840D 数控系统的内容相当丰富，每位技术人员都可以根据自己的需要来学习相应的知识。不管是维修调整方面，还是加工工艺编程方面，如果按照一定的学习路径，会取得更好的效果，图 1-9 所示为一个推荐的学习路径。

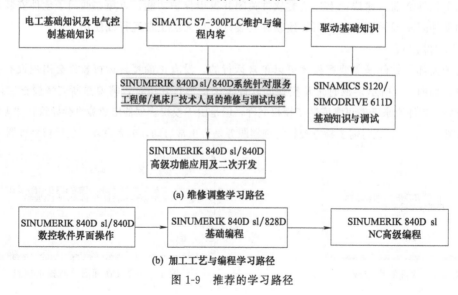

图 1-9　推荐的学习路径

第
1
天

在本书中，针对 840D sl/840D 数控系统，主要涉及维修调整方面从基础到综合应用的大部分内容，以期通过一个五天为周期的集中培训学习，从而达到对西门子 840D sl/840D 数控系统有一个系统性的了解和掌握。

1.2.2　STEP 7 软件

840D sl/840D 集成了 S7-300 系列的 PLC，因此 PLC 的调试软件也是使用 STEP7 软件。鉴于不同 STEP7 版本与数控系统以及计算机操作系统之间的兼容性问题，建议安装使用至少是 SI-

MATIC STEP7 V55SP4 以上的版本，使用英文版或中文版都可以，安装选项如图 1-10 所示，其安装路径通常不建议更改。

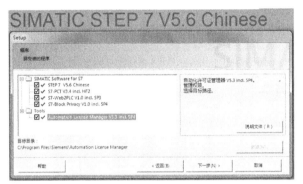

STEP7 用于 PLC 程序编写、监控、修改、PLC 诊断等工作。通常 STEP7 软件是西门子软件安装的第一个软件，安装之后会有一个项目实施的软件环境 SI-MATIC 管理器，包括整个项目的网络组态、硬件组态、程序块的编辑等功能，也可以把 HMI 的项目、驱动项目集成到该软件环境中。

图 1-10　STEP7 软件安装选项

由于 PLC 程序的复杂性，一般情况下在数控机床的人机界面上不能够直接查看或修改 PLC 程序。有些 840D sl/840D 数控系统的机床虽然可以在操作界面中查看或修改 PLC 程序，但相应的操作也比较烦琐，并且不是标准的功能，需要在数据机床上额外安装 STEP7 软件并授权。

如果数控系统的操作单元为 PCU、PCU50.3 或 PCU50.5 带有硬盘，那么 STEP7 软件可以安装在 PCU 硬盘上，通过运行一个授权的注册文件，可以在 HMI 操作界面上生成一个 STEP 7 的操作软键（SK），通过这个操作软键可以打开 STEP7 的运行环境，进行 PLC 程序的查看和调试。

1.2.3　SINUMERIK 840D sl/840D 工具盘

840D sl/840D 数控系统的硬件信息以及 PLC 基本程序在标准的 STEP7 软件中是没有集成的，因此需要安装与数控系统版本相兼容的工具盘才可以实现数控机床 PLC 项目程序的上传、下载以及调试等工作。由于数控系统工具盘需要与数控系统软件版本相兼容或一致，所以事先需要查看数控系统的软件版本。840D sl/840D 数控系统的软件版本都在数控操作界面的"诊断"界面下的"版本"信息页面下查看，如图 1-11（a）、图 1-11（b）所示。数控操作界面配置是 HMI Operate 或 HMI Advance 时，进入"版本"信息页面的路径有所不同。

HMI Operate 操作界面：主菜单（MENU）→诊断→版本；

HMI Advance 操作界面：主菜单（MENU）→诊断→服务显示→版本。

如图 1-11（a）所示，NCU 的系统软件版本为 04.05.06.03，这说明 840D sl 的 PLC 调试所需要的 Tool-Box 工具盘的版本要 04.05 版本或与之兼容的版本。

如图 1-11（b）所示，NCU 的系统软件版本为 06.02.06，这说明 840D 的 PLC 调试所需要的 Tool-Box 工具盘的版本要 06.02 版本或与之兼容的版本。

840D sl/840D 数控系统的 Tool-Box 工具盘包含了 840D sl/840D 数控系统 PLC 启动及调试的

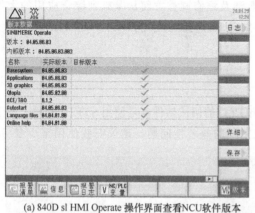

(a) 840D sl HMI Operate 操作界面查看NCU软件版本

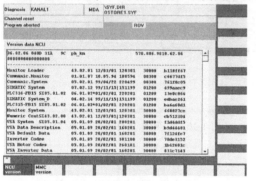

(b) 840D HMI Advance 操作界面查看NCU软件版本

图 1-11　查看数控系统软件版本

基本硬件信息、PLC基本程序库文件以及NC变量选择器等，如图1-12所示。所有的机床厂家，只要是采用840D sl/840D数控系统，那么它的PLC用户程序的开发设计就离不开这个Tool-Box工具盘。当然系统服务工程师，如果需要上传PLC的硬件信息，或者需要重新设计PLC程序，那么也需要相应的Tool-Box工具盘。可以说没有Tool-Box工具盘，用户能够针对PLC程序作的事情仅仅是查看程序、对程序逻辑做些简单的修改等。

数控系统Tool-Box的硬件信息以及PLC库文件安装完成之后，在计算机的桌面或者开始菜单项里面并不会生成相应的图标或菜单，但是可以在STEP7软件中查看，在打开库文件的选项中可以检查是否正常安装PLC的库文件，如图1-13所示。库文件名称有固定的含义，比如bp7x0＿45表示840D sl数控系统基本库文件版本为04.05，bp7x0＿26表示840D sl数控系统基本库文件版本为02.06，gp8x0d74表示840D数控系统基本库文件版本为07.04。

在STEP7的硬件组态窗口中可以查看是否已经安装数控系统的硬件信息，如图1-14所示。在硬件信息栏的SIMATIC300中，如果有SINUMERIK硬件信息选项，则说明数控系统的硬件信息已经正常安装。

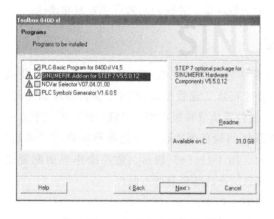

图 1-12　工具光盘的安装选项

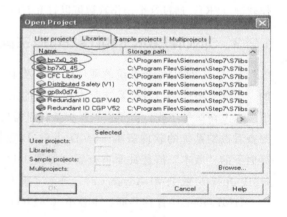

图 1-13　数控系统的PLC库文件

值得注意的是，我们有时候会遇见某个比较低版本的Tool-Box无法正常安装，这是由于Tool-Box与计算机的操作系统也有兼容性的问题。比如840D sl的Tool-Box版本V0206需要安装在Windows 7的操作系统中，会出现如图1-15所示提示信息。这时候，可以采取变通的方式来解决。对于Tool-Box的各个安装选项分析会发现，其中硬件信息部分是高版本往低版本兼容的，也就是说只要安装高版本的 Tool-Box，那么低版本的 Tool-Box 硬件信息也同样生效，比如这里我们找一个 V0408 的版本在 Windows 7 中可以安装。但是不同版本的 Tool-Box 的 PLC 基本程序是不一致的，也不能兼容，那么这时候我们只有再单独安装 Tool-Box 中的 PLC 基本程序才可以。一般来说 PLC 基本程序的安装对于操作系统没有特别的要求。在 Tool-Box 的 PLC _ BP 文件夹中包含的是 PLC 的基本程序，该文件夹的 Setup. exe 可以单独安装 PLC 基本程序，如图 1-16 所示。

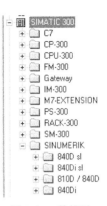

图 1-14　数控系统硬件信息

　　同样的，对于 840D 的 Tool-Box，由于最高的版本在 Windows 7 中也无法安装，因此硬件信息也有可能无法兼容，因此除了基本程序之外，还需要单独安装硬件信息。在 Tool-Box 中 s7hw 文件夹包含的是数控系统的硬件信息，该文件夹的 Setup. exe 可以单独安装 PLC 硬件信息，如图 1-17 所示。

图 1-15　Tool-Box 不兼容操作系统

图 1-16　Tool-Box 中 PLC 的基本程序存储路径

1. 2. 4　Start up Tool 调试工具

　　针对 840D sl/840D 数控系统的人机界面，西门子除了提供用于安装在 PCU 上的 HMI 软件之外，还提供了用于安装在 PC 上的 HMI 软件，通常称之为 PC 版本的 HMI Start up Tool 调试工具。这个软件可以用于在个人计算机上调试数控系统，包括备份恢复数据、设置参数、启动和配置轴、驱动系统调试及优化等。对于机床厂家、服务工程师使用这个软件能够为自己的调试工作提供很多便利。

　　由于 840D sl/840D 两种数控系统共用一个相同的软件，因此在安装过程中，必须选择 Solution Line 选项，如图 1-18 所示。否则该软件将只能连接 840D 数控系统，而无法连接 840D sl 数控系统。

名称	修改日期	类型	大小
ncuom	29/01/2020 18:55	文件夹	
ncuom54	29/01/2020 18:55	文件夹	
setupdir	29/01/2020 18:55	文件夹	
simotionom	29/01/2020 18:55	文件夹	
slaveom	29/01/2020 18:55	文件夹	
INST32I.EX	27/09/2007 13:51	EX_ 文件	290 KB
_ISDel.exe	27/09/2007 13:51	应用程序	27 KB
_sys1.cab	27/09/2007 13:51	WinRAR 压缩文...	790 KB
_sys1.hdr	27/09/2007 13:51	HDR 文件	7 KB
_user1.cab	27/09/2007 13:51	WinRAR 压缩文...	388 KB
_user1.hdr	27/09/2007 13:51	HDR 文件	10 KB
DATA.TAG	27/09/2007 13:51	TAG 文件	1 KB
data1.cab	27/09/2007 13:51	WinRAR 压缩文...	746 KB
data1.hdr	27/09/2007 13:51	HDR 文件	80 KB
lang.dat	27/09/2007 13:51	DAT 文件	23 KB
layout.bin	27/09/2007 13:51	BIN 文件	1 KB
os.dat	27/09/2007 13:51	DAT 文件	1 KB
setup.bmp	27/09/2007 13:51	BMP 图像	345 KB
Setup.exe	27/09/2007 13:51	应用程序	72 KB
SETUP.INI	27/09/2007 13:51	配置设置	1 KB
setup.ins	27/09/2007 13:51	INS 文件	448 KB
setup.lid	27/09/2007 13:51	LID 文件	1 KB
siemensd.wri	27/09/2007 13:51	写字板格式	5 KB
siemense.wri	27/09/2007 13:51	写字板格式	6 KB
version.ini	27/09/2007 13:51	配置设置	1 KB

图 1-17 Tool-Box 中 PLC 的硬件信息存储路径

　　软件安装完成之后，会在计算机的桌面上生成一个 SINUMERIK 840D 的文件夹，如图 1-19 所示，其中包含一个 "NCU Connection Wizard" 连接 NCU 的设置向导，通过设置向导设置所连接 NCU 的类型及接口参数。

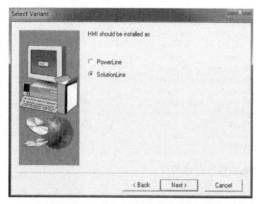

图 1-18 Start up Tool 软件安装选项

图 1-19 SINUMERIK 840D 文件夹内容

　　如果连接 840D sl 数控系统 NCU 的 X127 接口，则选择 840D solution line，随后选择 X127 接口，并确认连接接口的 IP 地址是否正确（X127 接口的 IP 地址默认为 192.168.215.1），如图 1-20 所示。

　　设置完成之后，确保 NCU 与计算机之间通过网线连接正常，这样可以启动 "HMI Startup" 软件进行联机操作。

　　如果连接 840D 数控系统 NCU 的 X122 接口，则选择 840D power line，随后选择 X122 接口，并确认连接接口的 MPI 地址是否正确（X122 接口的 NCK 地址默认为 3，PLC 地址默认为 2），如图 1-21 所示。

图 1-20 840D sl 的 X127 接口联机设置   图 1-21 840D 的 X122 接口联机设置

1.2.5 Doc on CD 资料光盘

西门子为 840D sl/840D 数控系统的用户提供了一个资料光盘，通常每年会有更新，这个资料光盘我们称之为 Doc on CD。它包含了与 SINUMERIK 840D sl/840D 数控系统相关的所有用户文档，包括系统操作手册、部件操作手册、调试手册、诊断手册、功能手册等。可以说这个 Doc on CD 资料光盘几乎包含了用户可能会涉及的与 SINUMERIK 840D sl/840D 数控系统有关的所有资料文档，并且它提供了一个非常方便的索引工具，查阅起来相当方便。

2010 年的 Doc on CD 版本包括 840D sl 和 840D 的文档信息，但之后的 Doc on CD 不再提供 840D 的文档更新，只提供 840D sl 的文档信息及更新，因此如果需要查阅 840D 的文档信息，则需要安装 2010 年版本或之前的 Doc on CD。最新版本的 Doc on CD 基于 IE 浏览器进行安装，但是阅读器是 Adobe PDF 阅读器，这种版本安装比较方便，只要计算机中预先有安装 Adobe PDF 阅读器即可以正常使用，如图 1-22 所示。

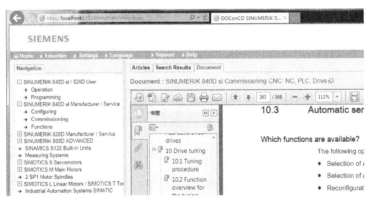

图 1-22 基于 IE 浏览器的 Doc on CD

但是 2013 年之前的 Doc on CD 是完全基于 Adobe PDF 阅读器的一个插件，安装时候需要确保计算机中事先安装了 Adobe PDF 阅读器，并且安装 Doc on CD 的时候需要确保所安装的插件与 Adobe PDF 阅读器在同一个安装路径下，如图 1-23 所示，安装路径不正确会导致 Doc on CD 插件无法正常使用。由于 Doc on CD 与 Adobe PDF 阅读器 X 版本之后不兼容，因此还需要单独安装西门子提供的一个"addon_doconcd_adobereaderx"软件包，该软件包的安装路径也必须与 Adobe PDF 阅读器在同样的安装路径下。

Doc on CD 插件安装完成之后，打开 Adobe PDF 阅读器就可以选择相应的资料光盘进行资料查阅，如图 1-24 所示。需要注意的是我们所用到的 Doc on CD 资料光盘必须事先拷贝到计算机硬盘中，并且安装之后能够删除或移走 Doc on CD 资料光盘的文件夹，否则不能正常查阅。

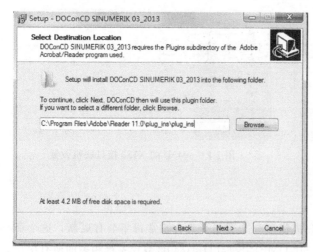

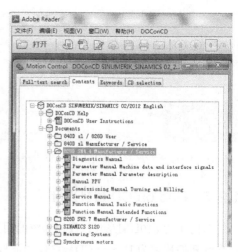

图 1-23　Doc on CD 插件的安装路径选择　　　图 1-24　基于 Adobe PDF 阅读器的 Doc on CD

1.2.6　Linux 操作系统访问工具

840D sl 的 NCU 操作系统为 Linux，该操作系统安装在 NCU 的 CF 卡上，由于我们调试用的计算机操作系统通常为 Windows，因此需要借助于相应的软件来连接 NCU 才能够访问 CF 卡里的文件系统。通常有 WinSCP、Access MyMachine 两个软件用于联机访问 NCU 的 CF 卡系统文件。

（1）WinSCP

WinSCP 软件是一个第三方的软件，用于在 Windows 操作系统中访问 NCU 的 Linux 操作系

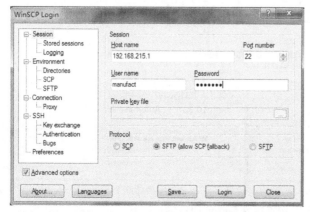

统，存取系统 CF 卡文件、执行系统指令、更新系统用户报警文本等，但是不能查看 NCU 内存，随 HMI Start up 软件一起安装，软件联机界面如图 1-25 所示。WinSCP 软件登录常用的用户名为 manufact 或 admin，密码为 SUNRISE，连接 NCU 的端口为 X127，设置主机名称为 IP 地址 192.168.215.1，端口号为 22。

（2）Access MyMachine

图 1-25　WinSCP 联机登录设置

Access MyMachine 用于实现 840D sl 控制器与计算机之间的远程操作。该软件可用于在远程计算机与控制器之间传输数据（如零件程序），也可以访问 NC 内存，如图 1-26 所示。软件包含一个查看器，用于远程查看和更改控制器设置（具体取决于访问权限）。Access MyMachine 既可以通过点对点的连接方式与单个 NCU 进行联机通信，也可以通过公司网络联机访问多个 NCU，如图 1-27 所示为软件联机设置。

此外，该软件也可用于将映像写入 CF 卡以方便执行维修和调试任务。

Access MyMachine 软件联机设置中，连接的 IP 地址/主机名称通常使用所连接接口的 IP 地址（比如 X127 的 IP 地址为 192.168.215.1），用户名通常使用 manufact，密码为 SUNRISE。Access MyMachine 软件有两部分的功能，一个是文件传输功能，另一个是远程控制功能。因此

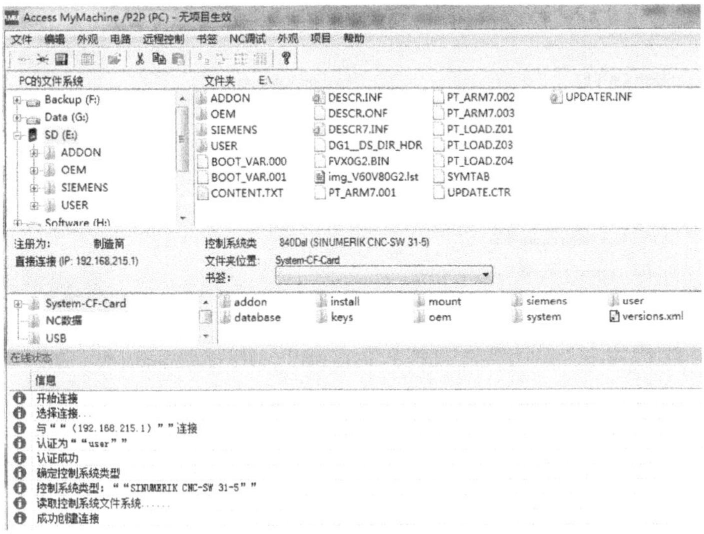

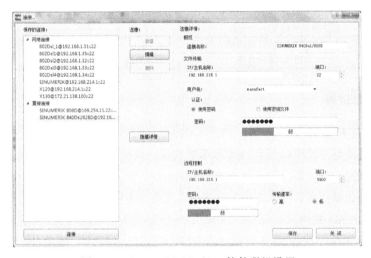

图 1-26　Access MyMachine 软件联机界面

图 1-27　Access MyMachine 软件联机设置

联机设置也分为文件传输和远程控制两部分，其中文件传输设置端口号为 22，远程控制设置端口号为 5900，这样 Access MyMachine 软件所集成的 NC Viewer 查看器就可以直接连接数控机床的 HMI 操作界面。

1.2.7　远程控制软件 VNC Viewer

VNC Viewer 软件用于在计算机上显示 HMI 操作界面，可以显示 PCU50.3 或 NCU 内置的 HMI 操作界面，通常可以作为远程控制的软件来使用。为了实现远程控制需要在数控系统操作界面中设置允许访问和操作控制的权限，如图 1-28 所示。

由于 NCU 的 CF 卡中集成有数控操作界面 HMI Operate，因此可以在计算机中直接安装一个 VNC Viewer 软件达到替代 PCU 或 TCU 的作用，键盘与数控界面的操作软键对应关系如表 1-1 所示。

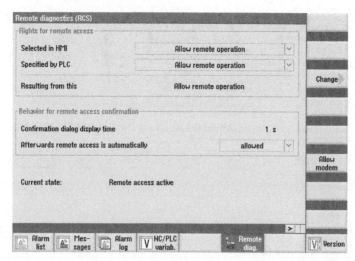

图1-28 远程控制权限设置

表1-1 键盘与数控操作软键对应关系

计算机键盘	数控操作软键	计算机键盘	数控操作软键
F1~F8	水平操作软键第1个~第8个	Shift+F9	向右翻页(扩展键)
Shift+F1~F8	垂直操作软键第1个~第8个	F12	帮助功能(Help键)
F9	向前/向上翻页(返回键)	Esc	取消报警
F10	MENU菜单选择	空格键	选择键

1.2.8 其它工具软件

(1) STARTER软件

STARTER软件是一款针对SINAMICS驱动调试的软件,用于更改驱动系统的BICO连接、驱动配置、驱动调试和优化等。由于目前数控系统的软件版本在HMI数控操作界面上完全可实现以上功能,因此该软件在数控机床的调试服务中比较少应用。

(2) SimoComU软件

SimoComU软件是一款专用于调试SIMODRIVE 611U/611Ue驱动的软件,一般840Di、802D会使用SIMODRIVE 611U/611Ue驱动,在本书中对该软件不过多介绍。

(3) SinuCom ARC

SinuCom ARC软件用于读取、删除、插入和更改数控系统系列启动的备份文件,文件后缀

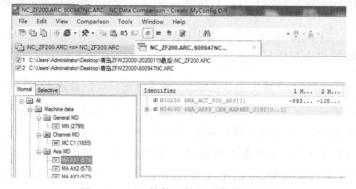

图1-29 Diff软件比较基础数据的差异

名为 ARC。

（4）Diff 比较软件

Diff 比较软件是针对 NC 的系列备份文件进行比较异同的一款软件，利用该软件可以快速了解到两个不同 ARC 系列备份文件的机床数据、设定数据的差异，如图 1-29 所示。该软件甚至可以直接与 NCU 在线进行比较，这个软件在数控机床维修调试中也经常用到。

（5）Ghost 软件

对于数控系统的 PCU 具有硬盘，如果希望对硬盘做镜像备份，那么可以把硬盘拆卸下来，在自己的电脑上作 Ghost 备份，此时需要在自己的电脑上安装 Ghost 软件。当然，如果自己电脑上安装一个 Ghost 文件浏览器，也可以查看或提取所镜像的 Ghost 文件。

1.3　联机工具与设置

1.3.1　840D sl 联机工具与设置

840D sl 的 NCU 都具有以太网口，计算机与 840D sl 数控单元 NCU 的连接可以通过 X127 端口、X120 端口用网线进行连接。通常把 X127 端口称为服务端口用于连接计算机的调试软件，比如 STEP7、HMI Start-Up Tool、WinSCP、AMM、VNC Viewer 等。

X127 是一台 DHCP 服务器，其 IP 地址固定为 192.168.215.1，子网掩码为 255.255.255.224。该服务器会自动将处于 192.168.215.2 到 192.168.215.31 范围内的 IP 地址分配给连接到 X127 的计算机。通过 X127 联机通信时计算机侧的 IP 地址需要设置为自动获取。

有时候会出现本来 NCU 与计算机正常连接，但是 NCU 断电重启、NCK Reset 重启或者网线断开再重插上之后 NCU 与计算机之间便无法重新建立连接，执行 ping 192.168.215.1 也显示连接通信中断。对于这种情况，以下两种方法都可以解决：

① X127 保持网线连接状态下，在运行窗口依次执行：

ipconfig/release

ipconfig/renew

② 网络属性设置本地连接"禁用"然后再"启用"。

以上两种方法都是让电脑重新获取新的 IP 地址与 NCU 建立连接。

在使用 STEP7 软件联机通信上传或调试 PLC 程序时，还必须设置 SIMATIC 管理器的通信接口参数，如图 1-30 所示。通过"设置 PG/PC 接口"设置联机通信参数以及通信方式，如图 1-31 所

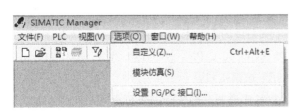

图 1-30　设置 PG/PC 接口

图 1-31　设置 PG/PC 接口参数

示，通过 X127 连接 NCU，选择 Auto 获取 IP 地址选项，通过 X120 连接 NCU，选择手动设置 IP 地址选项。

1.3.2　840D 联机工具与设置

为了实现 840D 的 NCU 与计算机之间建立联机，计算机除了安装 STEP7、HMI Start-Up Tool 等软件之外，还必须要具有通信接口模块提供与 NCU 联机通信的 MPI 接口。通常使用 CP 5711（订货号 6GK1571-1AA00）可以把计算机的 USB 接口转换成 MPI/PROFIBUS 接口。CP5711 提供的接口通过编程电缆连接到 NCU 的 X101 或 X122 通信接口上，建立物理连接。通过"设置 PG/PC 接口"设置联机通信参数以及通信方式，如图 1-32 所示，通过 X122 连接 NCU，选择 MPI 的通信波特率为 187.5Kbps，通过 X101 连接 NCU，选择 MPI 的波特率为 1.5Mbps。

图 1-32　设置 CP5711 的 MPI 通信参数

1.4　840D sl 系统组件

1.4.1　840D sl 的 NCU

NCU 是 840D sl 数控系统的控制核心，将 NCK、HMI、PLC、闭环控制以及通信功能集成为一体，如图 1-33 所示。

840D sl 1A 常见的版本有 NCU710.2、NCU720.2、NCU710.2 PN、NCU730.2 以及 NCU730.2PN 共 5 种规格，840D sl 1B 常见的版本有 NCU710.3PN、NCU720.3PN 以及 NCU730.3PN 共 3 种规格。与 840D pl 版本相比主要是在通信方式上面，用工业以太网取代了 MPI/OPI 通信，用 S120 的 Drive CLiQ 通信取代 611D 的驱动总线。在 PLC 方面取消了 S7-300 的扩展机架，保留了 PROFIBUS-DP 接口。另外 NCU710.2 PN、NCU730.2PN、NCU710.3PN、NCU720.3PN 以及 NCU730.3PN 带有 PROFINET 通信接口。

表 1-2 针对常用的几种 NCU 类型的性能进行对比说明。840D sl 1A 可以同时支持 HMI-Advanced 和 SINUMERIK Operate 两种 HMI 数控操作界面，而 840D sl 1B 只支持 SINUMERIK

Operate。840D sl 的 CF 卡软件有 6-3 以及 31-5 两种，分别支持 3 个轴/可扩展为 6 个轴、5 个轴/可扩展为 31 个轴。

表 1-2　几种 NCU 类型的性能对比说明

NCU 类型	NCU710.2/3PN	NCU720.2/3PN	NCU730.2/3PN
最大控制轴/主轴数	6/8	31	31
最大支持通道数	2	10	10
每个通道最多控制轴/主轴数	6	12	12
最大支持方式组数	2	10	10
最多支持 NX 数	2	5	5
最多支持 PCU/TCU 数	2	4	4
动态内存 DRAM	512MB	1GB	1GB
静态内存 SRAM	1MB	1MB	1MB
最大同步轴对数	3	8	8
Drive CLiQ 接口数量	4	6	6
最多插补轴数	4(6)	4(12)	4(12)
集成 PLC CPU 型号	317-2DP/319-2DP/PN	317-2DP/319-3DP/PN	317-2DP/319-3DP/PN
最多 PROFIBUS-DP 从站数量	125	125	125
PLC 用户基本内存	512KB	512KB	512KB
硬件 IO 最大数量	4096/4096	4096/4096	4096/4096
定时器/计数器最大数量	512/512	512/512	512/512

对于 NC 来说，用户需要对它的所有接口功能、LED 显示状态指示含义详细了解，才能对其进行使用和诊断，图 1-34 所示为 NCU 外观接口定义（本书以 NCU720.2 为例，新的 NCU 接口定义可以参照最新的简明调试手册）。

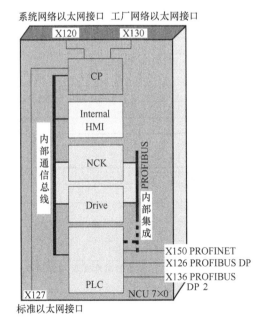

图 1-33　840D sl 的 NCU 集成功能

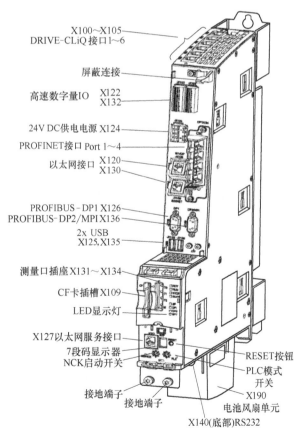

图 1-34　NCU 外观接口定义

NCU 接口功能定义及功能说明如表 1-3 所示，NCU 的 LED 指示灯为 NCK 和 PLC 的状态指示，表 1-4 所示为其状态说明。

表 1-3　NCU 接口功能定义及功能说明

端子名称	信号名称	功能说明
X100～X105	Drive-CLiQ	用于连接 Drive-CLiQ 器件，如 S120 驱动、SMC/SME、TM 等
X122 高速 I/O	DI0(1)	DI0，预设为电源模块就绪
	DI1(2)	DI1，预设为急停信号输入
	DI2(3)	DI2
	DI3(4)	DI3
	M1(5)	DI0～DI3 参考地
	M(6,9,12)	DI/DO8～DI/DO11 参考地
	DI/DO8(7)	可设置的 DI/DO8
	DI/DO9(8)	可设置的 DI/DO9
	DI/DO10(10)	可设置的 DI/DO10
	DI/DO11(11)	可设置的 DI/DO11(预设：探针 1)
X132 高速 I/O	DI4(1)	DI4，预设快速输入 4($A_IN[4])
	DI5(2)	DI5，预设快速输入 5($A_IN[5])
	DI6(3)	DI6，预设快速输入 6($A_IN[6])
	DI7(4)	DI7，预设快速输入 7($A_IN[7])
	M1(5)	DI4～DI7 参考地
	M(6,9,12)	DI/DO12～DI/DO15 参考地
	DI/DO12(7)	可设置的 DI/DO12
	DI/DO13(8)	可设置的 DI/DO13
	DI/DO14(10)	可设置的 DI/DO14
	DI/DO15(11)	可设置的 DI/DO15(预设：探针 2)
X124	NCU 工作电源	NCU 工作电源：24V(1、2 端子)，NCU 工作电源：0V(3、4 端子)
Port1～Port4	PROFINET 接口	PROFINET 接口 1～4
X120	以太网接口 1	通常连接 OP、MCP、HT 等
X130	以太网接口 2	通常连接工厂网络
X127	以太网接口 3	通常连接 PG/PC 编程器
X126	PROFIBUS-DP1	用于连接 PLC IO 站或 PG/PC 或带 DP 接口的驱动装置等
X136	PROFIBUS-DP2	用于连接 PLC IO 站或 PG/PC 或带 DP 接口的驱动装置或者 HHU 等
X125/X135	USB 接口	用于数据备份等
X131～X134	测试插座	用于调试与诊断使用，与驱动参数 P0771～P0790 设置相关
X109	CF 卡插槽	插入 CF 卡(CNC 软件)
X140	RS232C 接口	支持 RS232C 与 NCU 通信
RESET	复位按钮	使 NCK、PLC 同时复位
BOP	BOP20 面板插座	可插入 BOP20 设置 NCU 参数

表 1-4　NCU LED 状态指示灯说明

LED 灯	颜色	含义说明
RDY 准备好指示灯	红色	至少有一个故障或 NCU 在启动过程中
	红色/橙色闪烁	0.5Hz 闪烁，访问 CF 卡故障
	橙色	正在访问 CF 卡
	橙色闪烁	0.5Hz 闪烁，正在升级所连接的 Drive CLiQ 组件的固件
	橙色闪烁	2Hz 闪烁，组件的固件升级完成，等待组件重上电；或暂时性故障，系统可以运行，但是功能受限
	绿色	NCU 正常运行
	绿色/橙色 红色/橙色	1Hz 闪烁，激活识别所连接的 Drive CLiQ 组件

续表

LED 灯	颜色	含 义 说 明
RUN PLC 运行	绿色	PLC 正常运行
STOP PLC 停止	橙色	PLC 在停止状态
SU/PF PLC 强制	红色	PLC 中有 IO 点处于被强制状态
SF PLC 故障	红色	PLC 有软件或者硬件故障
DP BUS1 故障	红色	X126 网络 PROFIBUS-DP 故障
DP/MPI BUS2 故障	红色	X136 网络 PROFIBUS-DP 故障
PN	红色	X150 网络 PROFINET IO 故障
SY/MT	绿色	板载 IO 接口 X150 的 PROFINET IO 同步状态 SY NCU 的维护状态 MT
OPT	不亮	PROFINET 系统运行正确,数据交换正常
	红色	总线故障,线路未连接或传输率不正确
	红色闪烁	2Hz 闪烁,有 IO 设备连接失败或 IO 组态不正确或未组态

NCU 上的 7 段码 LED 显示器用于指示 NCU 的运行状态及诊断信息,7 段码显示可以输出显示数字 0~9 或字母(A、C、E、F、P),右下角有一个小数点显示在数字下方。NCU 正常运行时显示数字"6"并且右下角的点在闪烁。如果显示数字 8,则表示 NCU 无风扇或者风扇有故障;显示数字 0,则表示无 CF 卡;显示数字 5,则表示 NC 就绪但是 PLC 无硬件配置或配置不正确从而导致 PLC 处于停止状态。在启动阶段显示不同的数字或字母代表不同显示阶段,如表 1-5 所示。

表 1-5 NCU 的 7 段码含义

7 段码显示	含 义
1	未定义
2	未定义
3	调试功能初始化
4	NCK 运行系统成功激活
5	NCK 运行系统启动,初始化结束
6/6.	初始化成功执行,控制器进入循环运行阶段
F	内部故障
1 或 2	CF 卡和 SRAM 不匹配,需要执行复位(通过 S3 执行)
C	永久性故障,代表"运行系统崩溃",有点类似 Windows 系统蓝屏,可以通过系统 Log-file 了解详细故障信息
P	永久性故障,代表"分区",重新分区错误
E	暂时性故障,代表"错误",对 CF 卡读或写时的错误(额外的"点"代表"写"故障),可能 CF 卡损坏
F	暂时性故障,代表"存储满",CF 卡存储满,可能并不是所有的服务都运行。当系统启动中,故障显示 1min,系统将继续启动,但故障将依旧发生

NCK 启动开关的拨码位置正常状态时应该在"0"位置,放置在"1"的位置表示清零,放置在"7"的位置表示 NCK 不运行,放置在"8"的位置表示 NCK 在工厂网络(由 X130 以太网接口连接)中的 IP 地址显示在 7 段码中。

PLC 模式开关的拨码位置正常应该在位置"0"(表示编程调试运行模式),放置在"1"的位置表示运行模式（不允许程序修改），放置在"2"的位置表示 PLC 停止模式，放置在"3"表示 PLC 在复位模式。

NCU 的后备电池的使用时间一般在 3 年左右，装有电池/风扇的小盒位于 NCU 的下方。小盒可以被整体抽取，装有电池/风扇的小盒订货号为：6FC5348-0AA01-0AA0。在 NCU 中，电池风扇单元的后备电池用于保持许多必须由电池作后备的 SRAM 数据。电池电压被 NCU 实时监视，如果电池报警出现，后备电池必须及时更换。后备电池的报警根据被监控的电压不同有不同的报警出现。电池的正常电压及容量为：3.0～3.1V，950mA·h。

- 2100 NCK 电池报警阈值达到（2.7～2.9V），此时必须在 6 周以内更换电池；
- 2101 NCK 电池报警（2.4～2.6V），此时必须立即更换电池，否则系统断电将会导致数据丢失；
- 2102 NCK 电池报警（2.4～2.6V），此时数据已经丢失。

装在 NCU 上面的装有电池/风扇的小盒可以在系统断电后更换，内部数据可以被电容保存15min，更换后备电池的步骤如下：

- 关断控制系统；
- 抽取小盒，注意在小盒的底部有一个小卡扣，按住小卡扣同时向下拉出小盒；
- 更换新的电池或风扇（在 15min 内完成）；
- 重新将控制系统上电，电池报警消失。

电池风扇单元中，有两个风扇，都是三线的，其中一根线是检测风扇运转的（黄色是检测转速的），另外有两根黑色和红色是电源线，风扇用于为模块散热，系统监控它的转速，当转速低于阈值，出现报警（NCU）。

- 2120 NCK 风扇报警；
- 2110 NCK 温度报警，环境温度大于 60℃，出现报警。

电池风扇单元可以在系统运行期间更换，单热拔插更换电池风扇单元时候，控制器只能无风扇运行 1min，超出时间 NCU 将会自动关闭。

X122、X132 高速 IO 可以用来连接探针（Probe）等需要快速响应的 IO 器件，1 个 NCU 可以连接 2 个探针。

工业以太网接口中每个接口有两个指示灯，上部的绿灯在线路正常时亮，下部的黄灯在线路中有数据交换时亮。

1.4.2　840D sl 的 NCK/PLC 总清

NCK 和 PLC 总清的操作步骤：

① 将 NCU 上开机调试和工作方式开关转动到下列位置：
- NCK 开机调试开关（标签 SIM/NCK）转到位置"1"。
- PLC 运行方式开关（标签 PLC）转到位置"3"。

② 执行上电（接通控制系统），或按 RESET 按钮。

③ 等待，直至 NCU 持续进行下列显示：
- LED STOP 闪烁。
- LED SF 亮起。

④ 在下列开关位置上依次旋转 PLC 运行方式开关：
- 短时转动到位置"2—3—2"，此动作必须在 3s 之内完成。

- 首先 LED STOP 灯约 2 Hz 频率闪烁。
- 等待 LED STOP 长亮。

⑤ 转动 NCK 和 PLC 开关返回到位置 "0"。

⑥ 正常启动后在 NCU 状态显示屏上输出数字 "6" 和右下角一个闪烁的点。LED RUN 持续亮起呈绿色。

⑦ 重新进行一次启动，PLC 和 NCK 处于循环运行模式下，总清完成。

在第一次开机调试、电池失效、NC 升级后必须进行 PLC 总清。如果在 PLC 总清后不进行 PLC 启动，则显示下列报警：

- 报警："380040 PROFIBUS DP：配置故障 3，参数"。
- 报警："2001 PLC 未启动"。

1.4.3 NX 模块

由于 840D sl 的 NCU 内部只集成了 6 个轴的控制功能，如果需要增加轴数，则需要配置相应的扩展数控单元 NX10（6SL3040-0NC00-0AA0）或 NX15（6SL3040-0NB00-0AA0）。NX10/NX15 可以提升 NCU 的 SINAMICS 驱动运算性能，但其数据管理还是在 840D sl 上进行。每个 NX10 可以扩展 3 个 NC 轴，每个 NX15 可以扩展 6 个 NC 轴。图 1-35 所示为 NX10/NX15 的外观接口定义。

NX10/NX15 通常将其 Drive CLiQ 接口 1（X100）连接至 NCU 单元的 Drive CLiQ 接口，如图 1-36 所示。NX10/NX15 没有使用的 DriveCLiQ 可以连接另外的 DriveCLiQ 组件。西门子内部软件将这些数控扩展单元挂在 NCU 的内部集成的虚拟 PRO-FIBUS-DP 接口 3 上（NCU 的 X126 为 PROFIBUS-DP1 接口，X136 为 PROFIBUS-DP2/MPI 接口）。相应的 Drive CLiQ 接口对应不同的虚拟 PROFIBUS-DP3 地址（X100 对应 10、X101 对应 11、X102 对应 12、X103 对应 13、X104 对应 14、X105 对应 15），该地址在 STEP7 的硬件组态中设置。因此，已经连接的 NX10/NX15 不能单纯地更换插入另外一个 DriveCLiQ 接口，因为地址已经在 PLC 中配置了。

NX10/NX15 上面的 RESET 按钮可以对其自身

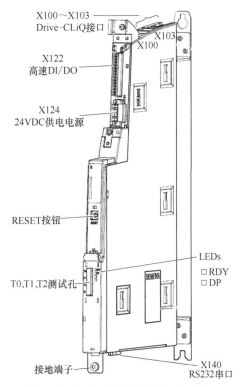

图 1-35 NX10/NX15 的外观接口定义

以及所连接的所有驱动进行复位操作，NX10/NX15 的外形尺寸与 NCU 一致，并且可以与 NCU 并列安装在一起。NX10/NX15 上面有 2 个 LED 指示灯，其状态如表 1-6 所示。

1.4.4 OP/TP 操作面板

OP/TP 操作面板有 OP08T、OP010、OP010S、OP010C、OP012、OP012T、TP012、OP015、OP015A、OP015AT、TP015A、TP015AT 和 OP019 共 13 种规格，型号中的数字部分表示显示屏尺寸（分别为 7.5in、10.4in、12.1in、15.1in 以及 19in）。TP 表示触摸屏，OP 表示

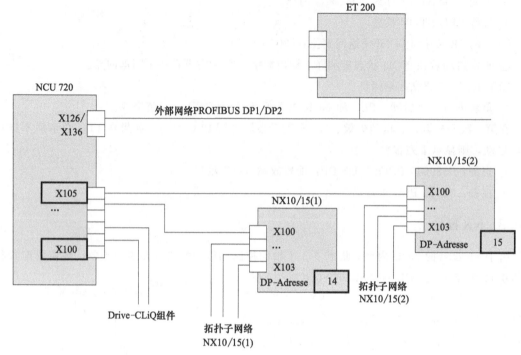

图 1-36 NX10/NX15 连接 NCU

表 1-6 NX10/NX15 的 2 个 LED 指示灯含义说明

LED 灯	颜色	含义说明
RDY 准备好指示灯	不亮	无 24V DC 电源或电压不足
	绿色常亮	NX10/NX15 运行就绪
	绿色 2Hz 闪烁	正在写 CF 卡
	红色常亮	NX10/NX15 故障
	红色 0.5Hz 闪烁	启动故障,固件装载到 RAM 失败
	橙色常亮	固件正在装载
	橙色 0.5Hz 闪烁	固件不能装载
	橙色 2Hz 闪烁	固件 CRC 校验错误
DP	不亮	无 24V DC 电源或电压不足
	绿色常亮	与 NCU 通信就绪,且有循环通信数据交换
	0.5Hz 闪烁	与 NCU 通信就绪,无循环通信数据交换
	红色常亮	与 NCU 通信故障

操作屏,型号后面带有字母 T,则表示集成了 TCU 单元,属于自带 TCU 单元的操作面板。自带 TCU 单元的操作面板供电需要由外部提供 24V DC 电源,其他不自带 TCU 单元的操作面板供电电源由 PCU50.3/PCU50.5、TCU 单元提供。所有的操作面板正面防护等级比较高,除了 OP010S 和 OP010C 的正面防护等级为 IP54 之外,其他的操作面板正面防护等级均为 IP65。所有的面板安装时使用配套提供的卡口从背面安装。常用操作面板订货号如下:

- OP 015A (订货号:6FC5203-0AF05-0AB0)
- OP 012 (订货号:6FC5203-0AF02-0AA1)
- OP 010C (订货号:6FC5203-0AF01-0AA0)
- OP 08T (订货号:6FC5203-0AF04-1BA0)

操作面板上各个功能按键如表 1-7 所示。

表 1-7　操作面板上各个功能按键

序号	按键	功　能	PC 键盘替代按键
1		返回上级菜单键	相当于 F9 键
2	M MACHINE	调用加工画面	相当于 Shift＋F10 键
3	MENU SELEC	返回主菜单	相当于 F10 键
4	＞	向右扩展键	相当于 Shift＋F9 键
5	字母 A～Z	用于输入字母，可以通过 Shift 切换上挡字符，字母大小写通过 Ctrl＋Shift 切换	键盘上 A～Z 字母键
6	数字 0～9	用于输入数字	键盘上 0～9 数字键
7	Tab	切换当前域或窗口	Tab 键
8	ALARM CANCEL	HMI 报警消除	相当于 Esc 键
9	i HELP	调用帮助信息	相当于 F12 键
10	1...n CHANNEL	通道切换键	相当于 F11 键
11	INSERT	切换插入或改写状态	相当于 Insert 键
12	NEXT WINDOW	窗口切换	相当于 Home 键
13	INPUT	输入键	相当于 Enter 键

续表

序号	按键	功　能	PC 键盘替代按键
14	⬭ SELECT	选择键	Num Lock 关闭，小键盘"5"
15	水平软键	调用 HMI 界面操作菜单	相当于 F1～F8 键
16	垂直软键	调用 HMI 界面操作功能	相当于 Shift＋F1～F8 键

1.4.5 机床控制面板

机床控制面板 MCP 通常可以用于 840D sl 数控系统中针对机床的操作，有 MCP 483 PN、MCP 483C PN、MCP 310 PN、MCP 310C PN、MCP 483、MCP 483C 和 MCP310，一共 7 种类型，带 PN 的 MCP 面板通过工业以太网与 840D sl 的 NCU 接口 X120 进行连接，不带 PN 的 MCP 面板通过 PROFIBUS 接口与 840D sl 的 NCU 接口 X126 进行连接。MCP 的型号中数字部分代表 MCP 面板的宽度，比如 483 代表宽度尺寸为 483mm，字母 C 代表机械按键，不带字母 C 则为薄膜按键。

MCP 483C PN 的订货号为 6FC5303-0AF22-0AA1，供电电压 DC24V，能耗 5W，正面防护为 IP54，背面无防护。外形尺寸：宽 483mm、高 155mm、最大厚度 55mm，安装开孔尺寸为宽451mm、高 136mm。MCP483C PN 如图 1-37 所示。

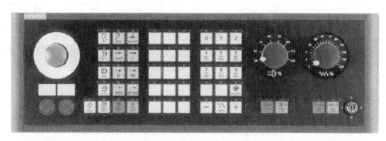

(a) MCP483C PN正面

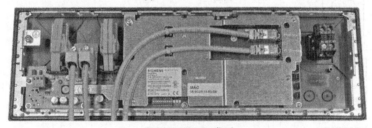

(b) MCP483C PN背面

图 1-37　MCP483C PN 外观

MCP483C PN 接口及功能说明如下：

- X30：进给倍率开关排线，格雷码输出格式；
- X31：主轴倍率开关排线，格雷码输出格式；
- X20：工业以太网接口 1；
- X21：工业以太网接口 2；
- X51、X52、X55：外部 IO 接口，9DI；
- X53、X54：外部 IO 接口，6DO；

- H1：电源正常指示，绿灯；
- H2：黄灯为有数据交换，与 NC 通信时候闪烁；
- H3：红灯为总线故障指示，网络连接不正常或通信接口故障时亮；
- DIP 开关 S2：用于确定 MCP 的通信方式；
- DIP 开关 S1：用于确定手轮型号类型；
- X61：手轮 2 接口；
- X60：手轮 1 接口；
- X10：24V DC 电源接口。

MCP 机床控制面板的外部 IO 接口允许用户连接外部按钮、指示灯等，DO 的输出为 24V/1.2W，不能连接继电器、电磁阀等负载。

外部接口 9DI/6DO 连接外部操作元件，通过选配件的电缆套件 6FC5247-0AA35-0AA0 连接。西门子的这种设计主要是考虑用户可以直接通过这些 IO 来连接一个 Mini HHU 手持单元（带有轴选择 3DI、点动与快移按钮 3DI、F1～F3）。

MCP483C PN 集成了手轮连接模块（6FC5303-0AA02-0AA0）的功能，它自带两个手轮接口 X60、X61 的 15 针 D 型插座，可以通过手轮电缆（6FX8002-2CP00-…）连接电子手轮，最大长度 25m，X60、X61 的针脚定义如表 1-8 所示。

表 1-8　X60、X61 的针脚定义

针脚	1	2	3	4	5	6	7	8	9	10	11	12	13	14	15
含义	5V	GND	A	XA	空	B	XB	空	5V	空	GND	空	空	空	空

DIP 开关 S1 只有一位，手轮信号为 TTL 方波时设为 OPEN，如果输出为差分信号时设为 CLOSED，默认为差分信号设置。

DIP 开关 S2 有 10 位，用于确定 MCP 面板的通信方式、网络名称或地址，默认为 IE 模式通信。BIT9、BIT10 用于设置 MCP 工作为 PROFINET 模式（ON，ON），还是 IE 模式（OFF，OFF）。BIT1～BIT8 用于设置网络名称或地址，如表 1-9 所示。通常 MCP 的设定在 PLC 的 OB100 组织块中通过调用 FB1 设置相应参数，使硬件设置与程序设置一致。

表 1-9　MCP483C PN 的 DIP 开关 BIT1～BIT8 含义

方式	BIT1	BIT2	BIT3	BIT4	BIT5	BIT6	BIT7	BIT8	含义
PN 方式	mcp-pn1	mcp-pn2	mcp-pn4	mcp-pn8	mcp-pn16	mcp-pn32	mcp-pn64	mcp-pn128	网络名称
IE 方式	1	2	4	8	16	32	64	128	网络地址

MCP483C PN 在出厂时默认设置为 IE 通信方式，地址设置为 192，在 OB100 组织块中调用 FB1 设置参数如图 1-38 所示。

- MCPNum MCP 个数。
- MCP1In 输入起始地址指针。
- MCP1Out 输出起始地址指针。
- MCP1BusAdr MCP 地址 DIP 设置。
- MCP1BusType 总线类型 55＝Ethernet。

通常根据 FB1 中参数设置的起始地址以及 MCP483C PN 的信号分布可以通过图 1-39 确定其各个功能按键及输出的 IO 地址。

```
CALL FB        1, DB   7(
   MCPNum          := 1,
   MCP1In          := P#I 0.0,
   MCP1Out         := P#Q 0.0,
   MCP1StatSend    := P#Q 8.0,
   MCP1StatRec     := P#Q 12.0,
   MCP1BusAdr      := 192,
   MCPBusType      := B#16#55,
   NCKomm          := TRUE,
   ExtendAlMsg     := FALSE);
```

图 1-38　PLC 程序中设置 MCP483C PN 参数

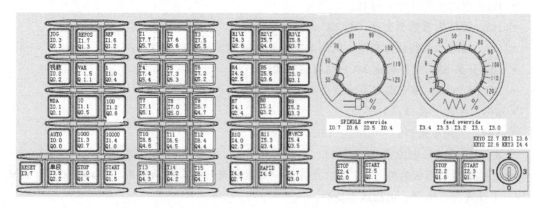

图1-39 MCP483C PN 输入输出信号分布

1.4.6 面板控制单元 PCU

840D sl 通常连接 PCU50.5，比较早期的系统也会配置 PCU50.3。840D sl 可以支持多台 PCU/TCU 连接，其中 NCU710.2、NCU710.3 可以支持 2 台，NCU720.2、NCU720.2PN、NCU720.3PN、NCU730.2、NCU730.2PN、NCU730.3PN 可以支持 4 台。

PCU50.5/PCU50.3 实际上就是一台集成了通信功能和扩展功能的工控机，其接口都是标准

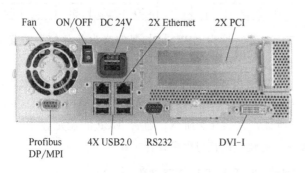

图1-40 PCU50.5/PCU50.3 接口分布

的计算机接口，包括 COM1 串口、USB 接口、RJ45 以太网接口以及 PCI 插槽等，如图1-40所示。西门子出厂配置时，PCU50.5 内置硬盘使用串行接口的电子固态硬盘，而 PCU50.3 通常使用串行接口机械硬盘，PCU50.3 也可以使用固态硬盘。硬盘安装在硬盘支架上，硬盘支架上有"non-operating"和"operating"两挡开关，通常 PCU 正常运行时候，开关位置在"operating"，否则会提示找不到操作系统，从而无法启动 PCU，而在运输过程中，开关位置打在"non-operating"，这样起到切断硬盘工作电源及硬盘减振作用，从而保护硬盘。

PCU50.3 的硬盘预安装了 Microsoft WinXP ProEmbSys 操作系统，PCU50.5 有预装 Microsoft WinXP ProEmbSys 操作系统或 Microsoft Win7 ProEmbSys 操作系统两种订货选择。用于 PCU50.5/PCU50.3 的操作软件可以是 HMI Advanced Ver7.6 及其以上版本或者 SINUMERIK Operate V2.6 及其以上版本（版本必须与 NCU 软件版本相匹配）。PCU50.5/PCU50.3 可以与不带 TCU 的操作面板通过扁平电缆直接组合安装，采用安装支架（6FC5248-0AF20-2AA0）安装在操作面板背面。

图1-41 所示为 PCU50.5/PCU50.3 的左侧接口分布，状态指示灯显示的是 PCU50.5/PCU50.3 启动过程中的状态，如表1-10所示。

H1（左侧）、H2（右侧）两个指示灯，H1 用于指示 PCU 基本软件（Windows 操作系统）的状态，H2 用于指示 PCU 应用软件的状态。H1 在启动时为橙色，正常启动完毕之后为绿色闪

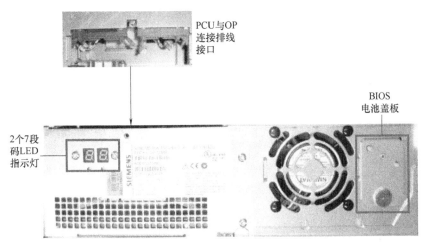

图 1-41 PCU50.5/PCU50.3 的左侧接口分布

烁，出错时为红色闪烁，关闭 Windows 操作系统后为红-绿闪烁，H2 在启动时为橙色，启动之后基本上不亮。

表 1-10 PCU50.5/PCU50.3 的 7 段 LED 状态指示

2 个 7 段码 LED 指示灯		状态说明	处理方法
0	0	正常运行	
1	0	启动时：Windows XP 启动 运行时：PCU50.3 超温报警	检测 BIOS 设置和实际 PCU 温度
2	0	启动时：PCU 硬件已启动 运行时：CPU 风扇报警	检查 CPU 风扇是否损坏或者润滑不良
3	0	硬盘报警	检测或更换硬盘
5	0	启动时：等待通信接口就绪 退出时：已关闭 WinXP 系统	
6	0	VNC 服务失效或停止	
8	0	等待 FTP 服务启动	仅仅适用于带 TCU 远程访问时
9	0	等待 TCU 硬件启动服务	
A	0	等待 VNC 服务启动	
B	0	等待 HNMI 管理器启动	
E	0	PCU 基本软件出错	查看"Event Viewer"

PCU50.5/PCU50.3 的电源、冷却风扇以及电池都可以作为备件订购，更换电池时，需要在 1min 之内完成，否则 BIOS 设置将丢失。

- 电源：A5E00320852
- 风扇：A5E00319306
- 电池：A5E00331143

PCU50.5/PCU50.3 电池更换按照如下步骤，如图 1-42 所示：

- 关闭控制系统，然后重新上电启动；
- 当出现 "Press F2 to enter set-up" 时候，按下第 2 个操作软键（F2）；
- 记录 BIOS 设置；
- 关闭电源；
- 打开 PCU50.3 的电池；

(a) 打开电池盖板　　　(b) 拔除旧电池　　　(c) 插上新电池

图 1-42　更换 PCU50.5/PCU50.3 电池

- 移除旧电池；
- 断开连接电缆；
- 安装新电池；
- 关闭电池位置；
- 打开 BIOS 设置。

S0 ON/OFF 开关

X0 +24V DC 电源供电

X2 以太网接口2 数控系统网络

X1 以太网接口1 工厂网络

图 1-43　以太网接口分布

PCU50.5/PCU50.3 内置有两个以太网接口，如图 1-43 所示，默认将网卡 1 设置为工厂网络，自动获取 IP 地址。将网卡 2 设置为数控系统内部的以太网连接，IP 地址为 192.168.214.241，DNS 服务器 192.168.214.1，对应的 NCU 端口 X120，用于连接 NCU、MCP 等。

如果有需要，可以将网卡 1 激活（Enable），并将原来自动获取 IP 地址修改为手动获取 IP 地址：192.168.214.242，DNS 服务器也设置为 192.168.214.1，这样该接口也可以连接 NCU。此时，PCU50.5/PCU50.3 的任意一个以太网接口都可以连接 NCU。

1.4.7　瘦客户端单元 TCU

有些 OP 操作面板集成了 TCU（TCU 为瘦客户端单元的简称），如 OP08T、OP012T、OP015AT 和 TP015AT，型号后面带有字母 T，则表示集成了 TCU 单元，属于自带 TCU 单元的操作面板，需要单独 24V 供电。也有可以用于分布式安装的 TCU 20.2 单元，TCU 20.2 允许单独安装 OP，其订货号为 6FC5312-0DA00-0AA2，其接口分布如图 1-44 所示。需要注意的是 TCU 本身没有 HMI 的操作系统，它只是一个显示终端，用于显示 NCU 或 PCU 上的 HMI 界面。

1.4.8　手持操作单元

用于 840D sl 的手持操作单元有 HT2、HT8、B-MPI HHU、Mini HHU，其中 B-MPI HHU 可以通过 PROFIBUS DP/MPI 电缆连接到 NCU 的 X136 端口（PROFIBUS-DP/MPI），一般在 840D sl 数控系统的机床上比较少应用，但是有一些改造的机床为了使用原有的 B-MPI HHU 也会采用 MPI 通信的方式进行配置。Mini HHU 则通过 PLC 的 IO

X206 +24V DC 电源供电

X201 CF card 选件功能

X202 数控系统网络

X203&X204 2x USB 用于NC数控键盘以及U盘存储

图 1-44　TCU 接口分布

模块或者 MCP483C PN 的外部 IO 接口连接。HT2、HT8 带有通信功能能够显示更多的信息，通常称为手持终端，可以通过转接器接入工业以太网，直接集成到 840D sl 系统操作组件的架构中。

　　HT2（6FC5303-0AA00-2AA0）内部带有 CPU 处理器，其功能类似于 B-MPI HHU，带有 20 个薄膜按键，所有的按键都可以由用户自定义，按键标签也可以由用户设计打印，其外观定义如图 1-45 所示。

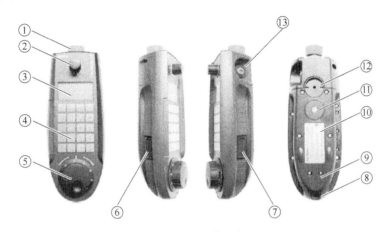

图 1-45　HT2 外观定义

　　其中，HT2 各部分功能描述如下：

① 急停按钮；

② 19 挡倍率开关；

③ 显示屏；

④ 20 个薄膜按键；

⑤ 电子手轮；

⑥ 使能按钮；

⑦ 使能按钮；

⑧ 后盖板，电缆连接时需打开；

⑨ 电缆导槽盖；

⑩ HT2 铭牌标签；

⑪ 永磁铁安装位置；

⑫ 挂钩支架安装位置；

⑬ 3 位置钥匙开关。

　　挂钩支架（6FC5348-0AA08-1AA0）、永磁铁（6FC5348-0AA08-0AA0）需要单独订购，一般根据现场安装需要选择其中一种安装方式。

　　HT2 可以通过 PN 转接盒（6AV6671-5AE01-0AX0 或 6AV6671-5AE11-0AX0）、PN 转接模块（6FC5303-0AA01-1AA0）与 NCU 连接。也可以通过带有手持终端接口的 MPP 机床按钮面板连接到 NCU 单元。

　　HT2 的连接电缆有直线电缆（6XV1440-4B…）、螺旋电缆（6FC5348-0AA08-3AA0）连接，连接示例如图 1-46 所示。

　　HT8 是集编程、操作和显示于一体的一种可移动式操作终端，如图 1-47 所示，它把 MCP

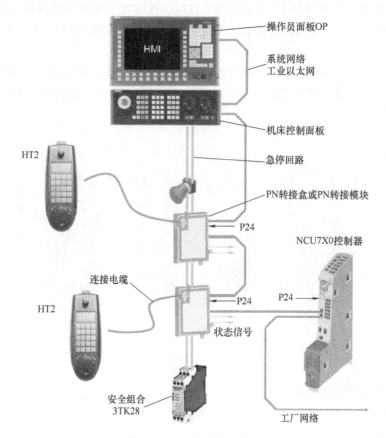

图 1-46   HT2 连接示例

面板以及 OP 操作员面板的功能集成在一起，HT8 支持热拔插功能，在运行过程中拔插 HT8 不会引起故障，有不带电子手轮和带电子手轮两种形式，其订货号分别为：6FC5403-0AA20-0AA0（不带电子手轮）、6FC5403-0AA20-1AA0（带电子手轮）。

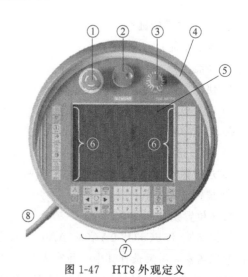

图 1-47   HT8 外观定义

其中 HT8 的外观定义功能如下：

① 急停按钮；

② 电子手轮；

③ 倍率开关；

④ 保护圈；

⑤ 显示/触摸面板；

⑥ MCP 功能键；

⑦ HMI 控制键；

⑧ 连接电缆。

HT8 连接到 NCU 的方式与 HT2 一致，可以参照上述 HT2 的连接方式。

Mini HHU（螺旋线：6FX2007-1AD03、直线：6FX2007-1AD13）结构比较简单，功能也比较单一，如图 1-48 所示。它可以通过旋钮选择伺服轴，以手轮脉冲的方式控制机床伺服轴运动；

也可以通过 PLC 程序，实现一些简单的机床动作，如图 1-49
所示为 Mini HHU 的针脚定义及连接接线图。

　　其中 Mini HHU 的外观定义功能如下：

① 快进功能按键；

② 运行方向键；

③ 自定义用户功能键；

④ 安装座；

⑤ 连接电缆；

⑥ 电子手轮；

⑦ 使能按钮；

⑧ 轴选择开关；

⑨ 急停按钮。

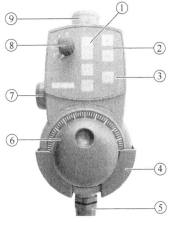

图 1-48　Mini HHU 外观定义

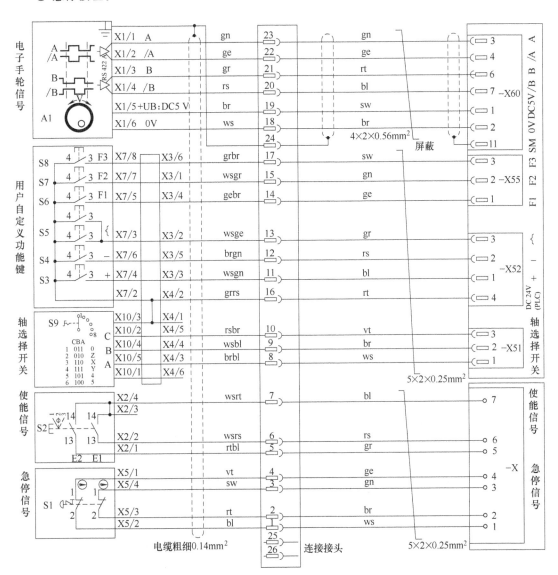

图 1-49　Mini HHU 的针脚定义及连接接线图

1.5 | 840D 系统组件

840D 数控系统组件与 840D sl 数控系统组件连接的区别在于其通信方式不一样，840D 数控系统组件是以 OPI 通信的方式进行连接，而 840D sl 数控系统组件通过以太网方式进行连接。OPI 是一种多点接口通信方式，也就是我们通常所说的 MPI 通信方式，其通信波特率为 1.5Mbps，属于西门子内部的一种通信协议，所以该网络上所有的组件都必须支持西门子的 MPI 通信。

1.5.1 840D 数控单元 NCU

840D 的 NCU 单元由 NCU 盒以及 NCU 控制单元两部分组成，如图 1-50 所示。NCU 盒包含电池风扇单元、直流母线以及 NCU 控制单元的金属支架。NCU 位于 SIMODRIVE 电源模块与第一块 SIMODRIVE 驱动单元之间，NCU 盒的功能有：

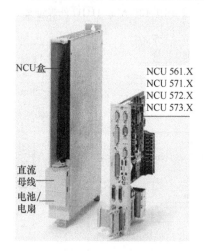

图 1-50 NCU 盒以及 NCU 控制单元

- 内外风扇运转检测；
- 锂电池电压检测；
- 电容充电；
- NCU 复位控制；
- 5V 供电输出；
- 电源准备好信号输出。

NCU 的后备电池的使用时间一般在 3 年左右，装有电池/风扇的小盒位于直流母线下方。小盒可以被整体抽取，装有电池/风扇的小盒订货号为：6FC5 247-0AA06-0AA0。在 NCU 中，电池风扇单元的后备电池用于保持许多必须由电池作后备的 SRAM 数据和时钟。电池电压被 NCU 实时监视，如果电池报警出现，后备电池必须及时更换。后备电池的报警根据被监控的电压不同有不同的报警出现。电池的正常电压及容量为：3.0～3.1V，950mA·h。

- 2100 NCK 电池报警阈值达到（2.7～2.9V），此时必须在 6 周以内更换电池；
- 2101 NCK 电池报警（2.4～2.6V），此时必须立即更换电池，否则系统断电将会导致数据丢失；
- 2102 NCK 电池报警（2.4～2.6V），此时数据已经丢失。

装在 NCU 上面的装有电池/风扇的小盒可以在系统断电后更换，内部数据可以被电容保存 15min，更换后备电池的步骤如下：

- 关断控制系统；
- 抽取小盒，注意在小盒的底部有一个小销，向上推动小销，同时从前方拉出小盒；
- 更换新的电池或风扇（在 15min 内完成）；
- 重新将控制系统上电，电池报警消失。

电池风扇单元中，风扇是三线的，其中一根线是检测风扇运转的（黄色是检测转速的），另外有两根黑色和红色是电源线，风扇用于为模块散热，系统监控它的转速，当转速低于阈值，出现报警。风扇单元由一个 24V 直流电动机带动，额定转速为 8700r/min，系统会检测风扇的转速，如果速度<7500r/min则出现报警。

- 2120 NCK 风扇报警；
- 2110 NCK 温度报警，环境温度大于 60℃，出现报警。

可以通过接口信号在 PLC 中获取相应的信息，DB10D.BX109.6 是 NCK 到 PLC 的接口信号，是反映环境温度监控或风扇报警监控的接口信号。当出现 2120 NCK 风扇报警时，可以更换风扇单元，或外部强制风冷。另外，当环境温度报警，或者是风扇报警，在电源模块上，端子（T5.1、T5.2 或 T5.1、T5.3）动作，这可以由用户来评估。

NCU 控制单元根据选用硬件如 CPU 芯片等和功能配置的不同，NCU 分为 NCU561.5、NCU571.5、NCU572.5、NCU573.5（31 轴）等若干种。同样地，NCU 单元中也集成 840D 数控 CPU 和 SIMATIC PLC CPU 芯片，包括相应的数控软件和 PLC 控制软件，并且带有 MPI 接口、PROFIBUS 接口、手持单元及测量接口、PCMCIA 卡插槽等，其接口分布如图 1-51 所示，NCU 单元很薄，所有的驱动模块均排列在其右侧。

在 840D 数控系统中 NCU 的接口分布如图 1-51 所示。NCU 接口及其端子的定义可以查询西门子提供的简明调试手册，在这里不去做详细的描述。但是有几个地方需要注意：

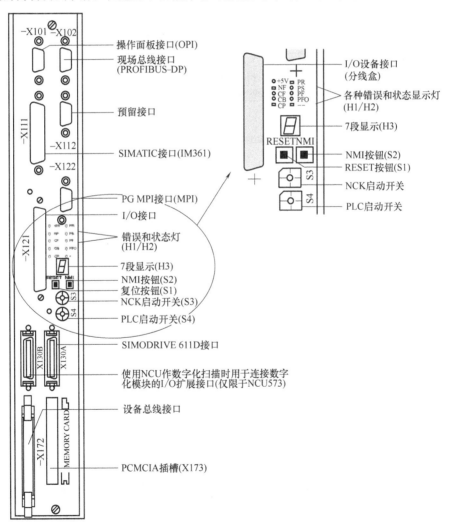

图 1-51 840D 的 NCU 接口分布

X101：操作面板接口（MPI），这个接口虽然在 NCU 模块上面标识的是"MPI"，但是它的波特率是 1.5Mbps，也就是说所有其它的操作部件，比如机床控制面板 MCP、HHU、PCU/MMC 等连接的通信波特率一律为 1.5Mbps，也就是我们所说的 OPI 通信。另外如果出于维修的需要也可以用外部的 PC 通过 PROFIBUS-DP 通信电缆连接到 X101，与 NCU 建立通信。但是在设置 PC/PG 通信接口的时候，必须选择通信协议为 MPI，通信波特率为 1.5Mbps。

X122：PG-MPI 编程接口，通常可以连接外部的 PC 机，用于调试 PLC 程序，它的波特率是187.5kbps。由于 840D 系统可以走 OPI 通信，也可以走 MPI 通信，当需要 840D 系统走 MPI 通信时，所有的操作部件必须连接到 X122 接口，并且通信波特率设置为 187.5kbps。

X121：I/O 电缆分线盒接口，可以连接 2 个手轮、2 个传感器测头、4 路快速 NCK 板载输入以及 4 路快速 NCK 板载输出。

840D 的状态开关与状态显示：对于用户来说，我们要了解 NCU 的运行状态是否正常、出现什么故障以及需要对 NCU 执行相应的操作，通常我们通过 840D 的状态开关与状态显示指示灯，可以说 840D 的状态开关与状态显示指示灯是用户与 NCU 的"接口"。表 1-11 中详细地说明了840D 的状态开关与状态显示指示灯的功能与操作。840D 的 NCU 总清操作与 840D sl 的 NCU 总清操作基本上是一样的，因此不做重复介绍。

表 1-11　840D 的状态开关与状态显示指示灯

标识	类型	功　能　作　用	备注
复位 S1	按钮	触发一个硬件复位；控制和驱动复位后完整重启	NCU 复位按钮
NMI S2	按钮	对处理器发出触发和 NMI 请求，NMI——非屏蔽中断	
S3	旋转开关	NCK 启动开关 位置 0：正常启动 位置 1：启动位置（缺省值启动） 位置 2~7：预留	NCK 模式开关
S4	旋转开关	PLC 模式选择开关 位置 0：PLC 运行 位置 1：PLC 运行 位置 2：PLC 停止 位置 3：模块复位	PLC 模式开关
H1（左列） 显示灯	显示灯	+5V：电源电压在容许范围内时亮 NF：NCK 启动过程中，其监控器被触发时，此灯亮 CF：当 COM 监控器输出一个报警时，此灯亮 CB：通过 OPI 接口进行数据传输，此灯亮 CP：通过 PC 的 MPI 接口进行数据传输时，此灯亮	绿灯 红灯 红灯 黄灯 黄灯
H2（右列） 显示灯	显示灯	FR：PLC 运行状态 PS：PLC 停止状态 PF：当 PLC 监控器输出一个报警时，此灯亮；当 PLC 监控器输出一个报警时，所有 4 个灯都亮 PFO：PLC 强制状态 —：NCU571~573 未用，复位时短暂亮 　　NCU573.2：PLC DP 状态 类似于在 CPU315 2DP 上"BUSF"指示灯的标记 ・灯灭：DP 未配置或者配置了但所有的从站未找到 ・灯闪：DP 配置了，但一个或一个以上的从站丢失 ・灯亮：错误（例如，总线通信故障）	绿灯 红灯 红灯 黄灯 黄灯
H3	7 段数码管	软件支持输出的测试和诊断信息。启动完成后，正常状态显示"6"	

PCMCIA 存储卡插槽：在 NCU 上有一个插入盒，用于标准的 PCMCIA 卡（存储量最大8MB/16MB）。PCMCIA 卡用作存储 NCU 的系统软件。该 NC 卡中固化有 NCK 系统文件、PLC

系统文件、611D 驱动的系统文件、通信相关的系统文件以及引导文件。自软件版本 SW3 起，除了软件升级外，PCMCIA 卡也可以用作存储器，用于系列启动文件的备份与调试。NC 卡是西门子专用的，外观与用户自己在市场上购买的普通 PC 卡一样，但是无法替代使用。一般情况下，不要随意把 NC 卡取下来，以防损坏 NC 卡，而导致系统无法启动。

1.5.2 面板控制单元 PCU50

西门子 840D 数控系统通常可以配置 PCU50.3 和 PCU50，其中 PCU50.3 的功能接口在 840D sl 组件介绍的章节中已经说明，因此不做重复介绍。面板控制单元 PCU 50 如图 1-52 所示。在 PCU50 上有以太网口和 PROFIBUS-DP/MPI 接口、串口、并口、VGA 接口、标准键盘和鼠标的热插拔接口、USB 接口等，另外集成的未占用的插槽位置可用于其它任务，PCU50 接口分布如图 1-53 所示。PCU 50 预安装有 Windows XP 或 Windows NT 操作系统以及数据保存软件 Ghost 6/Ghost7 一起交付使用，需要另外订购操作界面软件 HMI Advanced。

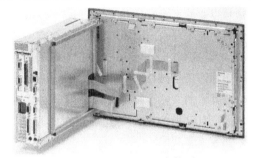

图 1-52 PCU50 的实物图

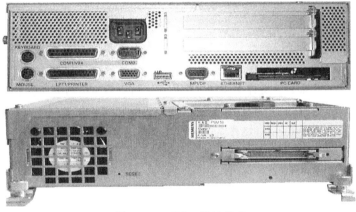

图 1-53 PCU50 接口分布

PCU50 本身也带有硬盘，其硬盘划分为基本 C 盘和其它三个逻辑驱动盘 D、E 和 F，C 盘和 D 盘用于 FAT16 文件存取，E 盘和 F 盘用于 NTFS 文件存取。根据在 Windows XP 系统下在 PCU 上安装 HMI 系统软件的需要来对硬盘进行分区。在 PCU 50 V2（566MHz 或者 1.2GHz，硬盘 10GB 或者 40GB）上可以安装 Windows XP。为了保证数据安全，通常把 HMI 系统软件安装在 F 分区，而 Windows XP 操作系统安装在 E 分区。PCU50 硬盘分区如图 1-54 所示（以 10GB 为例）：

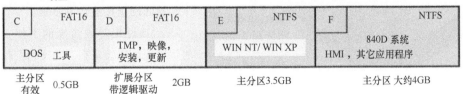

图 1-54 PCU50 硬盘分区

C 区包含 DOS 6.2 和实现服务菜单的工具及脚本程序（如：Ghost）。

D 区用于保存 Ghots 图像（如交货状态）以及本地备份图像等临时文件。驱动器 D 也包含安装目录，待安装的软件先从远程 PG/PC 上复制到该安装目录，再启动真正的安装过程。

E 区为预留给操作系统软件 Windows XP/Windows NT。通过网络驱动器可用于安装驱动程序或者随后安装升级软件。

F 区用于用户程序的安装，必须在这里安装应用程序，如：HMI-Advanced 系统软件（包括数据维护和临时数据）、STEP7、用于 HMI 的 OEM 应用程序或用户应用程序。

在 PCU50 的 F 分区中，需要注意 HMI-Advanced 系统软件下各文件夹的优先规则。F 盘下通常可以查看到有这样几个目录：hmi_adv、mmc2、add_on、oem、user，而且安装完西门子的软件后，会发现在 add_on 目录下也会有 regie. ini 文件，没有安装软件前，只有 mmc2 目录下有 regie. ini，这两个 regie. ini 文件是有区别的。

按照西门子的目录结构，在 F 盘上的 hmi_adv 和 mmc2 目录是"只读"目录，即用户最好不要修改其中的文件。add_on 目录用于安装西门子的软件；oem 目录是给机床制造厂商用的，比如机床厂自己做的画面等就可放在此目录下；user 目录则可存放用户配置文件，比如用户的 PLC 报警文本等。

就上面提到的 regie. ini 文件来说，上述目录中都可以存放，那么哪一个生效呢？或者说谁的优先级高呢？西门子设定的目录优先级从低到高依次是：hmi_adv、mmc2、add_on、oem、user，即用户的设定级别最高，但是这些文件的内容是"或"的关系，也就是说，mmc2 目录中的 regie. ini 文件可能有许多西门子的标准设定，不能改动，如果有新的设定，只要在 oem 或 user 目录下再创建一个 regie. ini 文件，并把设定写入其中即可，系统在启动时，会把西门子的标准设定和前面的设定都激活。当然如果文件中有相同项但设定值不同，按照上面说的优先级，优先级高的目录下文件中的设定生效。

出于安全的考虑，对 Windows 操作系统进行了如下预设置：

- 取消自动运行功能；
- 取消 Windows 自动升级；
- 取消防病毒软件的监控和报警以及自动升级；
- 取消从服务桌面或者从开始菜单调用 Internet Explorer 的快捷图标；
- 对于未证实的调用可以进行远程程序调用（RPC）；
- 在机载以太网卡上激活防火墙设置，当插入额外的以太网卡时，同样激活防火墙设置。

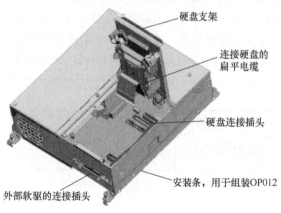

硬盘支架

连接硬盘的扁平电缆

硬盘连接插头

安装条，用于组装OP012

外部软驱的连接插头

图 1-55　PCU50 硬盘在主板上的连接

有时候，出于维修的目的会把 PCU50 的硬盘拆卸下来，比如更换硬盘，或者在外部电脑上作 Ghost 镜像。硬盘通过一个扁平的电缆连接到 PCU50 主板上的插座，如图 1-55 所示。

拆卸硬盘按照如下步骤：

- 通过旋转硬盘锁的手柄，把硬盘的运输保险锁锁定在"非运行"位置；
- 松开硬盘支架的 4 个固定螺钉；
- 打开硬盘支架；
- 从插座上拔出扁平电缆，必须向

后按插头的 2 个锁定头。

　　安装硬盘时，按照相反的步骤，并且把硬盘锁锁定在"运行"位置，否则无法启动系统。同时必须注意的是，在运输过程中，把硬盘锁锁定在"非运行"位置，以保护硬盘不被损坏。

　　PCU50 在出厂时，系统已经定义了 3 个用户，这 3 个用户具有不同的操作权限，如表 1-12 所示。

表 1-12　PCU50 出厂时预定义的用户

用户名	密码	用户类型	Windows 用户组
operator	operator	HMI 用户	操作员
auduser	SUNRISE	维修用户	系统管理员
siemens	＊＊＊＊＊	—	系统管理员

　　"auduser"用户为维修用户类型并属于系统管理员用户组。系统管理员具有本地管理员的用户权限。"operator"用户为 HMI 用户类型并属于操作员用户组。操作员具有限制性用户权限。对于 HMI 用户和维修用户可以单独进行启动 HMI 程序和维修设置。

1.5.3　PCU20

　　PCU20 不带有硬盘，内置嵌入式 HMI 软件，可以连接 OP010、OP012、OP010C 以及 OP015 等，其接口分布如图 1-56 所示。

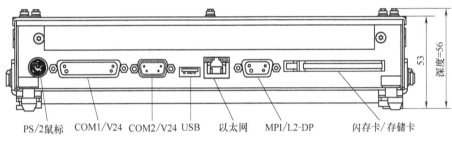

PS/2鼠标　COM1/V24　COM2/V24　USB　以太网　MPI/L2-DP　闪存卡/存储卡

图 1-56　PCU20 的接口分布

- 串口 1（25 针）。
- 串口 2（9 针）。
- PS/2 键盘接口。
- USB 接口。
- MPI/DP 接口，RS485 格式，1.5Mbps 波特率。
- 工业以太网口 10/100MBaud。
- 存储卡/ATA 闪存卡接口（64 针 PC 卡插口）或者闪存卡，最大 64MB。
- 操作面板接口：
- 用于 TFT 显示的 LVDS 接口；
- 用于 STN 显示的 CMOS 接口；
- 操作面板 USB 接口（内部）。
- 软驱。
- 复位键。

　　由于 PCU20 不带有硬盘，因此它扩展的外部存储卡或闪存卡就显得非常有用了，比如比较大的 NC 加工程序，系列启动备份的数据和文件可以存储在扩展的外部存储卡或闪存卡中。

需要注意的是这个功能是选件功能，需要向西门子定购网络/软驱选件 6FC5253-0AE02-0AA0。此存储卡可与 PCU20 的以太网配合使用：平时将卡就插在 PCU20 上，操作者可将上位机上的程序拷贝，然后转到 CF 卡并粘贴，这样程序便从上位机拷贝到了 CF 卡上，然后可从卡上直接执行。

需要注意的是，在市场上购买的一些 CF 卡，不能在 PCU20 上使用。因为零售渠道购买的 CF 卡存储格式不同。CF 分为 CHS 和 LBA 格式，PCU20 只能识别 CHS 格式，从西门子订购的 CF 将格式化成正确的格式。

1.5.4 机床控制面板 MCP

840D 的机床控制面板 MCP 是 OPI 通信连接 NCU 的，其作用是按照给定的工作方式执行 NC 程序，并完成机床动作的控制，如急停控制、复位、程序控制、工作方式选择、机床功能、用户自定义功能、轴/主轴控制等，可以说机床控制面板 MCP 是与机器打交道的。图 1-57 所示为西门子提供的标准铣床型机床控制面板接口分布。

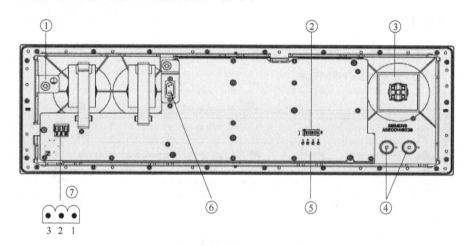

图 1-57　机床控制面板接口分布

①—用户接地端子；②—S3 DIP 开关；③—急停按钮；④—2 个额外的控制设备插槽；
⑤—LED 1~4；⑥—OPI 接口（MPI）X20；⑦—电源输入 X10

在机床控制面板上有 4 个 LED 的监控指示灯，用于监控机床控制面板运行的状态。

- LED1（H1）：硬件检测，如果发现错误红灯亮起；
- LED2（H2）：温度监控，如果温度超过（60±3）℃红灯亮起；
- LED3（H3）：电压监控；
- LED4（H4）：当面板有数据通信时黄灯会闪烁。

另外，在机床控制面板上有一个 8 位的设置开关 S3，用于设置 OPI/MPI 数据通信波特率、节点地址、传输循环时间、接收监控时间等，如表 1-13 所示。需要注意的是，在机床控制面板 S3 开关上设置的信息，必须与 PLC 程序上的设置一致，否则无法建立正常通信，表现的现象为机床控制面板上所有 LED 灯闪烁。

1.5.5 手持单元 HHU

手持单元 HHU 为操作员在机床上执行各种功能提供了更多便捷，如图 1-58 所示。手持单

表 1-13　机床控制面板上开关 S3 的设置

1	2	3	4	5	6	7	8	含　义
on off								波特率：1.5Mbaud 波特率：187.5kbaud
	on off off	off on off						200ms 传送循环时间/2400ms 接收监控 100ms 传送循环时间/1200ms 接收监控 50ms 传送循环时间/600ms 接收监控
			on	on	on	on		总线地址：15
			on	on	on	off		总线地址：14
			on	on	off	on		总线地址：13
			on	on	off	off		总线地址：12
			on	off	on	on		总线地址：11
			on	off	on	off		总线地址：10
			on	off	off	on		总线地址：9
			on	off	off	off		总线地址：8
			off	on	on	on		总线地址：7
			off	on	on	off		总线地址：6
			off	on	off	on		总线地址：5
			off	on	off	off		总线地址：4
			off	off	on	on		总线地址：3
			off	off	on	off		总线地址：2
			off	off	off	on		总线地址：1
			off	off	off	off		总线地址：0
							on off	MPI 接口，用户操作面板 串行硬件

元 HHU 有双行数字显示 2×16 位的显示器、双通道的急停按钮、20 个用户自定义键、16 个用户自定义 LED 灯、接通/断开状态钥匙开关、12 位的倍率开关、电子手轮等。

手持单元 HHU 上面所有的信号通过一根 17 针的电缆，直接连接在分线盒的 X4 接口，分线盒把信号分离成两部分：按键信号、LED 信号、钥匙开关信号、选择开关信号及显示信息由 X5 接口的 MPI 总线传送；急停信号、使能信号以及电子手轮信号不通过 MPI 总线传送，而是在端子排 X3 分离出来，通过电缆分配和连接到 CCU/NCU 的 X121 上，手持单元的电源由分线盒提供。手持单元 HHU 与分线器内部线路连接如图 1-59 所示。

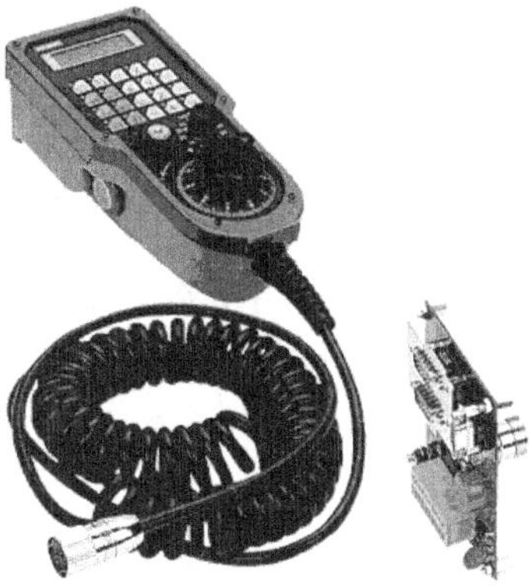

图 1-58　手持单元 HHU 与分线器实物图

手持单元上面的 4 位 DIP 设置开关 S1、S2；其中 S1 用于设置通信波特率以及 IDLE 时间；S2 用于设置 MPI 总线地址。

安装 HHU 时，钥匙开关必须扳在"OFF"位置，急停端子短路，结束通信，连接 HHU 后，解除急停开关信号，钥匙扳到"ON"位置。

拔除 HHU 时，钥匙开关必须扳在"OFF"位置，结束通信，松开 HHU 插头，在卸下 HHU 时，建议安装一个急停按键开关，以便 HHU 上的急停开关信号取消时，可以使得急停信号生效，防止机床的误动作。

连接到分线盒的 X4 上的信号，分线盒上的 X3 分离出的急停信号、使能信号和手轮信号，这些信号不直接传送到 PLC，有利于外电路控制设计。其他信号由分线盒上的 X5 通过 MPI 总线传送到 PLC。

液晶手轮通信失败的可能原因有：

- OPI 或 MPI 通信电缆或插头有问题；
- 液晶手轮的地址不正确；
- 液晶手轮的通信速率不正确。

在 HHU 手持单元通信失败的时候，会显示手轮的版本，还有地址和通信速率，地址默认为 F 即 15，地址和通信速率轮回显示。速率显示 1.5Mbps 或 187.5Kbps。当手轮接到 OPI 总线上时通信速率为 1.5Mbps，接在 MPI 电缆上时通信速率为 187.5 Kbps；通常情况是接在 OPI 总线上的。

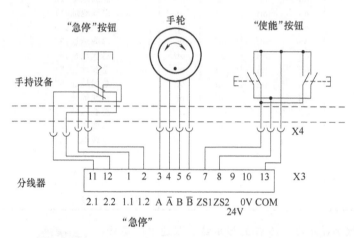

图 1-59　手持单元 HHU 与分线器内部线路连接

1.5.6　840D 系统网络及故障排查

在 840D 系统中，各个操作部件与 NCU 的连接可以通过 OPI 总线接口，也可以通过 MPI 多点接口总线。OPI 总线接口是 "Operator Panel Interface" 的简称，与 MPI 多点接口（Multi-Point Interface）一样，都是属于 MPI 接口协议，只不过是 OPI 总线接口传输波特率为 1.5Mbps，而 MPI 总线接口传输波特率为 187.5Kbps。在一个 OPI 总线网络中，每个操作部件有一个节点地址，这个节点地址通常都不要去修改，否则会导致通信连接不上。图 1-60 是 840D 总线连接图。

通过把接出电缆的 MPI 插头插入到接入电缆的 MPI 插头中，可以把 MPI 连接从一个终端接到下一个终端。一根电缆必须以终端电阻结束，在进行连接时必须遵循以下规则：

① 在同一个总线网络中，所有操作部件的节点地址必须不一致，通信波特率必须一致。

② 总线两端必须以终端电阻结束，因此，必须接通第一个和最后一个终端 MPI 插头中的终端电阻，在 ON 的位置，切断剩余的其它终端电阻，在 OFF 的位置。

③ 至少一个终端必须有 5V 电压，因此，带有终端电阻的 MPI 插头必须连接到一个已经开启的设备上。

④ 使用的总线应尽可能短。

⑤ 每个 MPI 终端必须先插上，然后再使能，拔除时，必须先关断电源，然后拔出 MPI 插头。

⑥ 每个总线段可以连接一个手持操作单元和一个手持编程单元，或者两个手持单元或手持编程单元。不允许总线终端插到 HHU 或 HPU 的分线盒中。如果不止一个 HHU 连接到一个

总线区段，则可以通过一个中间中继器进行。

⑦ 在正常情况下没有中继器时，MPI 或 OPI 的电缆长度不可以超出以下规定：

MPI（187.5kbaud），电缆总长最大 1000m；

OPI（1.5Mbaud），电缆总长最大 200m。

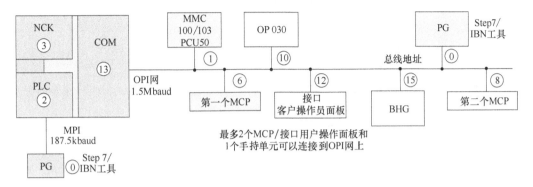

图 1-60 840D 各个操作部件总线连接图

在 MPI/OPI 网络中，MPI/OPI 总线插头的制作是非常重要的，如果总线制作不好，将会导致整个网络的抗干扰能力不强，网络通信不上或者时通时断。

840D 系统组件出现通信故障时，通常报警为 120201 或 120202，这时排除故障需要安装一定的规则来排除才能够事半功倍，作者根据现场经验总结检查步骤如下：

① 查看 NCU 上是否正常显示，NCU 正常是两个绿灯亮、数码管显示 6。

② 如果 NCU 显示不正常，那么可以做一个总清操作（S3/S4），之后看是否可以正常启动，如果无法执行 NCU 总清操作，则可以判定是 NCU 硬件故障，需要更换 NCU。

③ 如果 NCU 正常显示，但出现通信报警，则查看 MCP 是否正常。如果 MCP 可以操作则说明 MCP 正常，只是 PCU50 存在通信故障；如果 MCP 面板都闪烁无法通信，则说明整个 OPI 网络都通信不正常。

④ 如果 MCP 面板正常，单独用 SET PC/PG 接口功能，诊断 PCU50 是否通信正常；如果正常可以显示 PCU50 的节点地址，那么就是 dp 通信线的问题（换接头、检查终端电阻、线屏蔽）。

⑤ 如果 MCP 面板不能操作，那么先检查 NCU 的 X101 接口（用 SET PC/PG 接口功能），查看 NCU 地址是否能正常显示，并且与 HMI 界面设置一致（启动→HMI→Operator Panel）；然后检查 MCP 面板的接口、PCU50 的接口，如果地址正常显示，那就是通信线缆问题。

⑥ 检查地址的设置（MCP：硬件上设置、OB100）。

⑦ 如果机床有配置 HHU，通常出现通信故障，则先把 HHU 拔除。

⑧ 所有通信网络上面，如果某个节点的端子或接口短路，整个网络都不能通信。

1.6 总结

通过第 1 天的学习，需要掌握如下重要的内容：

① 掌握西门子数控调试所需软件的应用场合，并能够独立安装软件。

② 掌握西门子数控调试软件的联机操作。

③ 掌握 NCU、PCU、MCP、HT2/HHU 等数控组件的功能、安装连接及接口定义。

④ 掌握 840D sl/840D 的 NCK/PLC 总清操作。

⑤ 掌握 840D sl/840D 的系统网络故障排除方法。

⑥ 掌握通过指示灯状态来诊断系统组件故障的方法。

第 1 天练习

1. 以 STEP7 软件为例描述安装软件的安装方法及必须注意的事项。

2. 840D sl/840D 数控系统的 Toolbox 在数控系统启动过程中起什么作用。

3. 简要描述 Access MyMachine 软件的功能。

4. 简要描述 840D sl 数控系统与 PC/PG 通过以太网联机设置的步骤。

5. 简要描述 840D 数控系统与 PC/PG 通过 OPI、 MPI 联机设置的步骤。

6. 简要描述 840D sl 执行 NCK、 PLC 操作的步骤，以及执行总清之后丢失的数据。

7. 用线路示意图的方式表述 840D sl 各个系统组件之间的连接关系（NCU, PCU50. 5, TCU, MCP483C PN, HT2）。

8. 假如有一数控机床为西门子 840D 数控系统，现场出现通信无法连接故障，报警代码为 120201，请您现场处理该机床故障，请问需要了解哪些相关的现场信息？ 需要做哪些准备工作？ 需要如何排除该故障？

第 2 天
西门子伺服驱动及系统数据管理

840D sl 数控系统的机床通常采用 SINAMICS S120 驱动系统，840D 数控系统的机床通常采用 SIMODRIVE 611D 驱动系统。这两类都是西门子的伺服驱动系统，但是 S120 是通过 Drive-CLiQ 通信连接，而 611D 是通过串行驱动总线连接。本章节分别对这两类伺服驱动系统的功能、安装连接、接口定义做介绍。

另外，在数控系统的数据管理方面，尤其是数据备份，这是至关重要的，从机床维修的角度来看，如果有数据备份的情况下，基本上任何故障都可以比较快地得到解决。但是如果没有数据备份，那么所花费的代价会比较大。但是往往数据备份这个事情又得不到机床用户的重视，有的是根本不会做数据备份，有的是虽然会做数据备份，但是不懂管理和归档，需要用到备份数据的时候无法正确地恢复数据。从作者十几年的西门子数控机床现场服务经验来统计，差不多有三分之一的现场服务是跟数据备份有关，因此正确的数据备份以及妥善的数据管理是数控机床至关重要的保障。

2.1 Drive-CLiQ 网络

2.1.1 Drive-CLiQ 网络连接规则

Drive-CLiQ 驱动网络连接 SINAMICS S120 驱动、电机测量系统等。Drive-CLiQ 全称为 Drive Component Link with IQ，即智能的驱动组件链接，是一种组件级的智能网络连接。Drive-CLiQ 用于西门子新一代驱动装置之间的通信电缆，是一种全新的传动接口，允许控制器、驱动器之间甚至包括电机和编码器之间进行快速可靠的通信。Drive-CLiQ 连接电缆，有如下特点：

- 连接到驱动组件的新链接是基于世界范围内普及的 100Mbps 以太网技术。
- 除了标准的以太网连接外，扩展的 RJ45 插头和插座提供了两个额外的触点，用于分配 24V 直流电压。

- 所有通过 Drive-CLiQ 连接的组件都有一个电子铭牌。

- 控制单元包含有一个带有"电子铭牌"的数据库，各项技术数据都将自动装载到控制单元中。

- 在启动过程中，控制单元将识别已通过 Drive-CLiQ 实现连接的组件数据，不再需要手动输入铭牌数据。

通常 Drive-CLiQ 有如下基本连接规则：

- 对于不用的 Drive-CLiQ 接口必须用防尘插头堵上，防止灰尘进入影响系统运行。

- 1 个 NCU 只能控制 1 个 ALM，有多个 ALM 时，需要增加 NX 板。

- 每个 NCU 最大连接 9 个测量装置信号（含电机编码器）。

- 每个 NCU 最大控制 6 个驱动。

- 驱动的第二编码器只能连接到控制该驱动的 NCU/CU 上。

Drive-CLiQ 通信方式网络的标准循环时间为 $125\mu s$（伺服控制）/$400\mu s$（矢量控制），实际的循环时间根据不同的拓扑结构有所不同，Drive-CLiQ 的拓扑规则如下：

- 1 个 Drive-CLiQ 网络运行最多 16 个节点。

- 最多允许 8 个节点级联。

- 不允许出现环形连接。

- 1 个节点不允许重复连接（双电机模块作为 1 个节点）。

- TM54F 不能与电机模块在同一个 Drive-CLiQ 网络上。

- TM15、TM17、TM41 端子模块的采样时间比 TM31、TM54F 端子模块短，二者不能在同一个 Drive-CLiQ 网络上。

- 如果采用了装机装柜型器件，则在 1 个 NCU/CU 控制单元上最多允许 1 个 SLM 电源模块和 1 个 BLM 电源模块同时连接。

- 伺服控制与矢量控制不能混合在同一个 NCU/CU 上。

- V/F 控制可以和伺服控制或矢量控制混合连接，但必须在不同的 Drive-CLiQ 线路上，且混合连接时候，不支持双轴电机模块。

- 在 NCU/CU 控制单元的 1 条 Drive-CLiQ 线路上最多支持 4 个 V/F 控制节点。

- 一个 NCU 或 NX 支持最多 9 个 Drive-CLiQ 接口测量装置同时连接。

- CU320 支持最多 8 个 TM 端子模块。

- CU310 支持最多 3 个 TM 端子模块。

- 书本型 ALM 电源模块可以与伺服控制模式的书本型电机模块连接到同一条 Drive-CLiQ 线路上，但如果是矢量控制模式，则必须分开在不同的线路上。

- 装机装柜型 ALM 电源模块必须与装机装柜型电机模块连接在不同的 Drive-CLiQ 线路上。

- 由于装机装柜型电机模块与书本型电机模块的电流控制环不同，所以必须连接在不同的 Drive-CLiQ 线路上。

- VSM10 电源监控模块必须连接在与之相匹配的 ALM 电源模块或电机模块的空余 Drive-CLiQ 端口。

- 连接在同一条 Drive-CLiQ 线路上的所有器件的采样时间（p0115 [0]、p4099）必须能够相整除。如果一个节点器件的电流控制器采样时间与其它节点器件的采样时间不匹配，则可以将该节点器件移至其它线路，也可以修改其采样时间。

在实际项目设计与调试过程中，必须充分考虑 Drive-CLiQ 的拓扑规则，遵守"必须"规则是无故障运行的一个条件。尽可能地留有一定的余量，以避免带来一些意想不到的通信软故障。图 2-1 是 Drive-CLiQ 通信的基本拓扑规则示意图。

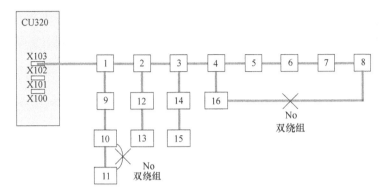

图 2-1　Drive-CLiQ 通信的基本拓扑规则示意图

　　实际调试过程中，可以通过 840D sl 的系统拓扑功能自动配置或修改其连接，使得设定的配置与实际配置一致，也可以通过 STARTER 软件中的 Topology 功能来检查或修改 Drive-CLiQ 网络拓扑结构。如果是按照推荐的 Drive-CLiQ 拓扑连接，通常只通过系统自带的配置诊断功能就可以完成连接组态，否则需要手动配置其拓扑连接，并与实际轴、测量系统对应。

　　推荐的 Drive-CLiQ 连接规则中，如果使用了"自动组态"功能来分配编码器到驱动器，可以有如下拓扑规则：

　　• 从 NCU 单元引出 Drive-CLiQ 网线应该连接到第一个书本型功率器件（电源模块、电机模块或单轴驱动器 PM）的 X200 端口或装机装柜型功率器件（电源模块、电机模块或单轴驱动器 PM）的 X400 端口。

　　• 对于两个相邻的功率器件的 Drive-CLiQ 连接，应将前一个的 X201 连接到后一个的 X200 接口，或将前一个的 X401 连接到后一个的 X400 接口。

　　• 带 CUA31 的单轴驱动器 PM 应该放在 Drive-CLiQ 线路末端。

　　• 电机自带的编码器的 Drive-CLiQ 线应该连接到该电机对应的驱动器件（电机模块或单轴驱动器 PM）的相应端口（如单轴电机模块的 X202 或双轴模块的电机 1 对应 X202、电机 2 对应 X203；装机装柜型电机模块/单轴驱动器 PM 的 X402；书本型单轴驱动器 PM 配置 CUA31 时的 X202，书本型单轴驱动器 PM 配置 CU310 时的 X100，书本型单轴驱动器 PM 配置 TM31 时的 X501 端口）。

　　• VSM10 电压监控模块的 Drive-CLiQ 线连接至书本型 ALM 的 X202 接口，装机装柜型 ALM 的 X402 端口（如果配置了 AIM，则由于 AIM 内部集成了 VSM10 模块，所以不需要另行配置 VSM10）。

　　以上推荐的 Drive-CLiQ 基本连接规则可以通过图 2-2 所示来说明。

　　图 2-3 是 1 个 NCU 控制 6 个轴的 Drive-CLiQ 的连接实例，实例中每个电机均自带 Drive-CLiQ 接口编码器，并且有 3 个轴带有第 2 测量系统，所有的电机模块通过一个 ALM 电源模块供电，并配置了 VSM10 电压监控模块。这个实例是一个不配置 NX 的 NCU 最大扩展能力。

　　图中字母简写含义如下：

　　• ALM 调节型电源模块；

　　• SMM 单轴电机模块；

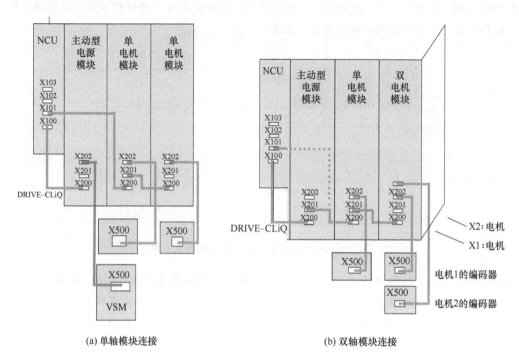

(a) 单轴模块连接　　　　　　　　　(b) 双轴模块连接

图 2-2　推荐的 Drive-CLiQ 基本连接规则

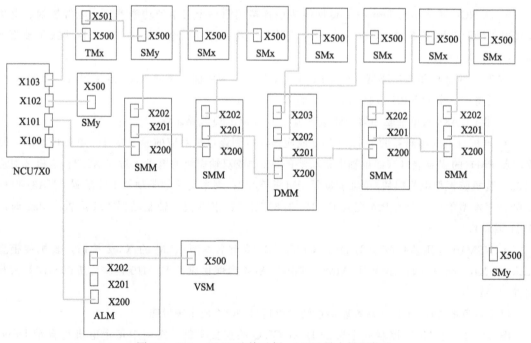

图 2-3　Drive-CLiQ 连接示例—NCU 最大扩展能力

- DMM 双轴电机模块；
- SMx 电机自带 Drive-CLiQ 编码器；
- SMy 第 2 测量系统；
- TMx 端子模块；

- VSM 电压监控模块。

2.1.2　Drive-CLiQ 电缆

Drive-CLiQ 连接电缆有带 24V DC 和不带 24V DC 两种，其中不带 24V DC 线芯的 Drive-CLiQ 电缆用于 NCU/CU 控制模块、电源模块、电机模块、单轴驱动模块 PM、TM 端子模块、SMC 信号转换器直接的互联。带 24V DC 线芯的 Drive-CLiQ 电缆用于连接 1FT/1FK/1PH 电机自带的 Drive-CLiQ 编码器、SME 信号转换模块等。

不带 24V DC 线芯的 Drive-CLiQ 电缆有标准长度及用户自定义长度 2 种类型，其中，标准长度订货号为：

- 0.11m：6SL3060-4AB00-0AA0；
- 0.16m：6SL3060-4AD00-0AA0；
- 0.21m：6SL3060-4AF00-0AA0；
- 0.26m：6SL3060-4AH00-0AA0；
- 0.31m：6SL3060-4AK00-0AA0；
- 0.36m：6SL3060-4AM00-0AA0；
- 0.41m：6SL3060-4AP00-0AA0；
- 0.60m：6SL3060-4AU00-0AA0；
- 0.95m：6SL3060-4AA10-0AA0；
- 1.20m：6SL3060-4AW00-0AA0；
- 1.45m：6SL3060-4AF10-0AA0；
- 2.80m：6SL3060-4AJ20-0AA0；
- 5.00m：6SL3060-4AA50-0AA0；
- 用户定义长度：6FX2002-1DC00-···或者 6FX2002-1DC20-···，最大长度 70m，防护等级分别为 IP20 和 IP67。

带 24V DC 线芯的 Drive-CLiQ 电缆订货号分别为：
- 用户定义最大长度 50m：6FX8002-2DC00-···、6FX8002-2DC10-···以及 6FX8002-2DC20-···；
- 用户定义最大长度 100m：6FX5002-2DC00-···、6FX5002-2DC10-···以及 6FX5002-2DC20-···。

Drive-CLiQ 电缆共有 10 个线芯，电缆连接两头为交叉连接（1-3、2-6 相对交叉），其端子定义如表 2-1 所示。

表 2-1　Drive-CLiQ 电缆端子定义

针脚	信号名称	参数定义	针脚	信号名称	参数定义
1	TXP	数据传送＋	6	RXN	数据接收－
2	TXN	数据传送－	7	未使用	
3	RXP	数据接收＋	8	未使用	
4	未使用		A	＋24V DC	＋24V DC
5	未使用		B	M	M

有些附件可以便于现场安装调试，如需要在控制柜外壳上开孔安装一个 Drive-CLiQ 插座，可以选择 Drive-CLiQ 电柜转接头 6SL3066-2DA00-0AA0。如果现场发现 Drive-CLiQ 破损或者需要延长，则可以选择 Drive-CLiQ 转接器 6SL3066-2DA00-0AB0。

由于 6SL3066-2DA00-0AA0 接口器件很多，为了方便布线，可以增加一个或多个 Drive-CLiQ 集线器，实现星形连接。Drive-CLiQ 集线器有柜内安装类型 DMC20 （6SL3055-0AA00-6AA0）以及现场安装类型 DME20 （6SL3055-0AA00-6AB0）。两种类型的 Drive-CLiQ 集线器都有 6 个接口 （X500～X505），可以将 5 个带 Drive-CLiQ 接口的设备接入网络，连接方式相同，拔插其中任意一个 Drive-CLiQ 插头都不会对其它设备造成影响。连接实例如图 2-4 所示。

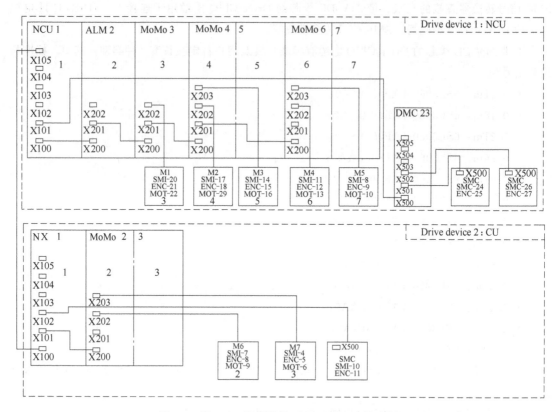

图 2-4　带 DMC 集线器的 Drive-CLiQ 连接实例

2.2 SINAMICS S120 驱动的基本原理

2.2.1 驱动装置的 PWM 调制原理

SINAMICS S120 属于电压型 PWM 驱动装置，图 2-5 所示为 SINAMICS S120 的驱动原理图，输入侧也就是整流部分把外部三相交流供电利用整流部件转换成直流母线电压。中间电路部分主要是起电流平滑功能的大容量电解电容。输出侧也就是逆变部分，把直流母线电压转换成三相变频变压的交流电，用于给电机提供动力供电。

PWM 是 Pulse Width Modulation 的简称，该技术利用半导体开关器件的导通和关断将固定的直流电压变换成固定的或者是可调的交流电压，也可以根据需要将直流电压变换成电压和频率都可调节的交流电压，同时优化输出谐波。图 2-6 所示为 PWM 控制输出电压的工作原理图，用一系列等幅不等宽的脉冲来代替一个调制半波。PWM 控制技术是电机驱动的关键核心技术，通过 PWM 控制技术可以使得电机驱动获得非常优秀的调速性能。

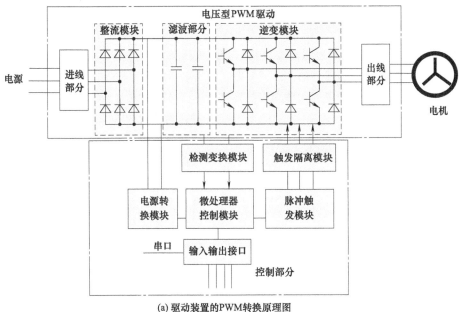

(a) 驱动装置的PWM转换原理图

(b) 电源转换波形示意图

图 2-5　SINAMICS S120 的驱动原理图

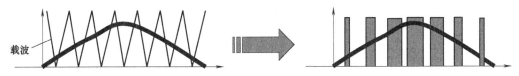

图 2-6　PWM 控制输出电压的工作原理

PWM 调制是应用比较广泛的一种调制方式，尤其是在工业变流器中（包括整流器与逆变器）。通常采用三角波和正弦波相交获得的 PWM 波形直接控制各个开关可以得到脉冲宽度和各脉冲间的占空比可变的呈正弦变化的输出脉冲电压，能获得理想的控制效果——输出电流近似正弦。图 2-7 解释了 PWM 的基本工作原理，图中载波为频率 f_c 的等腰三角形载波，与频率为 f 的正弦调制波相比较，两者的交点确定电力电子器件的开关时刻。在调制过程中，载波频率必须比较高，才能保证调制后得到的波形

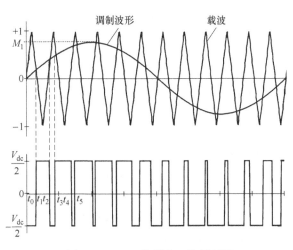

图 2-7　PWM 控制的工作原理图

与调制前效果相同。PWM的实质就是用一个等幅而不等宽的脉冲序列来代替一个频率和幅值一定的正弦。

在电机驱动中，PWM基本思想是直接将三相的电压给定 V_u^*、V_v^*、V_w^* 与高频的三角载波比较，控制逆变器中电力电子器件的开通或关断，输出电压的高度相等、宽度按一定规律变化的脉冲序列，用这样的高频脉冲序列代替期望的输出电压。当调制波大于载波时，上臂功率晶体管导通输出 $1/2V_{dc}$，若调制波小于载波时，下臂导通输出 $-1/2V_{dc}$。另外上、下臂间有短路防止时间死区时间控制，以避免上、下臂同时导通而造成直流侧短路。波形的脉冲及凹口宽度按正弦规律变化，从而使得其基波成分的频率等于 f 且幅值正比于指令调制电压。图2-8给出了负载连接逆变器的典型线电压和相电压波形图，三角波载波 u_c，三相的调制信号 u_{rU}、u_{rV}、u_{rW} 依次相差 $120°$。

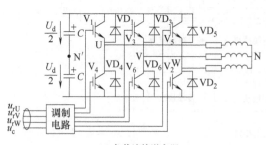

(a) 负载连接逆变器

以 U 相为例分析控制规律：

当给 V1（V4）加导通信号时，可能是 V1（V4）导通，也可能是 VD1（VD4）导通，u'_{UN}、u'_{VN}、u'_{WN} 的 PWM 波形只有 $\pm\dfrac{U_d}{2}$ 两种电平。

u_{UV} 的波形可由 $u'_{UN} - u'_{VN}$ 得出，当 1 和 6 通时，$u_{UV}=U_d$，当 3 和 4 通时，$u_{UV}=-U_d$，当 1 和 3 或 4 和 6 通时，$u_{UV}=0$。

输出线电压 PWM 波由 $\pm U_d$ 和 0 三种电平构成。

负载相电压 PWM 波由 $\pm\dfrac{2U_d}{3}$、$\pm\dfrac{U_d}{3}$ 和 0 共 5 种电平组成。

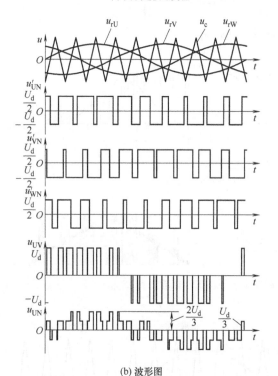

(b) 波形图

图 2-8　电机连接逆变器的典型线电压和相电压波形图

为了防止上、下两个桥臂同时导通，必须设定防直通的死区时间。同一相上、下两臂的驱动信号互补，为防止上、下臂直通而造成短路，留一小段上、下臂都施加关断信号的死区时间。死区时间的长短主要由开关器件的关断时间决定。死区时间会给输出的 PWM 波带来影响，使其稍稍偏离正弦波。

三相逆变器一般采用双极性调制，在双极性调制中，上、下桥臂互补工作。为了防止桥臂直通短路，一个管子关断后，再延迟 Δt 时间，才开通另一个管子，Δt 称为死区时间。死区时间给输出的 PWM 波形带来影响，使其偏离正弦波。

图 2-9 所示为 SINAMICS S120 驱动系统的电机模块连接 1FK/1FT/1PH 系列电机时的开关动作以及逆变器输出电压波形，若要改变等效输出正弦波幅值，按同一比例改变各脉冲宽度

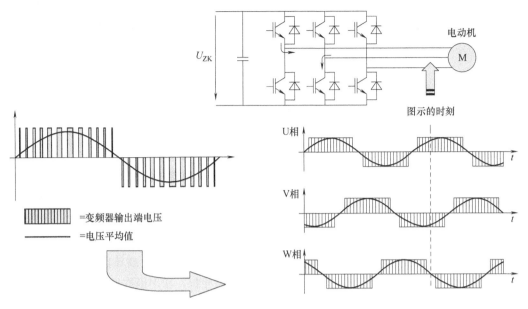

图 2-9　逆变器的开关动作以及逆变器输出电压波形

即可。

2.2.2　二极管整流电路

　　二极管整流电路主要用于 PWM 变频器，其电路结构如图 2-10 所示。直流电压 U_d 经直流中间电路的电容进行平滑后送至逆变电路。

　　由于二极管整流电路不具有开关功能，图 2-10 所示整流桥的输出电压决定于三相电源电压的幅值。

　　在 $\omega t = 0$ 时，二极管 VD6 和 VD1 开始同时导通，直流侧电压等于 $U_d = u_{ab}$；下一次同时导通的一对管子是 VD1 和 VD2，直流侧电压等于 $U_d = u_{ac}$。依此类推得到直流侧的电压为线电压。

　　以上讨论过程中，忽略了电路中诸如变压器漏抗、线路电感等的作用。另外，实际应用中，为了抑制电流冲击，常在直流侧串入较小的电感，成为感-容滤波的电路。

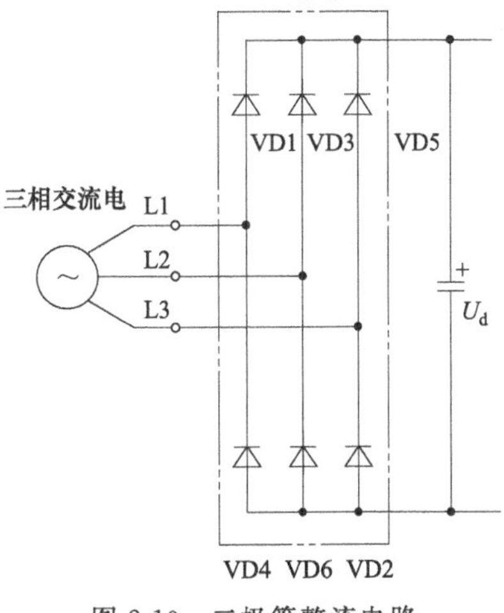

2.2.3　晶闸管整流电路

图 2-10　二极管整流电路

　　二极管整流电路的输出电压是不可控的，为了控制输出电压的幅值，可以利用晶闸管作为换流器件并构成晶闸管整流桥。三相桥式全控整流电路的特点是两管同时通形成供电回路，其中共阴极组和共阳极组各一个器件，且不能为同一相的器件。

　　对触发脉冲的要求按 VT1—VT2—VT3—VT4—VT5—VT6 的顺序，相位依次差 60°。共阴极组 VT1、VT3、VT5 的脉冲依次差 120°，共阳极组 VT4、VT6、VT2 也依次差 120°。同一相的上、下两个桥臂，即 VT1 与 VT4、VT3 与 VT6、VT5 与 VT2，脉冲相差 180°。

U_d 一周期脉动 6 次，每次脉动的波形都一样，故该电路为 6 脉波整流电路。需保证同时导通的 2 个晶闸管均有脉冲。可采用两种方法：一种是宽脉冲触发，另一种是双脉冲触发。晶闸管承受的电压波形与三相半波时相同，晶闸管承受最大正、反向电压的关系也相同。

图 2-11 给出了晶闸管整流电路的基本结构。

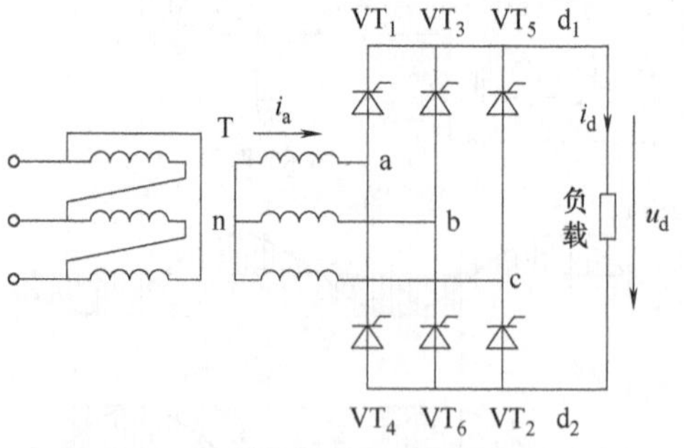

图 2-11　晶闸管整流电路的基本结构

2.2.4　PWM 整流电路

实用的整流电路大部分都是晶闸管整流或二极管整流。晶闸管相控整流电路：输入电流滞后于电压，且其中谐波分量大，因此功率因数很低。二极管整流电路：虽位移因数接近 1，但输入电流中谐波分量很大，所以功率因数也很低。

把逆变电路中的 SPWM 控制技术用于整流电路，就形成了 PWM 整流电路。控制 PWM 整流电路，使其输入电流非常接近正弦波，且和输入电压同相位，功率因数近似为 1，也称单位功率因数变流器，或高功率因数整流器。

PWM 整流电路结构如图 2-12 所示，PWM 整流电路通常采用 IGBT 或晶体管作为开关器件。进行 SPWM 控制，可使 i_a、i_b、i_c 为正弦波且和电压同相，功率因数近似为 1。

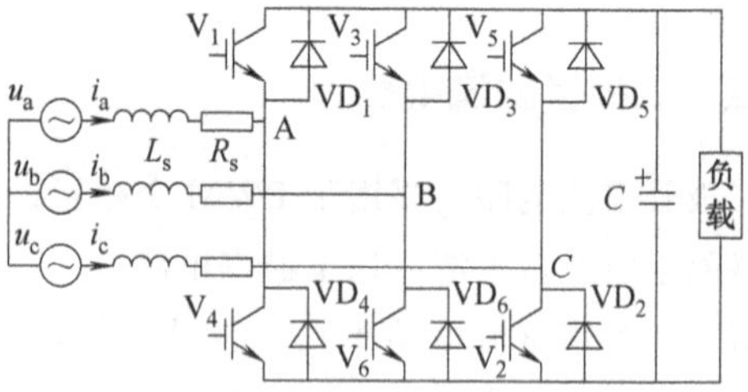

PWM 工作的变流器，又称为四象限变流器。与相控整流器相比具有下列优点：

a. 功率因数高且可控，可达到 ±1；

b. 谐波含量低，减少对电网污染；

c. 体积小、重量轻和动态响应速度高；

d. 能量可以双向流动；

图 2-12　PWM 整流电路结构

e. 若电网电压变化，可以保证直流母线电压恒定。

PWM 整流器在大容量通用变频器中的应用，用于交-直-交系统，提高功率因数，减小谐波，当然它的成本远高于二极管整流桥。

2.2.5　直流中间电路

虽然利用整流电路可以从电网的交流电源得到直流电压或直流电流，但是这种电压或电流含有频率为电源频率 6 倍的电压或电流纹波。此外，驱动器的逆变电路也将因为输出和载频等原因而产生纹波电压和电流，并反过来影响直流电压或电流的质量。因此，为了保证逆变电路和控制电源能够得到较高质量的直流电流或电压，必须对整流电路的输出进行平滑，以减少电压或电流的波动，这就是直流中间电路的作用。而正因为如此，直流中间电路也被称为平滑电路。

对电压型驱动器来说，整流电路的输出为直流电压，直流中间电路则通过大容量的电容对输出电压进行平滑。电压型驱动器中，用于直流中间电路的直流电容为大容量铝电解电容。为了得到所需的耐压值和容量，往往根据电压和驱动器容量的要求将电容进行串联和并联使用。

当整流电路为二极管整流电路时，由于在电源接通时电容中将流过较大的充电电流（浪涌电流），有烧坏二极管以及影响处于同一电源系统的其他装置正常工作的可能，必须采取相应措施。

2.2.6　开关电源电路

在驱动器中，一些芯片、存储单元、驱动电路以及使能信号等，需要提供 5V、±15V、24V 等各种形式的电子电源。这些电子电源输出质量的好坏往往决定了整个驱动系统的稳定性。电子电源可以直接外接一路三相交流电源，也可以与主电源供电共用一路交流电源，然后经过整流成直流电源，再对直流电源进行变流处理，通常这部分电路称为开关电源电路（简称 SMPS），如图 2-13 所示。

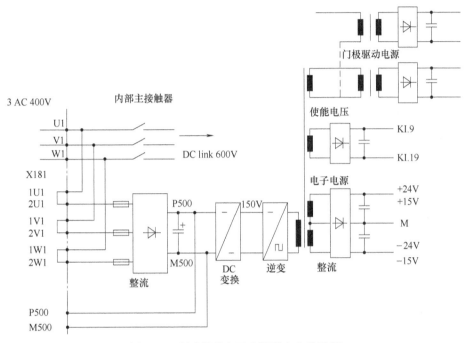

图 2-13　驱动器的电子电源供电电路示例

2.2.7　逆变电路

逆变电路是驱动器最主要的部分之一，它的主要作用是在控制电路的控制下将直流中间电路输出的直流电压（电流）转换为具有所需频率的交流电压（电流）。逆变电路的输出即为驱动器的输出，它被用来实现对电机的调速控制。在驱动器的逆变电路中，应用最广泛的逆变模块是绝缘栅双极型晶体管（IGBT），或智能功率模块（IPM）。

对于电压型逆变电路具有以下特点：

a. 直流侧为电压源或并联大电容，直流侧电压基本无脉动。

b. 输出电压为矩形波，输出电流因负载阻抗不同而不同。

c. 阻感负载时需提供无功功率，为了给交流侧向直流侧反馈的无功能量提供通道，逆变桥各臂并联反馈二极管。

如图 2-14 所示为逆变电路典型结构图。

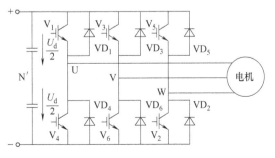

图 2-14　逆变电路典型结构

每桥臂导电180°，同一相上、下两臂交替导电，各相开始导电的角度差120°，每次换流都是在同一相上、下两臂之间进行。图2-15为驱动器逆变单元的结构原理图。

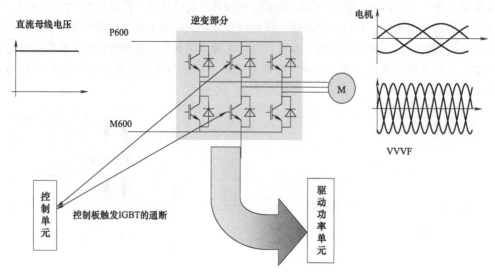

图 2-15　逆变单元的结构原理图

2.2.8　伺服控制回路

控制回路如图2-16所示，"控制"可以定义为一个系统中，有一个或多个输入量对一个或多个输出量产生影响的过程，其特征是开环作用路径，即控制链路。"调节"就是在一个系统中，对被调量连续不断地进行检测，与基准量进行比较，并从与基准量平衡补偿的意义上对该被调量产生影响的过程，其特征是闭环作用路径，即调节回路。

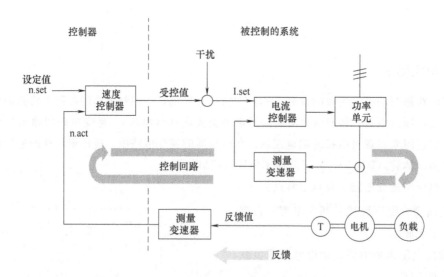

图 2-16　控制回路结构原理图

在伺服控制中，通常包含位置控制回路、速度控制回路以及电流控制回路，三个控制回路之间采用级联控制方式。级联控制具有以下优势：

a. 从内到外逐步调试控制回路（电流、速度、位置）；独立的设置。

b. 较低层的控制器成为叠加系统的替代延迟时间，通过这种方式影响整个系统在设定值响应方面的动态属性。

c. 可以通过在较低层控制回路上进行预控制来补偿该缺点。

d. 通过限制叠加控制设置值，可以非常容易地限制较低层被控值。

e. 限制了非线性的影响，叠加控制器系统大大降低了非线性。

f. 通过补偿较低层控制回路，缩短了延迟时间。

g. 在较低层控制器中，扰动能立即得以修正，并迅速得以补偿。

2.3 电源供电系统及外围部件

2.3.1 电源供电系统

SINAMICS S120 驱动系统可以在带有接地中性线或接地外导体的 TN、TT 电网系统上，以及在额定电压三相 AC 380～480V±10％或单相 AC 200～240 V±10％的 IT 电网系统上直接运行。如果没有采取额外措施，使用电源滤波器时只能在带有接地中性线的 TN 电网系统上运行。如图 2-17 所示为 SINAMICS S120 的供电系统连接。

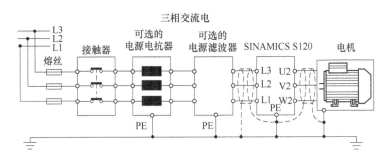

图 2-17　SINAMICS S120 的供电系统连接

在 TN 电网系统中，将电气设备的金属外壳和正常不带电的金属部分与工作零线相接的保护系统，称作接零保护系统，如图 2-18 所示。TN-C 方式供电系统是用工作零线兼作接零保护线，可以称作保护中性线，即常用的三相四线制供电方式。TN-S 式供电系统是把工作零线 N 和专用保护线 PE 严格分开的供电系统，即常用的三相五线制供电方式。

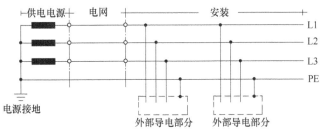

图 2-18　TN 电网系统

TT 电网系统指的是电源侧配电变压器中性点直接接地，负荷侧设备不带电的金属外壳直接与大地连接，但与电源侧配电变压器中性点没有直接电气连接，如图 2-19 所示。

IT 电网系统是三相三线式接地系统，该系统变压器中性点不接地或经阻抗接地，无中性线 N，只有线电压（380V），无相电压（220V），保护接地线 PE 各自独立接地，如图 2-20 所示。该系统的优点是当一相接地时，不会使外壳带有较大的故障电流，系统可以照常运行，缺点是不

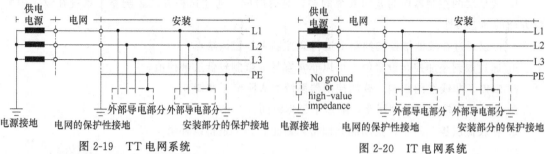

图 2-19   TT 电网系统   图 2-20   IT 电网系统

能配出中性线 N。

SINAMICS S120 驱动系统连接在带有接地中性线或接地外导体的 TN、TT 电网系统上，如图 2-21 所示。

当供电电源的额定电压在三相 AC 480 V＋10％或单相 240 V＋10％以下的范围，可以通过自耦变压器连接，如图 2-22 所示。

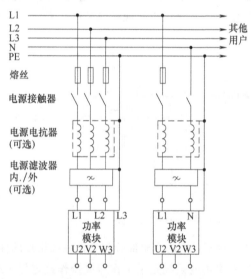

图 2-21   SINAMICS S120 驱动系统连
接在 TN、TT 电网系统

为了能够实现安全电气断开，在电压大于三相 AC 480 V＋10％或单相 AC 240 V＋10％的情况下必须使用隔离变压器。使用隔离变压器时，设备的电网形式，比如 IT/TT 电网将被转换成 TN 电源，通过隔离变压器连接 SINAMICS S120 驱动系统，如图 2-23 所示。在下列情况中必须使用分离变压器：

① 功率模块和/或电机的绝缘不适合所产生的电压；

② 不与当前电磁式剩余电流保护装置兼容；

③ 安装高度大于标准水平以上 2000m；

④ 在不使用接地中性线 TN 电网的电网系统中需要使用电源滤波器。

2.3.2 电源滤波器与电抗器

电源滤波器是驱动器输入的滤波器，其设计目的在于保护电网免受变频器产生的谐波和/或干扰电压的影响。电源滤波器和电源电抗器相连，可以将功率模块产生的、和导线相关的干扰降低到安装地点工业区的允许值。电源滤波器适合直接连接在带有接地中性线的 TN 电源上。接口不允许互换，要求输入电源连线连到 LINE/NETZ L1、L2、L3；输出至电源电抗器的连线则连接到 LOAD/LAST L1、L2、L3，如果接口互换，则存在损坏电源滤波器的危险，在使用的滤波器不是由西门子允许用于 SINAMICS 的电源滤波器时，会出现电源反作用，这可能会损害/干扰其他由此电源进行供电的用户。

电源电抗器用于抑制驱动器输入/输出电流中高次谐波成分带来的不良影响，限制低频的电源反作用，可以平整峰值电压（电源干扰）或者用于抑制换向电压的扰动。

对于电源电抗器来说，根据其使用目的，也可以分为输入用电抗器和输出用电抗器。接在电网电源与驱动器输入端之间的输入电抗器的主要作用是改善系统的功率因数和实现变频器驱动系

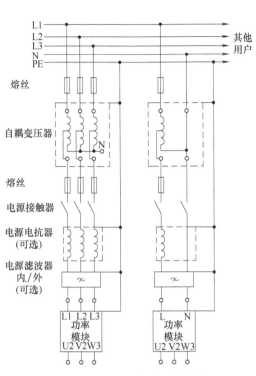

图 2-22　通过自耦变压器连接
SINAMICS S120 驱动系统

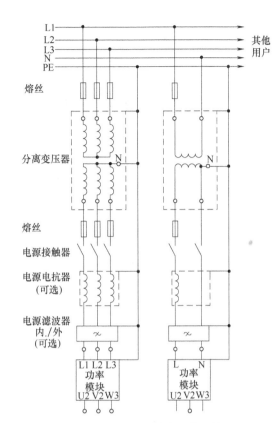

图 2-23　通过隔离变压器连接
SINAMICS S120 驱动系统

统与电源之间的匹配，降低电源侧的谐波电流导致的电网电流畸变影响。不匹配的电抗器容易导致电源模块的损坏，用选型样本中推荐的适合驱动模块以及滤波器的电抗器是很必要的。表 2-2、表 2-3 所示为电网侧组件配置。

表 2-2　SLM 及其电网侧组件

器件说明	5kW	10kW	16kW	36kW
内冷式 SLM：6SL3130-	6AE15-0AB0	6AE21-0AB0	6TE21-6AA3	6TE23-0AA3
外冷式 SLM：6SL3131-	6AE15-0AA0	6AE21-0AA0	—	—
冷却板式 SLM：6SL3136-	6AE15-0AA0	6AE21-0AA0	—	—
400V AC 额定输入电流/A	8.1	16.2	25	55
600V DC 直流母线电流/A	8.3	16.6	27	60
模块宽度/mm	50	50	100	150
屏蔽接线板 6SL3162-	内部集成	内部集成	内部集成	1AF00-0AA1
配套进线电抗器 6SL3000-	0CE15-0AA0	0CE21-0AA0	0CE21-6AA0	0CE23-6AA0
配套输入滤波器 6SL3000-	0HE15-0AA0	0HE21-0AA0	0BE21-6DA0	0BE23-6DA1
进线侧熔断器/A	16	35	35	80

表 2-3　ALM 及其电网侧组件

器件说明	16kW	36kW	55kW	80kW	120kW
内冷式 ALM：6SL3130-	7TE21-6AA3	7TE23-6AA3	7TE25-5AA3	7TE28-0AA3	7TE31-2AA3
外冷式 ALM：6SL3131-	7TE21-6AA3	7TE23-6AA3	7TE25-5AA3	7TE28-0AA3	7TE31-2AA3
冷却板式 ALM：6SL3136-	7TE21-6AA3	7TE23-6AA3	7TE25-5AA3	7TE28-0AA3	7TE31-2AA3
400V AC 额定输入电流/A	25	55	84	122	182

续表

器件说明	16kW	36kW	55kW	80kW	120kW
600V DC 直流母线电流/A	27	60	92	134	200
模块宽度/mm	100	150	200	300	300
内冷式屏蔽接线板 6SL3162-	内部集成	1AF00-0AA1	1AH01-0AA0	1AH00-0AA0	1AH00-0AA0
外冷式/冷却板式屏蔽接线板 6SL3162-	内部集成	1AF00-0BA1	1AH01-0BA0	1AH00-0AA0	1AH00-0AA0
配套 AIM 模块 6SL3100-	0BE21-6AB0	0BE23-6AB0	0BE25-5AB0	0BE28-0AB0	0BE31-2AB0
配套 HFD 套装 6SL1111-	0AA00-0BV0 0AA00-0BV1	0AA00-0CV0 0AA00-0CV1	0AA00-0DV0	0AA00-0EV0	0AA00-0FV0
配套 HFD 套装＋WLF 宽带 输入滤波器 6SL3000-	0AA00-1BV0 0AA00-1BV1	0AA00-1CV0 0AA00-1CV1	0AA00-1DV0	0AA00-1EV0	0AA00-1FV0
配套 BLF 输入滤波器 6SL3000-	0BE21-6DA0	0BE23-6DA1	0BE25-6DA0	0BE28-0DA0	0BE31-2DA0
进线侧熔断器/A	35	80	125	160	250

采用主动馈电（Active Infeed）时，使用一个专用的电源电抗器，该电抗器还可作为升压变换器的能量储存设备。而接在驱动器输出端和电动机之间的输出电抗器的主要作用则是为了降低电动机的运行噪声。

在选择电抗器的容量时，一般可以根据下式进行计算

$$L = \frac{(2\% \sim 5\%)V}{2\pi f I}$$

式中，V 为额定电压，V；I 为额定电流，A；f 为最大频率，Hz。

也可以理解为，在选择电抗器的容量时，应使在额定电压和额定电流的条件下电抗器上的电压降在 2%～5% 的范围内。

在下述情况下，因为驱动器和电源不匹配，所以会使驱动器输入电流的峰值显著增加并对变频器内部电路产生不良影响，所以应设置输入电抗器。

a. 电源容量在 500kV·A 以上，并且为驱动器容量的 10 倍以上时。

b. 和采用了晶闸管换流的设备接在同一变压器上时。

c. 和弧焊设备等畸变波发生源接在同一电源系统上时。

d. 存在大的电压畸变时（例如，当电路中接有改善功率因数用的电容器时，将驱动器接入电源时电容的充电电流降低引起电压畸变，而这种电压畸变将有可能使运行状态中的驱动器出现过电流现象并烧坏主电路二极管）。

e. 电源电压不平衡时。

由于半导体换流器件的影响，驱动器的输入电压和电流波形存在着畸变，即除了基波之外还存在着高次谐波。驱动器功率因数的计算也不能像通常那样，用电网电源基波的电压和电流的余弦值表示，而必须用电源的有功和无功的比值来表示。驱动器的功率因数因系统而异，在某些情况下它们可能很差，因此必须采取适当措施对其加以改善，以达到提高整个交流调速系统的运行效率的目的。

为了改善驱动器的输入功率因数，可以在驱动器输入端接入输入电抗器来减少高次谐波。而对于大容量驱动器来说，有时也采用在驱动器内部的整流电路和平滑电容之间接入直流电抗器的方法来代替输入电抗器。

虽然输入电抗器的容量选择和电源容量有较大关系，但在一般情况下可以按照在额定电压和额定电流的条件下使电抗器上的电压降在 2%～5% 之间的原则进行选择。这时，综合功率因数一般可以改善至 80%～85%。

当在同一电源系统中接有改善功率因数用的电容器时，驱动器产生的电流的高次谐波成分流

入电容器将使电容器电压上升，并可能产生不良影响。虽然在考虑高次谐波的影响时应该考虑电源系统本身的阻抗大小，但一般说来，只要电容器的容量满足下式，就不会出现问题：

改善功率因数用电容器容量＜电源短路容量/200

此外，在考虑驱动器产生的高次谐波对改善功率因数用电容器产生的不良影响时还应考虑电容器是否会出现过载。当有可能出现过载时，则应根据需要采取以下对策：

a. 以和电容串联的形式接入电抗器；

b. 在驱动器输入端接入输入电抗器，以减少高次谐波；

c. 重新考虑改善功率用电容器的位置。

从电源电抗器连接到 SINAMICS S120 电源模块的连接导线要尽可能短，最多 5m 并且最好选择使用屏蔽的连接导线。电源电抗器连接到 SINAMICS S120 电源模块的接口不允许互换，即输入电源导线连至 1U1、1V1、1W1，而输出导线连接至负载 1U2、1V2、1W2，否则有损坏电源电抗器的危险，如图 2-24、图 2-25 所示。

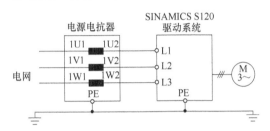

图 2-24　SINAMICS S120 带电源电抗器的连接

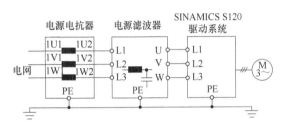

图 2-25　SINAMICS S120 带电源电抗器以及滤波器的连接

如果使用的不是由西门子允许用于 SINAMICS 的电源电抗器，则可能会造成 SINAMICS S120 电源模块的损坏或故障；同时会出现电源反作用，可能会损害或干扰其他由同一电源供电的用户。

2.4　电源模块

SINAMICS S120 是西门子推出的新一代高动态性能的伺服驱动系统，采用了最先进的软硬件技术以及通信技术。能够提供给用户更高的控制精度和动态控制特性以及更高的可靠性。SINAMICS S120 驱动系统包括书本型、装机装柜型以及模块型，书本型与装机装柜型都是电源模块与电机模块分开，电源模块供电、电机模块驱动电机。书本型的模块最大输出电流为 200A，书本型电源模块功率最大 120kW。装机装柜型电源模块是 132kW 以上级别的规格型号，最大输出电流可以到 490A，电源模块最大功率可达到 300kW。模块型驱动是把电源模块以及电机模块集成在一起。

书本型驱动器结构形式为电源模块和电机模块分开，一个电源模块将 380V 三相交流电源整流成 540V 或 600V 的直流母线电压，将电机模块（Motor Module，MM）连接到该直流母线上。SINAMICS S120 书本型驱动器由独立的电源模块和电机模块共同组成，电源模块采用馈能制动方式，其配置分为调节型电源模块（Active Line Module，ALM）和非调节型电源模块（Smart Line Module，SLM），不论是调节型的进线电源模块，还是非调节型的进线电源模块均采用馈电制动方式——制动的能量回馈电网，均需要配置电抗器。

　　书本型驱动系统包括非调节型电源模块（SLM）、调节型电源模块（ALM）以及基本型电源模块（BLM）、单轴电机模块（SMM）、双轴电机模块（DMM）、进线电抗器、输入滤波器、制动模块、脉冲电阻、电容模块、直流母线适配器以及连接电缆等。

　　电源模块提供直流母线电压，调节型电源模块（Active Line Modules）以及 16kW 和 36kW 的非调节型模块（Smart Line Modules）具有 Drive-CLiQ 接口连接与控制单元的通信，而 5kW 及 10kW 的非调节型模块（Smart Line Modules）必须通过端子模块连接与控制单元的通信。调节型电源模块（Active Line Modules）与非调节型模块（Smart Line Modules）如图 2-26 所示，在 SINUMERIK 802D Solution Line 系统中，通常配置书本型 SINAMICS S120 的驱动，其过载特性如图 2-27 所示，通常 $P_{S6} = 1.3P_n$，$P_{max} = (1.46 \sim 2.19)P_n$。

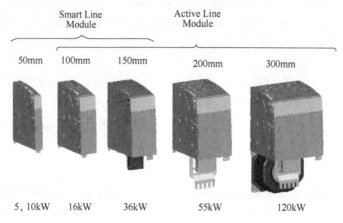

图 2-26　调节型与非调节型电源模块

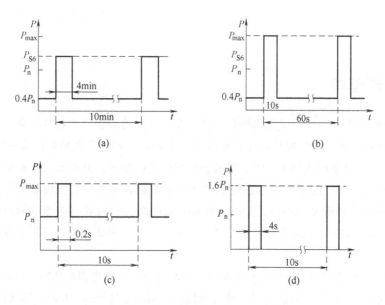

图 2-27　书本型 SINAMICS S120 驱动过载特性

电源模块的基本特性如下：

① 连接三相 AC 380 V－10％到三相 AC 480 V＋10％，频率 47～63 Hz；

② 电网系统：TN 电网、TT 电网或 IT 电网；

③ 具有再生反馈能力；

④ 内部/外部风冷；

⑤ 短路和接地故障防护；

⑥ 提供直流母线电压以及电子电源；

⑦ LED 状态诊断指示。

调节型电源模块（Active Line）特性：

① 直流母线电压可调节；

② 再生反馈功能；

③ 正弦型电流波形；

④ 电子铭牌功能；

⑤ 与控制单元及其它组件的 Drive-CLiQ 接口通信功能；

⑥ 集成系统诊断功能。

非调节型电源模块（Smart Line）特性：

① 直流母线电压不可调节；

② 再生反馈功能；

③ 方波形进线电流。

2.4.1　调节型电源模块

调节型电源模块（Active Line）称为整流/回馈单元，将三相交流电整流成直流电，并可以将直流电回馈到电网，且对直流母线电压进行闭环控制。正因为模块能够对直流母线电压进行调节，所以即使电网电压波动，调节型电源模块也能保持整流母线电压的稳定。对于不允许回馈的供电电网，也可以接制动单元和制动电阻来实现制动。主控单元通过集成在调节型电源模块上的 Drive-CLiQ 接口来对其进行控制。书本型的调节型电源模块，供电电压为 380～480V，功率范围为 16～120kW。实际应用中，在电网和调节型电源模块之间必须安装与其功率相对应的电抗器。对于大于或等于 36kW 的调节型电源模块，必须使用与其相配的滤波器。

调节型电源模块订货数据如表 2-4 所示，安装配置 SINAMICS S120 驱动需要注意：所有电机电缆和 DC 母线电缆之和，屏蔽电缆最长为 350m，非屏蔽最长为 560m。不同功率的调节型电源模块所对应的固定电缆屏蔽层的套件：

表 2-4　调节型电源模块订货数据

功率/kW			输入电流/A		母线电流/A			效率 η	+24V消耗 I_{max}/A	DC母线容量 I_{max}/A	内部风冷,带涂层		外部风冷,带涂层	
额定 P_n	S6 P_{S6}	最大 P_{max}	额定 I_e	最大 I_{max}	额定 I_e	S6 I_{S6}	最大 I_{max}				订货号	尺寸(宽×高×深)/mm	订货号	尺寸(宽×高×深)/mm
16	21	35	26	59	27	35	59	0.98	1.1	100	6SL3130-7TE21-6AB0	100×380×270	6SL3131-7TE21-6AA0	100×380×226/66.5
36	47	70	58	117	60	79	117	0.98	1.5	100	6SL3130-7TE23-6AB0	150×380×270	6SL3131-7TE23-6AA0	150×380×226/71
55	71	91	88	152	92	121	152	0.98	1.9	200	6SL3130-7TE25-5AB0	200×380×270	6SL3131-7TE25-5AA0	200×380×226/92
80	106	131	128	195	134	176	218	0.98	2	200	6SL3130-7TE28-0AB0	300×380×270	6SL3131-7TE28-0AA0	300×380×226/82
120	158	175	192	292	200	244	292	0.98	2.5	200	6SL3130-7TE31-2AB0		6SL3131-7TE31-2AA0	

① 36kW 内部风冷：6SL3162-1AF00-0AA1；

② 55kW 内部风冷：6SL3162-1AH01-0AA0；

③ 36kW 外部风冷：6SL3162-1AF00-0BA0；

④ 55kW 外部风冷：6SL3162-1AH01-0BA0；

⑤ 80kW、132kW：6SL3162-1AH00-0AA0。

当 24V 母线上通过的电流大于 20A 时，必须再单独订购 24V 适配器。直流母线容量为 100A，当直流母线上通过的电流大于 100A 时，则必须单独订购母线适配器。

通常 $P_{S6}=1.3P_n$，P_{S6} 指 40% 的负载循环，如负载循环为 10min，其中 4min 为 $0.4P_n$，则 6min 为 P_{S6}。

通常 $P_{max}=(1.94\sim2.19)P_n$，$P_{max}$ 是指最大功率，如果负载循环为 60s，其中 50s 为 $0.4P_n$，则 10s 为 P_{max}。

书本型的调节型电源模块，在订货时，下列附件为标准配置：

① Drive-CLiQ 电缆，用于连接相邻的电机模块，其长度由模块本身的宽度决定。

② 24V DC 端子短接器，用于连接相邻的电机模块的 24V DC 母排。

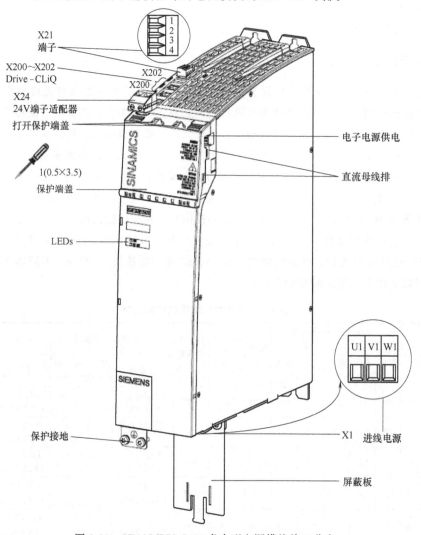

图 2-28 SINAMICS S120 书本型电源模块接口分布

③ 24V DC 端子适配器，用于线缆和 24V DC 母排的转换。

对于工程师或技术人员来说，应用好 SINAMICS S120 驱动的基础之一是了解其接口功能及定义。SINAMICS S120 书本型电源模块接口分布如图 2-28 所示。

（1）接口 X1

调节型电源模块的 X1 端子连接进线电源，最大电压为三相 480V AC＋10％，频率 47～63Hz，从电源电抗器连接到接口 X1。

（2）接口 X200～X202

接口 X200～X202 是电源模块的 Drive-CLiQ 接口。

（3）接口 X21

端子接口 X21 是外部 24V DC 的电源接口，提供脉冲使能信号，端子引脚 pin 1 和 pin2 未使用，pin3 为脉冲使能＋24V，pin4 为脉冲使能 "地"。电源模块的接口 X21 必须连接 24V 的直流电源（电流 10mA），电源模块才能够正常运行。取消接口 X21 的 24V 电源，则电源模块的脉冲抑制功能被激活，通常需要保证接口 X21 的 24V 电源在主电源断开之前 10ms 左右的时间断开，以保证电源模块不会受到损坏。

（4）接口 X24

接口端子 X24 为 24V DC 直流供电。

（5）电源模块的 LED 指示灯

电源模块上有 "READY" 和 "DC_Link" 两个 LED 指示灯，这两个指示灯提供了电源模块运行的状态信息，如表 2-5 所示。

表 2-5　电源模块运行的状态信息

指示灯状态		模块工作状态描述	备注
H200 Ready	H201 DC Link		
不亮	不亮	电源丢失或在电压容许范围之外	
绿色	不亮	组件就绪且 Drive-CLiQ 通信正常	
	橙色	组件就绪且 Drive-CLiQ 通信正常，DC-Link 电压正常	
	红色	组件就绪且 Drive-CLiQ 通信正常，DC-Link 电压过高	检查进线电源
橙色	橙色	Drive-CLiQ 循环通信正在建立	
红色	—	模块故障	检查外部连接及模块
绿/红 0.5Hz 闪烁	—	模块软件在装载中	
绿/红 2Hz 闪烁	—	模块软件装载完成，等待重新上电	
绿/橙、红/橙	—	参数 p0124＝1 时对模块进行识别检测	

调节型电源模块的连接如图 2-29 所示。

2.4.2　智能型电源模块

智能型电源模块（Smart Line Module）将三相交流电整流成直流电，并能将直流电回馈到电网，但直流母线电压不能调节，所以又称非调节型电源模块，其订货技术参数如表 2-6 所示。对于 5kW 和 10kW 的非调节型电源模块，可以通过端子 X22 来选择是否需要能量回馈；而对于 16kW 和 36kW 的非调节型电源模块，可以通过参数来选择是否需要能量回馈。对于不允许回馈的供电电网，也可以接制动单元和制动电阻来实现制动。5kW 和 10kW 的非调节型电源模块是通过端子进行控制，而 16kW 和 36kW 的非调节型电源模块是通过 Drive-CLiQ 接口来控制，通过该接口和主控单元进行数据交换。非调节型电源模块的供电电压为三相交流 380～480V，功率范围为 5～36kW。在实际应用中，在电网和非调节型电源模块之间必须安装与其功率相对应的电抗器，对于 36kW 的非调节型电源模块，推荐使用滤波器。

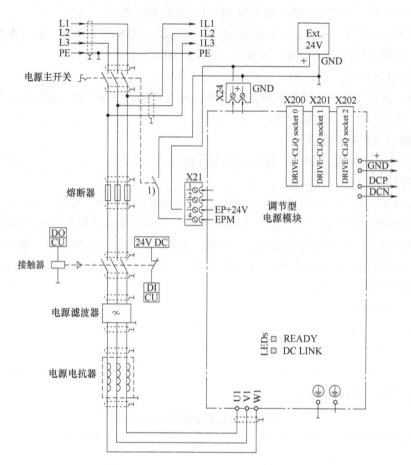

图 2-29　调节型电源模块的连接

表 2-6　非调节型电源模块的技术参数

功率/kW			输入电流/A		母线电流/A			效率 η	+24V消耗 I_{max}/A	DC母线容量 I_{max}/A	内部风冷,带涂层		外部风冷,带涂层	
额定 P_n	S6 P_{S6}	最大 P_{max}	额定 I_e	最大 I_{max}	额定 I_{n-DC}	S6 I_{S6-DC}	最大 I_{max-DC}				订货号	尺寸(宽×高×深)/mm	订货号	尺寸(宽×高×深)/mm
5	6.5	10	12	22	8.3	11	16.6	0.98	1.0	100	6SL3130-6AE15-0AB0	50×380×270	6SL3131-6AE15-0AA0	50×380×226/66.5
10	13	20	24	44	16.6	22	33.2	0.98	1.3	100	6SL3130-6AE21-0AB0		6SL3131-6AE21-0AA0	
16	21	35	26	59	27	35	59	0.99	1.1	100	6SL3130-6TE21-6AB0	100×380×270		
36	47	70	58	117	60	79	117	0.99	1.5	100	6SL3130-6TE23-6AB0	150×380×270		

使用非调节型电源模块需要注意如下几个方面:

① 所有电机电缆和直流母线电缆之和,屏蔽电缆最长为350m,非屏蔽最长为560m。

② 用于连接36kW固定电缆屏蔽层套件的订货号为6SL3162-1AF00-0AA1。

③ 当24V母线上通过的电流大于20A时,必须再单独订购24V适配器。

④ 直流母线容量为100A,当直流母线上通过的电流大于100A,则必须单独订购母线适配器。

⑤ 通常 $P_{S6}=1.3P_n$, P_{S6} 指40%的负载循环,如负载循环为10min,其中4min为 $0.4P_n$,则6min为 P_{S6}。

⑥ 通常 $P_{\max}=(1.94\sim2.19)P_n$，$P_{\max}$ 是指最大功率，如果负载循环为 60s，其中 50s 为 $0.4P_n$，则 10s 为 $P_{\max}$。

⑦ 对于 16kW 和 36kW 的非调节型电源模块，将提供与控制单元相连接的 Drive-CLiQ 的电缆。Drive-CLiQ 电缆，用于连接相邻的电机模块，其长度由模块本身的宽度决定。

⑧ 24V DC 端子短接器，用于连接相邻的电机模块的 24V DC 母排。24V DC 端子适配器，用于线缆和 24V DC 母排的转换。

对于非调节型电源模块，其接口定义与调节型电源模块大部分相同，但是对于 5kW、10kW 非调节型电源模块其端子 X21、X22、X24 定义如表 2-7 所示。

表 2-7　非调节型电源模块端子 X21、X22、X24 定义

端子		含义	注意
X21	1	DO:准备好	下列条件都满足时为高电平：①24V 电源 ok；②预充电完成；③X21:3/4 脉冲使能 ok；④没有超温和过流报警
	2	DO:I2t 预报警	超温或 I2t 预报警
	3	DI:脉冲使能 EP+24V	① 正常工作时端子 3 为 +24V，端子 4 为 M
	4	DI:脉冲使能 EP M1	②断电时，应先断端子 3 和 4，至少 10ms 后再断主回路
X22	1	+24V 电源输入	为 2 和 3 输入端子通过信号电源
	2	DI:禁止回馈电网	高电平表示禁止 DC 母线回馈电网
	3	DI:报警复位	上升沿有效
	4	地	电气地
X24	+	24V 母线供电正	24V 适配器端子，外接 24V 电源，为 24V 母线提供电压
	M	24V 母线供电地	

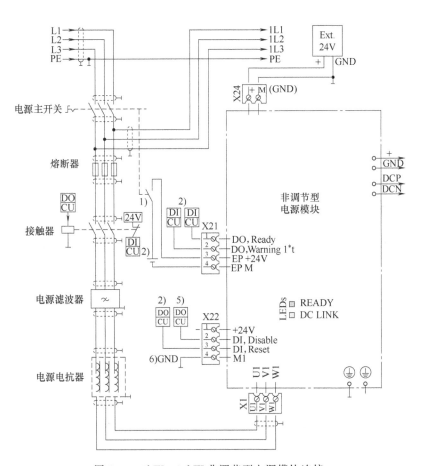

图 2-30　5kW、10kW 非调节型电源模块连接

非调节型电源模块连接如图 2-30、图 2-31 所示。

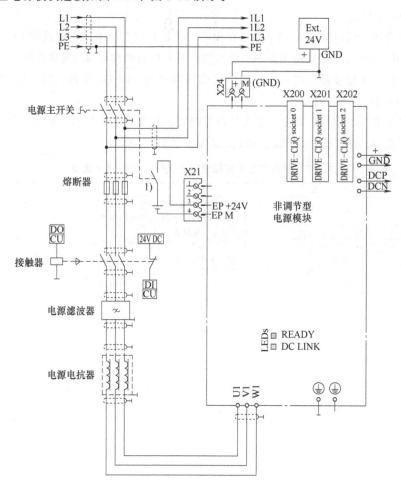

图 2-31　16kW、36kW 非调节型电源模块连接

2.5 电机模块

电机模块也就是 SINAMICS S120 中的逆变单元，它将 540V 或 600V 的直流母线电压逆变成三相交流电，且频率和电压幅值可调。在 SINUMERIK 802D Solution Line 数控系统中电机模块通常配置书本型，如图 2-32 所示。书本型又分为单轴电机模块和双轴电机模块。电机模块和主控单元之间通过 Drive-CLiQ 接口，进行快速数据交换。

电机模块基本特性：

① 单轴电机模块电流范围为 3～200A；

② 双轴电机模块电流范围为 3～18A；

③ 具有内部冷却和外部冷却；

④ 具有短路保护功能；

⑤ 集成直流母线与电子电源连接排；

⑥ 集成安全制动控制功能；

⑦ 电子铭牌功能；

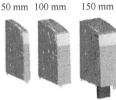

图 2-32　书本型电机模块

⑧ 运行状态与诊断指示 LED；

⑨ Drive-CLiQ 接口通信功能。

应用电机模块时，对用户来说还有其它的一些特性需要了解，如表 2-8 所示。

表 2-8　电机模块基本特性

DC 母线电压	510～720V	冷却	集成的内部风扇
最大输出电压	0.67×DC 母线电压	工作温度	正常为 0～40℃，当温度在 40～55℃ 之间需要降容使用
+24V DC 供电	$24V^{+20\%}_{-15\%}$	安装高度	正常海拔≤2000m，当海拔 2000～4000m 时降容输出
输出频率	①伺服控制：0～600Hz；②矢量控制：0～300Hz；③V/F 控制：0～300Hz		
无线电干扰抑制	①标准：没有无线电干扰抑制滤波器；②和电源模块，输入滤波器及电抗器一起使用，EN55011 的 A1 级～EN61800-3 的 C2 类		
证书	①符合：CE(低压和 EMC 的要求)；②批准：cULus(文件：E192450)；③证明：安全整体性发货 IEC 61508 的标准 2(SIL2)，集成的安全扭矩停车(STO)和安全抱闸控制(SBC)符合 EN 954-1 的控制目录 3		

电机模块接口分布如图 2-33 所示。

（1）X1/X2 接口

X1/X2 接口为电机接口，连接电机的动力线以及制动器端子。

（2）X21/X22 端子

X21/X22 的端子 pin1、pin2 用于连接没有 Drive-CLiQ 接口的电机的温度传感器信号。X21/X22 的端子 pin3、pin4 为脉冲使能，使电机模块正常工作，pin3 应接+24V，pin4 应接 24V 地。

（3）X200～X203 接口

X200～X203 为 Drive-CLiQ 接口，对于单轴模块为 X200～X202，对于双轴模块为 X200-X203。

（4）电机模块的 LED 指示灯

电机模块上有 "READY" 和 "DC-Link" 两个 LED 指示灯，这两个指示灯提供了电机模块运行的状态信息，如表 2-9 所示。

电机模块的连接，如图 2-34、图 2-35 所示。

电机模块的过载特性如图 2-36 所示，重载连续工作的电流用 I_H 来表示，通常 $I_H=(0.71\sim 0.87)I_n$。重载工作是指 5min 一个负载循环，连续运行电流为 I_H，允许 1min 过载至 $1.5I_H$，或

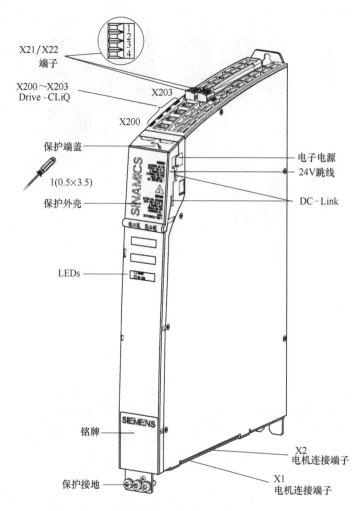

图 2-33　电机模块接口分布

表 2-9　电机模块运行的状态信息

指示灯状态		模块工作状态描述	备注
H200 Ready	H201 DC-Link		
不亮	不亮	电源丢失或在电压容许范围之外	
绿色	不亮	组件就绪且 Drive-CLiQ 通信正常	
	橙色	组件就绪且 Drive-CLiQ 通信正常,DC-Link 电压正常	
	红色	组件就绪且 Drive-CLiQ 通信正常,DC-Link 电压过高	检查进线电源
橙色	橙色	Drive-CLiQ 循环通信正在建立	
红色	—	模块故障	检查外部连接及模块
绿/红 0.5Hz 闪烁	—	模块软件在装载中	
绿/红 2Hz 闪烁	—	模块软件装载完成,等待重新上电	
绿/橙、红/橙	—	参数 p0124＝1 时对模块进行识别检测	

30s 过载至 $1.76I_H$。$I_{S6}=(1.14\sim1.33)I_n$，$I_{max}=(1.41\sim2)I_n$。当 24V 母线上通过的电流大于 20A 时，必须单独订购 24V 适配器。对于小于等于 60A 的电机模块，DC 母排上通过的电流必须小于 100A。对于大于 60A 的电机模块，DC 母排上通过的电流必须小于 200A。

书本型电机模块的订货数据如表 2-10 所示，表中最大电缆长度，前面数字为屏蔽线，后面为非屏蔽，如 50/75 表示为 50m 为屏蔽，75m 为非屏蔽线。

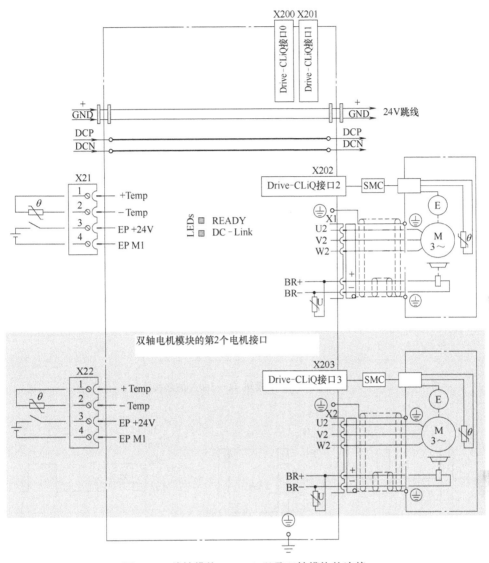

图 2-34 单轴模块 3～30A 以及双轴模块的连接

表 2-10 书本型电机模块订货数据

类型	功率/kW		输出电流/A				母线电流	24V 消耗	最大电缆长度	DC 母线容量	订货号	订货号
	额定 P_e	重载 P_H	额定 I_e	重载 I_H	S6 循环 I_{S6}	最大 I_{max}	I_e/A	I_{dmax}/A	/m	I_{dmax}/A	(内部风冷,带涂层)	(外部风冷,带涂层)
单轴模块	1.6	1.4	3	2.6	3.5	6	3.6	0.85	50/75	100	6SL3120-1TE13-0AB0	6SL3121-1TE13-0AA0
	2.7	2.3	5	4.3	6	10	6	0.85	50/75	100	6SL3120-1TE15-0AB0	6SL3121-1TE15-0AA0
	4.8	4.1	9	7.7	10	18	11	0.85	50/75	100	6SL3120-1TE21-0AB0	6SL3121-1TE21-0AA0
	9.7	8.2	18	15.3	24	36	22	0.85	70/100	100	6SL3120-1TE21-8AB0	6SL3121-1TE21-8AA0
	16	13.7	30	25.5	40	56	36	0.9	100/150	100	6SL3120-1TE23-0AB0	6SL3121-1TE23-0AA0
	24	21	45	38	60	85	54	1.2	100/150	100	6SL3120-1TE24-5AB0	6SL3121-1TE24-5AA0
	32	28	60	51	60	113	72	1.2	100/150	100	6SL3120-1TE26-0AB0	6SL3121-1TE26-0AA0
	46	37	85	68	110	141	102	1.5	100/150	200	6SL3120-1TE28-5AB0	6SL3121-1TE28-5AA0
	71	57	132	105	150	210	158	1.5	100/150	200	6SL3120-1TE31-3AB0	6SL3121-1TE31-3AA0
	107	76	200	141	250	282	200	1.5	100/150	200	6SL3120-1TE32-0AB0	6SL3121-1TE32-0AA0
双轴模块	2×1.6	2×1.4	2×3	2×2.6	2×3.5	2×6	2×3.6	1.0	50/75	100	6SL3120-2TE13-0AB0	6SL3121-2TE13-0AA0
	2×2.7	2×2.3	2×5	2×4.3	2×6	2×10	2×6	1.0	50/75	100	6SL3120-2TE15-0AB0	6SL3121-2TE15-0AA0
	2×4.8	2×4.1	2×9	2×7.7	2×10	2×18	2×11	1.0	50/75	100	6SL3120-2TE21-0AB0	6SL3121-2TE21-0AA0
	2×9.7	2×8.2	2×18	2×15.3	2×24	2×36	2×22	1.0	50/75	100	6SL3120-2TE21-8AB0	6SL3121-2TE21-8AA0

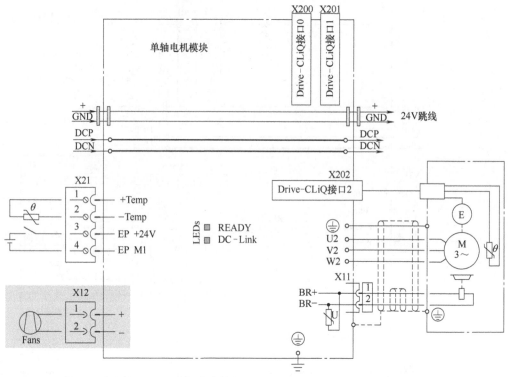

图 2-35 单轴模块 45～200A 的连接

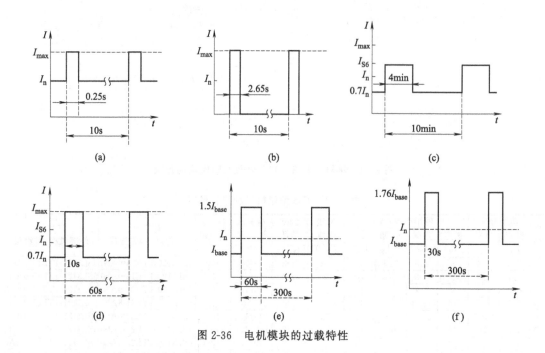

图 2-36 电机模块的过载特性

2.6 直流母线组件

在 SINAMICS S120 伺服驱动系统中，除了电源模块、电机模块等主要部件之外，还经常用到书本型制动模块、电容模块、控制供电模块以及电压限制模块。

2.6.1 制动模块

制动模块以及外部制动电阻用于实现直流母线电压快速放电，把直流母线的能量转化为热量释放掉，以保护电源模块。在某些情况下，电机的制动能量不能够反馈到电网。

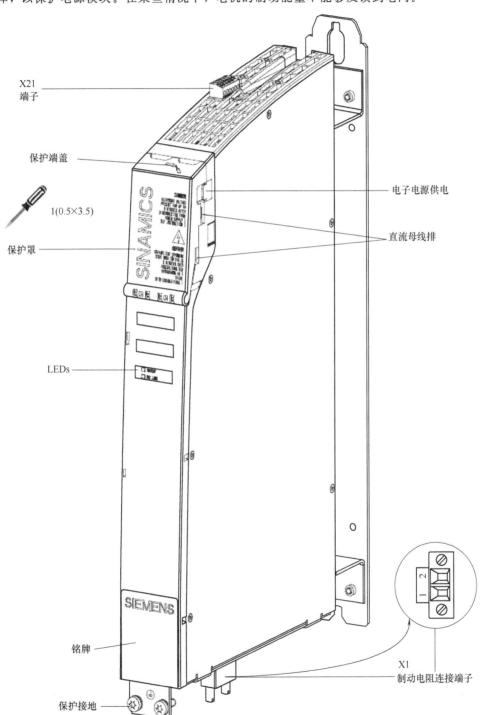

图 2-37　制动模块接口分布

- 主电源供电失效；

- 主电源的接触器断开；

- 紧急回退或急停等情况；

- 再生反馈功能在电源模块中未激活或电源模块未正确选型。

制动模块的功能可以通过数字量输入信号来操作，其接口分布如图 2-37 所示。运行制动电阻模块，必须要确保在直流母线中具有一个最小的电容值。当制动电阻为 25kW 时，直流母线电容为 440μF；当制动电阻为 100kW 时，直流母线电容为 440μF；制动模块本身的电容值 110μF 也包含在总的电容值之内。

在 SINAMICS S120 驱动系统中，制动模块的连接如图 2-38 所示。

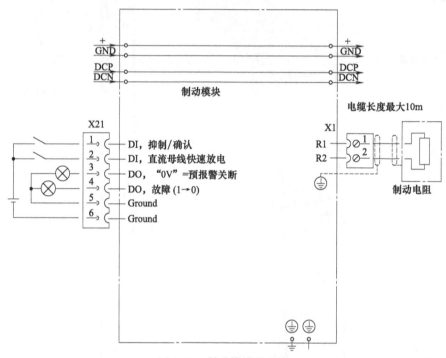

图 2-38　制动模块的连接

（1）X1 端子

端子 X1 用于连接制动电阻的 R1/R2 端子。

（2）X21 端子

X21 端子为数字量输入/输出端子，用于手动运行制动模块，端子定义如表 2-11 所示。

表 2-11　X21 端子定义

示意图	端子	名称	技术数据
	1	DI 输入低电平：使能制动模块 DI 输入高电平：禁止/确认 下降沿：故障确认	输入电压范围：−3～30V 电流消耗：10mA 24V DC 电平范围 高电平：15～30V 低电平：−3～5V
	2	DI 输入低电平：制动模块未激活 DI 输入高电平：制动模块激活 安全功能有效，$I^2 t$ 保护功能有效 端子 1 和 2 同时激活高电平，则制动模块禁止优先	

续表

示意图	端子	名称	技术数据
	3	DO 输出高电平:无 I^2t 关断报警 DO 输出低电平:I^2t 关断报警,达到最大值的 80%	最大负载电流:100mA
	4	DO 输出高电平:运行准备好,无故障 DO 输出低电平:故障	
	5	接地	
	6		

（3）LED 状态指示灯

制动模块上有 2 个 LED 状态指示灯，"READY"和"DC-Link"反映了制动模块运行的状态，如表 2-12 所示。

表 2-12　制动模块运行的 LED

LED	颜色	状态	描述
READY	—	OFF	电子电源供电在容许范围之外
	绿色	常亮	模块准备好
	红色	常亮	• 制动模块通过端子 X21 禁止 • 制动模块关断 　—过流 　—温度过高 　—制动电阻过载
DC-Link	—	OFF	制动电阻关断(直流母线放电未激活)
	绿色	闪烁	制动电阻打开(直流母线放电激活)

2.6.2　电容模块

电容模块用于提升直流母线的电容能力，其接口分布如图 2-39 所示。电容模块直接连接到直流母线上，用于吸收制动能量，作为动态制动能量存储设备来用。可以缓冲由于电源故障而导致的直流母线电压下降，为线路提供能量，在一个较短的时间内保持直流母线电压不变。

2.6.3　控制电源模块

控制电源模块（Control Supply Module）用于 24V DC 电源供电，输出电流为 20A，其接口分布如图 2-40 所示。外部供电可以通过外部电源或直流母线，也就是说通过控制电源模块可以实现外部电源断开之后持续维持 24V DC 的供电，这可以应用在坐标轴回退功能中。输入电压范围：320～550V AC 或者 430～800V DC。当控制电源模块初次工作时，其供电电源必须来自于外部交流供电，当外部电源失效之后，模块自动切换到直流母线电压供电，模块连接如图 2-41 所示。

控制电源模块上有 2 个 LED 状态指示灯，用于指示模块运行的状态，如表 2-13 所示。

表 2-13　控制电源模块的 LED 状态指示灯

LED	颜色	状态	描述
READY	—	OFF	电子电源供电不在容许范围之内
	绿色	常亮	模块准备好,输出电压正常
DC-Link	—	OFF	直流输出电压<290V DC,模块不能正常运行
	黄色	常亮	直流输入电压正常,370V DC<U_e<820V DC,模块正常运行
	红色	常亮	直流输入电压在容许范围之外 直流输入电压 290V DC<U_e<370V DC 或 U_e>820V DC

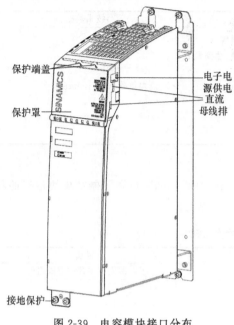

图 2-39　电容模块接口分布

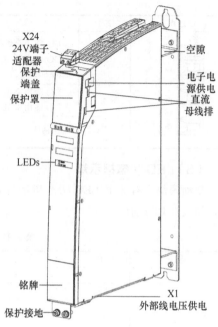

图 2-40　控制电源模块接口分布

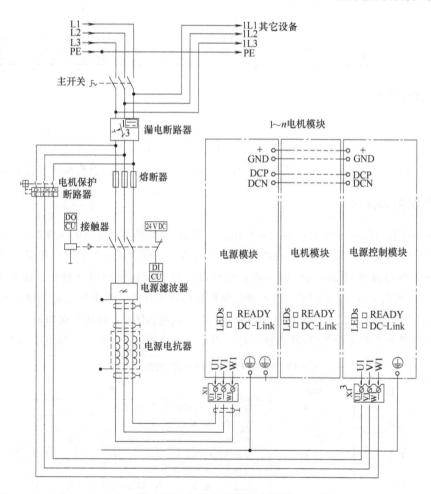

图 2-41　电源控制模块连接图

2.7 测量系统连接组件

测量系统连接组件用来转换不带 Drive-CLiQ 接口的编码器、光栅尺以及角度编码器的信号，并接入 Drive-CLiQ 网络，主要有电柜安装式测量模块（SMC）以及现场测量模块（SME），SMC 模块通常安装在柜内，防护等级为 IP20；SME 可以安装在现场，防护等级为 IP67。

2.7.1 SMC 模块

SMC 模块有 SMC10、SMC20、SMC30 和 SMC40 共 4 种规格，分布应用于不同的编码器信号转换，均带有一个 Drive-CLiQ 接口、一个编码器接口、一个 24V DC 电源插座以及一个 PE 接地端子，如表 2-14 所示为 SMC 模块技术参数说明。

表 2-14　SMC 模块技术参数说明

型号规格	SMC10	SMC20	SMC30	SMC40
订货号	6SL3055-0AA00-5AA0	6SL3055-0AA00-5BA2	6SL3055-0AA00-5CA2	6SL3055-0AA00-5DA0
编码器接口类型	25 针 SUB-D 插座	25 针 SUB-D 插座	25 针 SUB-D 插座	两个 15 针 SUB-D 插座
编码器信号类型	2 极旋转变压器 多极旋转变压器	sin/cos 1Vpp 增量 EnDat 绝对值 SSI 接口 sin/cos 1Vpp	TTL/HTL 增量 SSI 接口 TTL/HTL SSI 不带增量信号	EnDat 2.2 的绝对值编码器，一个 SMC40 可以连接两个编码器系统

SMC 模块的 Drive-CLiQ 接口 X500 直接通过 Drive-CLiQ 电缆连接到 NCU，通过软件拓扑识别可以实现内部数据连接。SMC 模块上有一个 RDY 灯，如表 2-15 所示。SMC30 有一个 "OUT>5V" 橙色灯，该灯亮时表示编码器提供的 5V DC 电源正常。

表 2-15　SMC 模块上 RDY 灯说明

颜色	状态	状态说明	处理方法
—	不亮	24V DC 电源无或电压不在范围内	
绿色	常亮	模块就绪且 Drive-CLiQ 通信已建立	
橙色	常亮	Drive-CLiQ 通信正在建立	
红色	常亮	模块故障	
绿色/红色	0.5Hz 闪烁	固件正在装载	
	2Hz 闪烁	固件已装载完毕，等待上电	重新上电
绿色/橙色 红色/橙色	闪烁	参数 p0144＝1 时模块自动识别诊断	

2.7.2 SME 模块

现场测量模块 SME 有 SME20、SME25、SME120、SME125 四种规格，分别对应不同信号转换，均带有一个 Drive-CLiQ 接口和一个圆形编码器接口，24V DC 供电，允许测量装置的最大频率为 500kHz。SME120、SME125 针对直线电机和力矩电机，多了一个温度传感器和一个霍尔传感器接口。SME 模块的 Drive-CLiQ 接口直接通过 Drive-CLiQ 电缆连接到 NCU，通过软件拓扑识别可以实现内部数据连接。

表 2-16 所示为 SME 模块技术参数说明。

表 2-16　SME 模块技术参数说明

型号规格	SME20	SME25	SME120	SME125
订货号	6SL3055-0AA00-5EA3	6SL3055-0AA00-5HA3	6SL3055-0AA00-5JA3	6SL3055-0AA00-5KA3
编码器接口类型	12 针圆形插座	17 针圆形插座	12 针圆形插座	17 针圆形插座
编码器信号类型	sin/cos 1Vpp 增量	EnDat 绝对值 SSI 绝对值	sin/cos 1Vpp 增量	EnDat 绝对值 SSI 增量

2.8 端子扩展模块

端子扩展模块 TM 是用来扩展驱动系统内的数字输入输出、模拟量输入输出以及编码器接口等。常用的有 TM15、TM31 以及 TM41，都是通过 Drive-CLiQ 接口与 NCU 通信，如果需要通过外部端子或外部模拟量来控制驱动系统，则可以使用端子扩展模块。

2.8.1　TM15 端子模块

TM15 端子扩展模块 6SL3055-0AA00-3FA0，可以扩展 24 路 DI/DO，分为 3 组，每组 8 路 DI/DO，每组端子功能是输入还是输出，取决于参数设置，各组之间互相隔离，如图 2-42 所示为 TM15 端子扩展模块连接线路图。

TM15 模块上有一个 RDY 灯，如表 2-17 所示。

表 2-17　TM15 模块上 RDY 灯说明

颜色	状态	状态说明	处理方法
—	不亮	24V DC 电源无或电压不在范围内	
绿色	常亮	模块就绪且 Drive-CLiQ 通信已建立	
橙色	常亮	Drive-CLiQ 通信正在建立	
红色	常亮	模块故障	
绿色/红色	0.5Hz 闪烁	固件正在装载	
	2Hz 闪烁	固件已装载完毕,等待上电	重新上电
绿色/橙色 红色/橙色	闪烁	参数 p0154＝1 时模块自动识别诊断	

2.8.2　TM31 模块

TM31 端子扩展模块（6SL3055-0AA00-3AA1）可以扩展 8 路 DI，4 路 DI/DO，2 路继电器输出 DO，2 路 AI 模拟量输入、2 路 AO 模拟量输出，以及一个温度传感器接口，如图 2-43 所示为 TM31 端子扩展模块电路连接图。TM31 模块上有一个 RDY 灯，其含义与 TM15 端子一致。

2.8.3　TM41 模块

TM41 端子扩展模块（6SL3055-0AA00-3PA1）可以扩展 4 路 DI/DO，4DI、1 路 AI 模拟量输入，1 个 TTL 增量式编码器接口以及编码器零标记检测灯。如图 2-44 所示为 TM41 端子扩展模块电路连接图。TM41 模块上有一个 RDY 灯，其含义与 TM15 状态一致，另外一个 Z 信号指示灯，指示 X520 所连接的编码器的零标记检测状态，如表 2-18 所示。

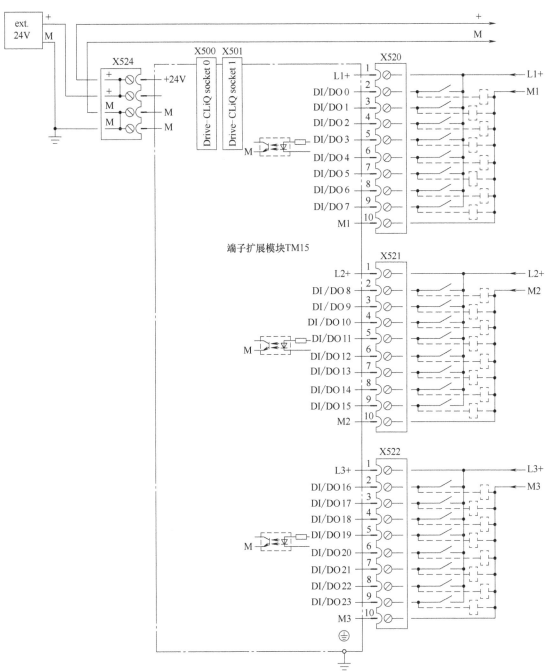

图 2-42　TM15 端子扩展模块电路连接图

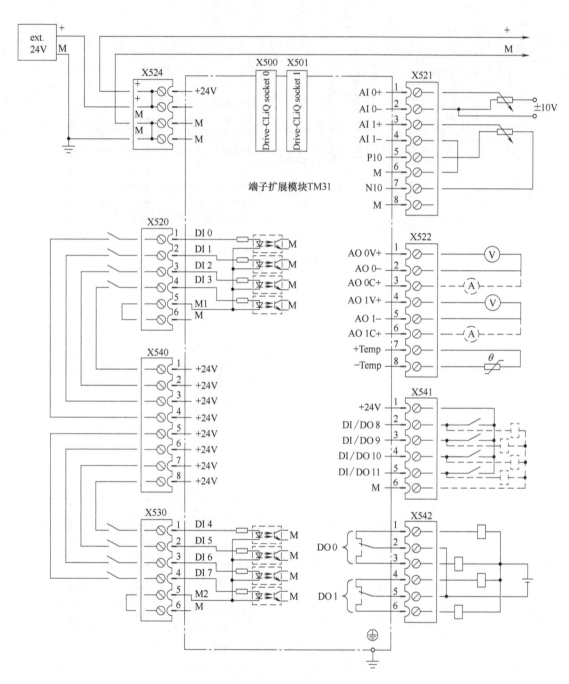

图 2-43　TM31 端子扩展模块电路连接图

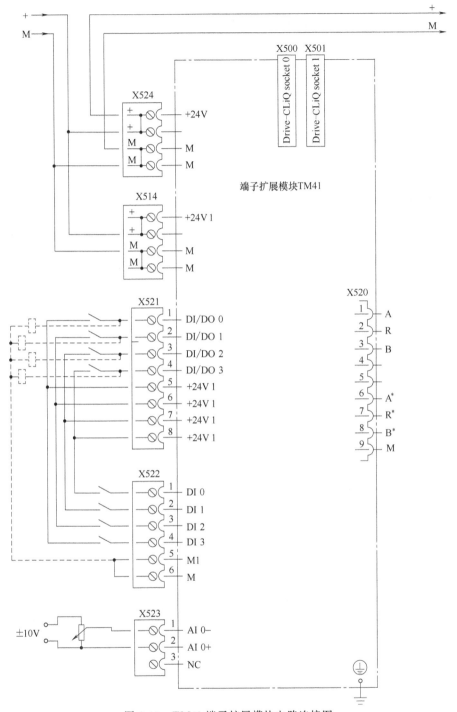

图 2-44　TM41 端子扩展模块电路连接图

表 2-18　Z 信号指示灯说明

颜色	状态	状态说明
—	不亮	TM41 无电源或零标记已发现或等待零标记输出
红色	常亮	零标记无效或零标记寻找中
绿色	常亮	停在零标记位
	闪烁	每转一个零标记位输出

2.9 SINAMICS S120 的电机系统

在数控机床中，SINAMICS S120 驱动装置接收数控系统发出的位移或速度指令，经驱动器之后，由伺服电机和机械传动机构驱动机床坐标轴、主轴等，带动工作台及刀架运动，通过轴的联动使刀具相对工件产生各种复杂的机械运动，从而加工出图纸所要求的工件。

西门子 SINAMICS S120 驱动系统可以连接进给电机和主轴电机，通常西门子的进给轴电机有 1FT、1FK 等系列，这些系列的电机为永磁同步电机，西门子的主轴电机有异步式的，比如 1PH7、1PH8 系列是非常常见的。

2.9.1 典型工作制

电机的工作制指的是电机承受负载的情况，包括电机的启动、电制动、空载、断能停转以及这些阶段持续时间和先后顺序。

电机工作制分以下 9 类：

S1 连续工作制：在恒定负载下的运行时间足以达到热稳定。

S2 短时工作制：在恒定负载下按给定的时间运行，该时间不足以达到热稳定，随之即断能停转足够时间，使电机再度冷却到与冷却介质温度之差在 2K 以内。如 S2-60min，通常持续时间有 10min、30min、60min 和 90min。

S3 断续周期工作制：按一系列相同的工作周期运行，每一周期包括一段恒定负载运行时间和一段断能停转时间。这种工作制中的每一周期的启动电流不致对温升产生显著影响。如 S3-40%，通常负载持续率为 15%、25%、40%、60%，每一周期为 10min。

S4 包括启动的断续周期工作制：按一系列相同的工作周期运行，每一周期包括一段对温升有显著影响的启动时间、一段恒定负载运行时间和一段断能停转时间。

S5 包括电制动的断续周期工作制：按一系列相同的工作周期运行，每一周期包括一段启动时间、一段恒定负载运行时间、一段快速电制动时间和一段断能停转时间。

S6 连续周期工作制：按一系列相同的工作周期运行，每一周期包括一段恒定负载运行时间和一段空载运行时间，但无断能停转时间。

S7 包括电制动的连续周期工作制：按一系列相同的工作周期运行，每一周期包括一段启动时间、一段恒定负载运行时间和一段快速电制动时间，但无断能停转时间。

S8 包括变速变负载的连续周期工作制：按一系列相同的工作周期运行，每一周期包括一段在预定转速下恒定负载运行时间和一段或几段在不同转速下的其它恒定负载的运行时间，但无断能停转时间。

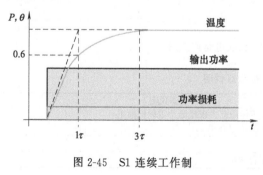

图 2-45 S1 连续工作制

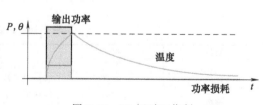

图 2-46 S2 短时工作制

S9 负载和转速非周期性变化工作制：负载和转速在允许的范围内变化的非周期工作制。这种工作制包括经常过载，其值可远远超过满载。

其中应用比较广泛的电机工作制为 S1 连续工作制、S2 短时工作制、S3 断续周期工作制以及 S6 连续周期工作制，如图 2-45～图 2-48 所示，P、θ 分别表示输出功率和温度。

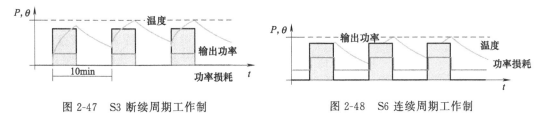

图 2-47　S3 断续周期工作制　　　　　　图 2-48　S6 连续周期工作制

2.9.2　进给电机的特性

（1）速度-转矩特性曲线

对于进给电机，它的主要参数我们会关注额定转矩、额定速度、转动惯量、径向受力以及过载能力等。图 2-49 是典型的进给电机速度-转矩特性曲线，对于进给电机，通常都是永磁同步电机，在额定速度范围内，进给电机的转矩变化非常小，可以认为是恒定转矩。因此这种电机具有非常好的动态特性。进给轴电机工作在恒定的转矩范围内，所以选择电机的时候需要根据具体的传动机构、负载以及工作制来选择。电机与负载之间不仅要求转矩的匹配，还要求转动惯量的匹配，只有这样才能够取得更好的动态特性。如果进给电机与负载之间的惯量不匹配，将直接影响到进给轴的加速特性，如果电机的惯量选择过小，尽管转矩方面能够达到要求，但是进给轴的加速度可能满足不了，快速性能得不到保证，最终影响零件加工的精度和表面质量。

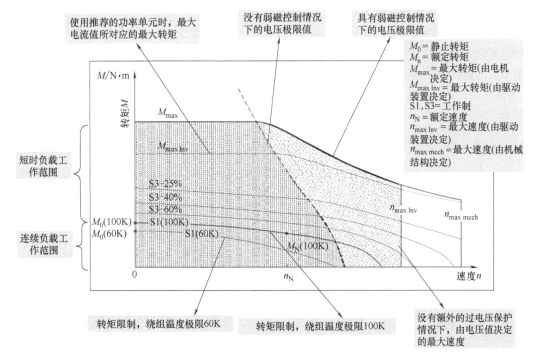

图 2-49　典型的进给电机速度-转矩特性曲线

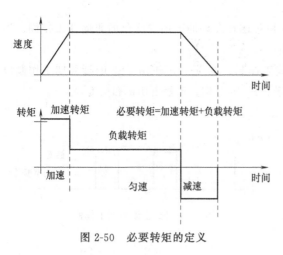

图 2-50　必要转矩的定义

（2）电机的最高转速

电机选择首先依据机械的速度。通过机械速度计算出来的电机转速应严格控制在电机的额定转速之内。

（3）必要转矩与负载转矩

必要转矩定义为：为克服机械摩擦阻力所需要的负载转矩及机械加、减速时所必要的加速转矩二者之和，如图 2-50 所示。

负载转矩是指电机为了克服传动机构接触部分的摩擦阻力所需要的转矩。负载转矩的大小因为驱动机构种类不同或工件重量不同而变化。在正常工作状态下，负载转矩 T_L 不超过电机额定转矩 T_M 的 80%。

$$T_L = T_{max} D^{\frac{1}{2}} \leqslant T_M \times 80\%$$

式中，T_{max} 为最大转矩，N·m；D 为最大负载比。

（4）连续过载时间

连续过载时间应限制在电机规定过载时间之内。

（5）径向力和轴向力

进给轴电机除了对转矩、惯量等参数有要求之外，对于电机轴端受力情况也不容忽视。但由于作用于电机轴上的受力难以测量和计算，所以电机所受的轴向力、径向力限制又往往容易被忽视。电机轴向力和径向力是指电机轴轴向和径向承力的标准，超过这个标准，最直接的反应是电机轴承损坏，进而电机噪声增大、最终电机损毁。电机径向力、轴向力不是一个固定值，它根据转速、输出力矩的不同而有所变化。通常而言，电机工作转速越大，所能承受的径向力越小，电机生产商通常会给出相应的图表，如图 2-51 所示为典型电机径向受力曲线图，图 2-52 为典型电机轴向力的曲线图，曲线图中标明电机转速、径向力、轴向力之间的关系，图中 F_{QAS} 为径向力，F_A 为轴向力。在选型时进行核对，如果径向力超过标准则考虑改变电机输出轴连接方式降低径向受力。

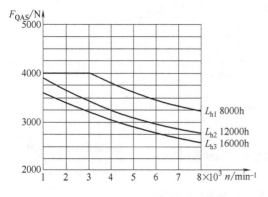

图 2-51　典型电机径向受力曲线图

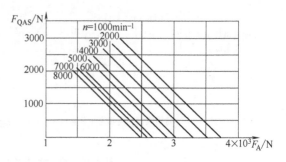

图 2-52　典型电机轴向力的曲线图

2.9.3 SINAMICS S120 驱动系统常用的进给电机

SINAMICS S120 驱动系统可以配置的进给电机非常广泛，它既可以配置西门子自己的伺服电机，功率等级从 50W～118kW，轴高（SH20～160），也可以配置第三方的伺服电机。在数控机床上常用的伺服电机有 1FT 系列和 1FK 系列，其发展历史如图 2-53 所示，图 2-54 所示为 1FT 系列和 1FK 系列电机的转矩等级与轴高关系。

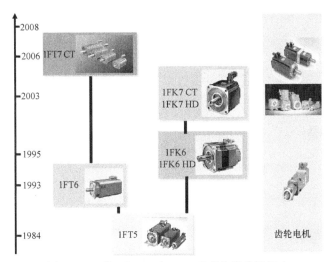

图 2-53　西门子 1FT 和 1FK 系列电机发展历史

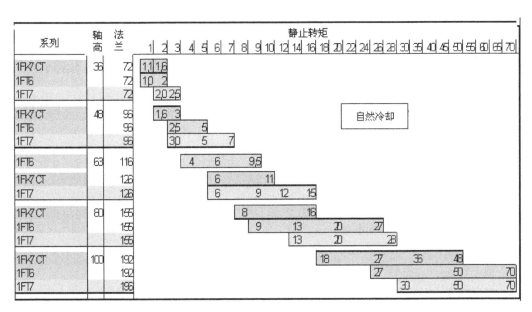

图 2-54　1FT 和 1FK 系列电机的转矩等级与轴高关系

伺服进给电机具有以下特性：

- 紧凑型设计理念；
- 高动态响应特性，转矩水平高、效率高、恒定转矩速度范围宽；
- 转子转动惯量小；

- 适于高速度、高精度位置控制以及同步控制；
- 转矩波动小，尤其是低速时转矩波动小；
- 温度过载能力高；
- 效率高；
- 维护量小；
- 防护等级高。

采用永磁同步电机作为进给电机的优势在于：

- 转矩密度高；
- 恒定转矩高；
- 高精度；
- 高动态响应性能；
- 转动惯量低；
- 温度过载能力强；
- 加速性能好；
- 效率高；
- 功率损失少；
- 电机温升小。

（1）1FT6系列电机

1FT6系列电机通常用于高精度的加工应用场合，有自然冷却、强制风冷，在高精密铣床上面为了达到高质量的加工效果，则可以采用1FT6系列电机作为进给电机。在生产机械上面，比如注塑机、印刷机械、包装机械等对动态性能和精度要求比较高的场合都可以采用1FT6系列的电机。

1FT6系列电机具有如下性能：

- 转矩波动非常低，1%的标准值；
- 接近恒转矩的特性曲线；
- 过载能力强；
- 防护等级高；
- 冷却性能好；
- 设计紧凑；
- 耐横向力的性能好。

1FT6系列电机的基本特性参数：

- 静止转矩：$0.4 \sim 700 \mathrm{N \cdot m}$；
- 额定转矩：$0.3 \sim 690 \mathrm{N \cdot m}$；
- 额定功率：$0.2 \sim 118 \mathrm{kW}$；
- 额定速度：$1500 \sim 6000 \mathrm{r/min}$；
- 驱动装置的供电电源：$400 \sim 480 \mathrm{V}$；
- 测量系统：增量式编码器、绝对值式编码器以及旋转变压器；
- 设计基座：IM B5、IM B14、IM B35、IM V1、IM V3、IM V18；
- 轴高：$20 \sim 160 \mathrm{mm}$；
- 防护等级：IP64～IP68；

- 质量：1.2～260kg；
- 冷却类型：自然冷却、风冷、水冷。

（2）1FK7 CT 紧凑型电机

1FK7 CT 紧凑型系列电机采用自然冷却的方式，用于较为经济型的应用场合，比如一般的车床、铣床、机器人、塑料机械、木工机械、装卸机械等。

1FK7 CT 紧凑型系列电机的特性主要体现于：

- 设计框架的紧凑型；
- 高过载能力；
- 可旋转的连接端子。

采用这种类型的电机可以有如下优势：

- 降低安装空间；
- 减少维护量；
- 电缆连接更加灵活；
- 安装方便。

1FK7 CT 紧凑型系列电机的基本特性参数：

- 静止转矩：0.18～48N·m；
- 额定转矩：0.08～37N·m；
- 额定功率：0.05～8.2kW；
- 额定速度：2000～6000r/min；
- 驱动装置的供电电源：230V（针对 FS20～FS48）以及 400～480V；
- 测量系统：增量式编码器、绝对值式编码器以及旋转变压器；
- 设计基座：IM B5、IM V1、IM V3；
- 轴高：20～100mm；
- 防护等级：IP64、IP65；
- 质量：0.9～39kg；
- 冷却方式：自然冷却。

（3）1FK7 HD 高动态性能电机

1FK7 HD 高动态性能电机采用自然冷却方式，通常用于较为经济型的应用场合，比如机床的辅助轴、包装机械、纺织机械、装卸机械等。

这种类型的电机主要特点在于：

- 电机的转动惯量小；
- 过载能力高；
- 电机的连接端子可旋转。

采用这种类型的电机可以有如下优势：

- 动态响应性能高；
- 减少维护量；
- 电缆连接更加灵活；
- 安装方便。

1FK7 HD 高动态性能电机的基本特性参数：

- 静止转矩：1.3～28N·m；

- 额定转矩：0.9～18N·m；
- 额定功率：0.6～3.8kW；
- 额定速度：3000～6000r/min；
- 驱动装置的供电电源：230 V（针对 FS20～FS48）以及 400～480V；
- 测量系统：增量式编码器、绝对值式编码器以及旋转变压器；
- 设计基座：IM B5、IM V1、IM V3；
- 轴高：36～80mm；
- 防护等级：IP64、IP65；
- 质量：3.1～23.5kg；
- 冷却方式：自然冷却。

（4）1FT7 系列电机

1FT7 系列电机用于高精度及高动态性能的应用场合，通常采用自然冷却的方式。几乎可以用于各种工控领域，对精度和动态性能要求高的场合，高性能的数控机床以及高端生产机械。

1FT7 系列电机的性能特点：

- 最高达 3 倍于静止转矩的过载能力；
- 紧凑型的设计，相对于 1FT6 系列电机，降低近 30％的体积；
- 转矩波动相当低，小于 1％；
- 编码器安装的抗振动性能高；
- 可旋转的电缆连接端子；
- 防护等级高。

采用这种类型的电机可以有如下优势：

- 减小了安装空间的需求；
- 编码器的安装更加方便，更换编码器之后不需要额外的调整；
- 具有弱磁扩速能力；
- 安装方便。

1FT7 系列电机的基本特性参数：

- 静止转矩：3.2～70N·m；
- 额定转矩：2.2～50N·m；
- 额定功率：0.2～15.5kW；
- 额定速度：1500～6000r/min；
- 驱动装置的供电电源：400～480V；
- 测量系统：增量式编码器、绝对值式编码器；
- 设计基座：IM B5、IM V1、IM V3；
- 轴高：36～100mm；
- 防护等级：IP64～IP67；
- 质量：4.6～59kg；
- 冷却方式：自然冷却。

（5）电机防护等级与设计

电机的防护形式有：能防止灰尘进入电机内部的防尘型；能防止滴水进入电机内部的防滴型；即使在水中也能正常运行的潜水型等。人们可以根据不同的用途选择不同的防护形式。防护等级 IP54，IP 为标记字母，数字 5 为第一标记数字，4 为第二标记数字，第一标记数字表示接触保护和外来物保护等级，第二标记数字表示防水保护等级。

（6）进给轴电机订货号说明

电机的类型、轴高、额定速度、冷却方式、所带的编码器以及电缆连接的方式，都可以从电机的订货号中得到体现，也就是说给出一个订货号，可以向西门子定购到用户所选定的电机。图 2-55 说明了西门子 1FK7（400V 系列）类型电机的订货号中所包含的信息，图 2-56 说明了西门子 1FK7（230V 系列）类型电机的订货号中所包含的信息，图 2-57 所示为 1FT7 自然风冷电机订货号，图 2-58 为西门子 1FT6 类型电机的订货号中所包含的信息。

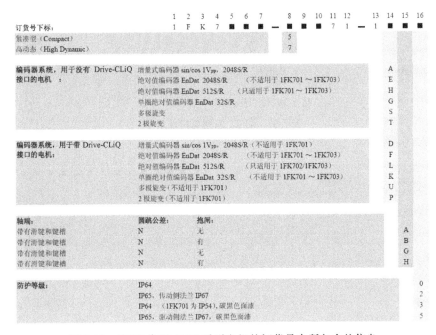

图 2-55　1FK7 类型 400V 系列电机的订货号中所包含的信息

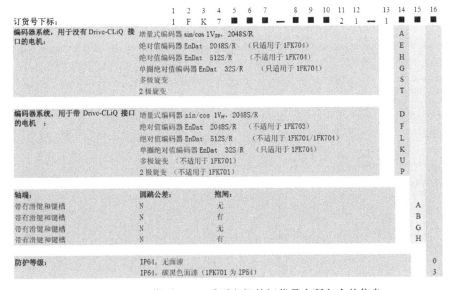

图 2-56　1FK7 类型 230V 系列电机的订货号中所包含的信息

	1	2	3	4	5	6	7		8	9	10	11	12		13	14	15	16
订货号下标:	1	F	T	7	■	■	■	—	5	A	■	7	■	—	1	■	■	■

IMB5 构造型式:	法兰 0		0
	法兰 1（与 1FT6 兼容）		1

编码器系统，用于没有 Drive-CLiQ 接口的电机:	增量式编码器 sin/cos 1Vpp，2048S/R	N
	绝对值编码器 EnDat 2048S/R	M

编码器系统，用于带 Drive-CLiQ 接口的电机:	增量式编码器 22 位，2048S/R	D
	绝对值编码器 22 位，2048S/R	F

轴端:	圆跳公差:	抱闸:	
带有滑键和键槽	N	无	A
带有滑键和键槽	N	有	B
带有滑键和键槽	R	无	D
带有滑键和键槽	R	有	E
光轴	N	无	G
光轴	N	有	H
光轴	R	无	K
光轴	R	有	L

振动强度等级:	防护等级:	
N	IP64	0
N	IP65	1
N	IP67	2

图 2-57　1FT7 系列电机订货号

	1	2	3	4	5	6	7		8	9	10	11	12		13	14	15	16
订货号下标:	1	F	T	6	■	■	■	—	■	A	■	7	■	—	■	■	■	■

安装型式:	IM B5	1
	IM B14(不适用于 1FT613)	2

连接器出口方向:	横向右侧	1
	横向左侧	2
	轴向非驱动端(不适用于 1FT613)	3
	轴向驱动端	4

端子盒，电缆入口:	横向右侧	5
	横向左侧	6
	轴向非驱动端	7
	轴向驱动端	8

编码器系统，用于没有 Drive-CLiQ 接口的电机:	增量式编码器 sin/cos 1Vpp，2048S/R	A
	绝对值编码器 EnDat 2048S/R（不适用于 1FT602）	E
	绝对值编码器 EnDat 512S/R（仅适用于 1FT602）	H
	多极旋变	S
	2 极旋变	T

编码器系统，用于带 Drive-CLiQ 接口的电机:	增量式编码器 sin/cos 1Vpp，2048S/R	D
	绝对值编码器 EnDat 2048S/R（不适用于 1FT602）	F
	绝对值编码器 EnDat 512S/R（仅适用于 1FT602）	L
	多极旋变	U
	2 极旋变	P

轴端:	圆跳公差:	抱闸:	
带有滑键和键槽	N	无	A
带有滑键和键槽	N	有	B
带有滑键和键槽	R	无	D
带有滑键和键槽	R	有	E
光轴	N	无	G
光轴	N	有	H
光轴	R	无	K
光轴	R	有	L

振动强度等级:	防护等级:	
N	IP64	0
N	IP65	1
N	IP67	2
N	IP68	3
R	IP64	4
R	IP65	5
R	IP67	6
R	IP68	7

图 2-58　西门子 1FT6 类型电机的订货号中所包含的信息

（7）铭牌数据说明

　　每个电机都在它的铭牌上标明了该电机的型号、技术参数等各类信息，电机的铭牌数据是用户选型和配置电机的最基本资料信息，因此对于电机的铭牌信息必须能够读懂，以 1FK7 类型的电机逐一解释电机铭牌数据，如图 2-59 所示。

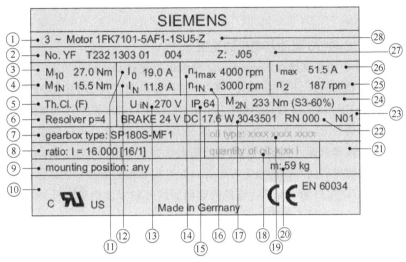

图 2-59　1FK7 系列电机铭牌

① 电机类型，交流伺服电机；

② 产品标识号；

③ 持续静止转矩 M_0，N·m；

④ 额定转矩 M_N，N·m；

⑤ 温度等级；

⑥ 制定编码器类型；

⑦ 制定齿轮变速类型；

⑧ 制定齿轮变速比；

⑨ 制定齿轮变速电机安装位置；

⑩ 标准/认证；

⑪ 静止电流 I_0，A；

⑫ 额定电流 I_N，A；

⑬ 感应电压 V_{IN}，V；

⑭ 电机最大转速 n_{1max}，r/min；

⑮ 防护等级；

⑯ 电机额定转速 n_{1N}，r/min；

⑰ 制动器数据；

⑱ 齿轮变速油指定；

⑲ 齿轮变速油数量指定；

⑳ 齿轮变速电机质量，kg；

㉑ 条形码；

㉒ 齿轮变速电机版本；

㉓ 编码器版本；

㉔ 额定转矩输出，齿轮变速输出 M_{2N}，N·m；

㉕ 输出速度，齿轮变速输出；

㉖ 最大电流；

㉗ 订货号及选项；

㉘ 西门子电机类型。

（8）SINAMICS S120 驱动与电机的连接

SINAMICS S120 驱动装置通过 Drive-CLiQ 将编码器连接到电机模块上，为此可以订购配有 Drive-CLiQ 接口的电机，例如 1FK7 、1FT6 和 1FT7 同步电机以及 1PH7 /1PH8 异步电机，这些电机均标准配有一个 Drive-CLiQ 接口。配有 Drive-CLiQ 接口的电机可以直接通过 Drive-CLiQ 电缆连接到相应的电机模块上，如图 2-60 所示。通过 Drive-CLiQ 接口可以将电机编码器信号、温度信号以及电子装置铭牌数据，例如识别代码、额定数据（电压、电流、转矩）等信息直接传送给控制器。这些电机使得启动和诊断极为容易，因为电机和编码器型号的识别是自动进行的。

在没有 Drive-CLiQ 接口的情况下，电机的编码器信号和温度信号以及外部编码器的信号均必须通过传感器模块进行连接，如图 2-61 所示。

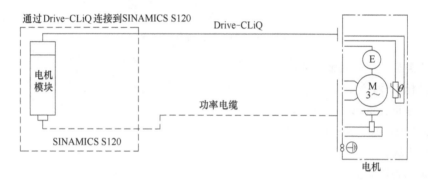

图 2-60 带有 Drive-CLiQ 电机的连接

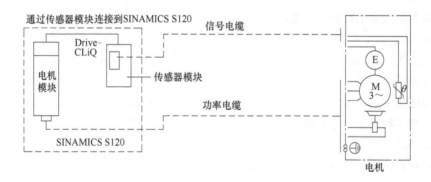

图 2-61 不带有 Drive-CLiQ 电机的连接

2.9.4 主轴电机

主轴是产生主切削运动的动力源，主轴不仅要在高速旋转的情况下承载切削时传递的主轴电机的动力，而且还要保持非常高的精度。主轴是一台数控机床中最关键的部件，主轴的技术指标也决定了机床的技术水平。对主轴传动提出了下述要求：主传动电动机应有 2.2～250kW 的功率范围；要有大的无级调速范围，如能在 1：（100～1000）范围内进行恒转矩调速和 1：10 的恒功率调速；要求主传动有四象限的驱动能力；为了满足螺纹车削，要求主轴能与进给实行同步控制；在加工中心上为了自动换刀，要求主轴能进行高精度定向停位控制，甚至要求主轴具有角度分度控制功能等。

交流主轴电动机的情况则不同，交流主轴电动机均采用异步电动机的结构形式，因为，一方面受永磁体的限制，当电动机容量做得很大时，电动机成本会很高，对数控机床来讲无法接受采用；另一方面，数控机床的主轴传动系统不必像进给伺服系统那样要求如此高的性能，采用成本低的异步电动机进行矢量闭环控制，完全可满足数控机床主轴的要求。但对交流主轴电动机性能要求又与普通异步电动机不同，要求交流主轴电动机的输出特性曲线（输出功率与转速关系）是在基本速度以下时为恒转矩区域，而在基本速度以上时为恒功率区域。

交流主轴控制单元与进给系统一样，也有模拟式和数字式两种，现在所见到的国外交流主轴控制单元大多都是数字式的。

主轴在结构上分为机械主轴和电主轴。机械主轴由刀具的装卡机构、轴承、主轴冷却系统以及配套的主轴电机、测量部件及驱动装置等构成。有的主轴还配备了液压或气动的换挡机构。电主轴的特点是主轴电机被集成到主轴的机械部件中，构成一个整体结构的主轴系统。用于电主轴的主轴电机的供货商一般只提供主轴电机的转子和定子，由机床制造厂根据自己的主轴的机械结构将转子和定子以及松刀机构集成到主轴中，构成一个完整的电主轴。也有一些厂商可提供完整的电主轴产品。由于采用电主轴，缩短了机床的生产周期，降低了生产的成本，而且提高了机床的性能。

西门子的 1PH7 系列主轴电机就是典型的异步伺服电机，其原理与普通的异步电机没有区别，但它的控制性能要比普通的异步电机优越得多。除了具有非常宽的调速范围和动态性能之外，还具有主轴定位等位置控制功能。

异步电机定子气隙侧的槽内嵌入三相绕组，当电机通入三相对称交流电时，产生旋转磁场。这个旋转磁场在转子绕组或转子导条中感应出电动势。由于感应电动势产生的电流和旋转磁场之间的作用产生转矩而使电机旋转。

（1）主轴电机的特性

在描述主轴特性的参数中，有一个重要的数据——额定转速，图 2-86 为某一型号 3.5kW 主轴电机的特性曲线。在特性曲线图中可以看出，当主轴的转速小于额定转速时，主轴工作在恒转矩区；当主轴的转速大于额定转速时，主轴工作在恒功率区。主轴的额定转速越低，表示主轴进入恒功率区的速度也越低。

（2）主轴的工作点

在机床设计时，需要根据机床切削的指标定义机床的技术指标。其中主轴的输出功率和主轴的调速范围为关键的技术指标。比如主轴的输出功率为 3.5kW，调速范围为 1500 ～ 8000r/min。

根据图 2-62 所示的主轴电机的特性曲线，可以看出，主轴与主轴电机之间采用 1：1 的直连方式，即可实现上述技术指标。虽然主轴电机的速度可以在零速到标定的最大速度之间连续变化，但在额定输出功率下的调速范围，为额定转速到最大转速。当主轴在低于额定转速下工作时，主轴的输出功率不能达到主轴电机的额定功率。即使在低于额定转速的工作区主轴电机可以在过载状态运行，输出更高的功率，甚至输出功率可高于额定功率，但在过载的状态下主轴是不能长时间工作的。

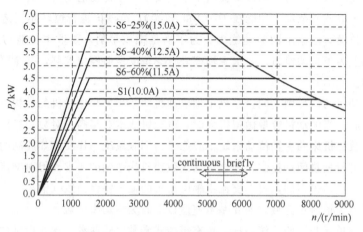

图 2-62 1PH7 主轴电机的特性曲线

因此在数控机床的设计阶段，必须明确主轴的输出功率和调速范围等技术指标。否则用户在切削时可能出现由于主轴输出功率不够造成的主轴"闷车"而不能完成用户加工程序中所要求的切削用量。就以主轴与主轴电机1∶1直连的机床为例，如果加工的工艺要求主轴需要在500r/min时进行切削，根据主轴电机的特性曲线，此时主轴的实际输出功率只有额定功率的1/3。如果用户需要机床的主轴在500r/min下，能够产生3.5kW的功率输出，根据该主轴电机的特性曲线，可确定在该转速下主轴电机不能产生所需要的功率。这时就需要考虑更改机床的设计。方案之一是主轴机械结构不变，主轴与主轴电机之间仍然采用1∶1直连方式，而选择另一型号的主轴电机使其在500r/min下可以产生大于等于3.5kW的输出功率。解决方案之二是改变主轴的机械结构，增加主轴减速机构。比如采用3∶1的减速器，主轴电机运转在1500r/min时就可以输出3.5kW的功率。但是减速器影响了主轴的最高速度。主轴电机的最高转速为9000r/min，增加3∶1的减速器后，主轴的最高转速只能达到3000r/min。这时主轴的调速范围就变为500～3000r/min。还有一种方案是采用主轴换挡机构，需要低速加工时采用3∶1挡，而需要高速加工时，采取1∶1挡。这样不仅满足低速状态下可以产生足够的转矩，而且可以保证主轴的调速范围。

（3）过载能力

主轴电机同样具有很强的过载能力。对于前面讨论的主轴工作点选择的问题，有些错误的观点认为，在恒转矩区工作时，可通过主轴电机的过载提高其输出功率。这种观点的错误之处是主轴不能长时间过载。伺服主轴所允许的过载只是短时的。特别是在主轴电流达到驱动器的最大设计电流时，所允许的驱动电流过载的时间就更短。

图 2-63 所示为在没有达到主轴驱动器最大电流时的所允许的过载。图 2-64 所示为在达到主轴驱动器最大电流时的所允许的过载。图中 I_{S6} 为连续周期工作制的电流。

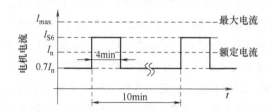

图 2-63 某主轴电机工作在 S6 的过载时间

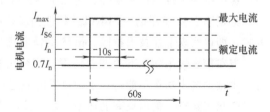

图 2-64 某主轴电机过载到最大电流的时间

伺服主轴具有很强的过载能力，在使用过程中过载是允许的，但是过载的时间是短暂的。在设计主轴的性能指标时，一定要正确选择主轴的工作点。在数控机床出厂时，应为用户提供主轴的功率特性，以指导用户正确使用主轴。作为机床的使用者，也需要了解数控机床主轴的特性，以便在加工程序中正确地选择切削用量，保证主轴的输出功率得以充分地利用。

（4）轴端受力

由于主轴轴承的设计承载能力，主轴电机对于不同速度下作用在其轴端的悬臂力有明确的要求。图 2-65 中的曲线描述了某型号主轴电机在不同转速下所允许的最大悬臂力。如果施加在主轴电机轴端的悬臂力大于允许值，将影响主轴电机轴承的使用寿命，甚至可能导致主轴电机轴的断裂。因此在主轴机械设计中要考虑主轴电机的轴端悬臂力，并且在主轴电机安装时，保证施加在主轴轴端的悬臂力不大于设计指标。如果某机床主轴的设计指标要求主轴电机长期在高速下运行，应考虑在采购主轴电机时选用增速型主轴电机。

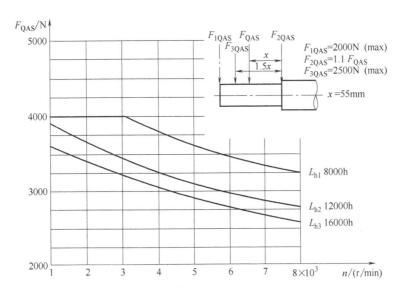

图 2-65　1PH7 某主轴电机允许的轴端悬臂力

（5）主轴总成的动平衡

主轴在高速加工时，如果主轴的旋转部件不能做到动平衡，在高速旋转运动中会产生震动，影响加工质量。主轴部件不平衡的原因来自其运动部件的机械结构、材料的不均匀性和加工及装配的不一致性。而对于主轴电机来说，其不平衡的问题来自其轴的安装形式。带有光轴的主轴电机，在出厂时已经进行了平衡的调整，可以达到动平衡；而带键轴的主轴电机，在出厂前也进行了全键平衡和半键平衡的调整。也就是说主轴电机在出厂时已经具备了动平衡的特性。

当主轴电机的轴与带轮连接在一起后，必须整体进行动平衡的调整，这样才能保证主轴电机的轴在安装了带轮时仍然可以达到动态平衡。如果主轴在高速运行时，比如主轴转速大于 3000r/min，产生了高频的振动，其原因必然是动平衡的问题，动平衡的问题只能通过机械调整消除。

（6）惯量匹配

主轴电机与主轴的惯量匹配影响主轴的加速特性，主轴加速特性直接影响主轴的快速定向和高速攻螺纹加工等功能。如果主轴电机通过减速器与主轴连接，在设计时也要考虑主轴电机转子的惯量与负载（联轴器及减速器）之间的惯量匹配。

（7）1PH7 系列主轴电机订货说明

下面以轴高 SH100～SH160 标准主轴电机为例，说明订货号，如图 2-66 所示。

	1	2	3	4	5	6	7	8	9	10	11	12	13	14	15	16
订货号:	1	P	H	7	■	■	■	-	■	■	■	■	■	-	■	■	■	■

风冷
(外置风扇的供电为 3AC 400V ±10%,50/60Hz)

说明	位 8
外置风扇，带管接头进线孔	2
不带风扇，管道连接，带管接头进线孔	6
外置风扇，带公制螺纹的密封堵	7
不带风扇，管道连接，带公制螺纹的密封堵	8

编码器用于没有 Drive-CLiQ 接口的电机：

说明	位 9
不带编码器	A
绝对值编码器 EnDat 2048 S/R	E
HTL 编码器 1024 S/R	H
HTL 编码器 2048 S/R	J
sin/cos 编码器 1Vpp 带 C 和 D 相	M
sin/cos 编码器 1Vpp 不带 C 和 D 相	N
2 极旋变	R

编码器用于有 Drive-CLiQ 接口的电机：

说明	位 9
绝对值编码器 EnDat 2048 S/R	F
sin/cos 编码器 1Vpp 带 C 和 D 相	D
sin/cos 编码器 1Vpp 不带 C 和 D 相	Q
2 极旋变	P

端子盒/进线端：

说明	位 10
横向右侧	0
轴向非驱动端	2
横向左侧	3

构造方式：

说明	位 11
IM B3(IM V5, IM V6)	0
IM B5(IM V1, IMV3) 不适用于轴高 160	2
IM B35(IM V15, IM V36)	3

抱闸：

说明	位 12
不带抱闸	0

带抱闸 电压为 230V 1AC, 50/60 Hz		位 12
	带抱闸	1
	带抱闸（带微动开关）	2
	带抱闸（带手动释放）	3
	带抱闸（带微动开关和手动释放）	4

带抱闸 控制电压为 24V DC		位 12
	带抱闸	5
	带抱闸（带微动开关）	6
	带抱闸（带手动释放）	7
	带抱闸（带微动开关和手动释放）	8

轴端连接类型 / 振动强度 / 圆跳公差：

轴端连接类型	振动强度	圆跳公差	位 13
联轴器/皮带输出	R	R	B
联轴器/皮带输出	S	R	C
联轴器/皮带输出	SR	R	D
联轴器/皮带输出	N	N(带抱闸)	K
提高最大转速	S	R	L

轴端(驱动端) / 平衡 / 气流方向：

轴端(驱动端)	平衡	气流方向	位
带有滑键和键槽	半键	驱动端→非驱动端	A
带有滑键和键槽	半键	非驱动端→驱动端	B
带有滑键和键槽	全键	驱动端→非驱动端	C
带有滑键和键槽	全键	非驱动端→驱动端	D
光轴	—	驱动端→非驱动端	J
光轴	—	非驱动端→驱动端	K

图 2-66　轴高 SH100～SH160 标准主轴电机订货号的说明

（8）1PH7 铭牌说明

通常在电机的铭牌上标注了该电机的额定参数、使用极限以及相关认证等信息，因此了解和读懂电机的铭牌数据是使用好所选电机的基础，也是选择和配置电机的重要依据，如图 2-67、表 2-19 所示。

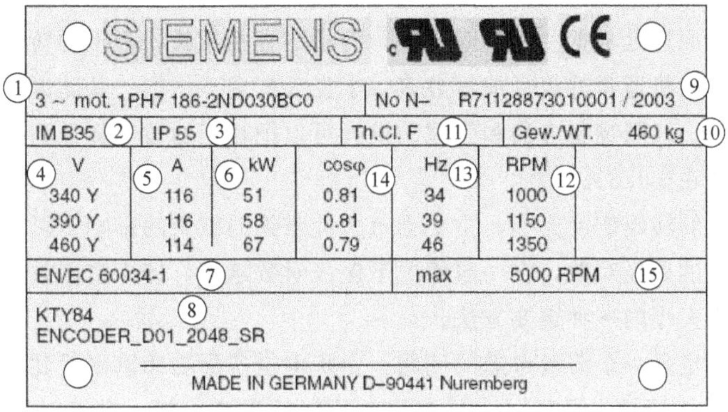

图 2-67 1PH7 主轴电机铭牌

表 2-19 1PH7 主轴电机铭牌数据说明

项目	描述	项目	描述
①	电机类型:异步电机	⑨	ID:序列号
②	基座类型	⑩	电机质量(kg)
③	防护等级	⑪	温度等级
④	额定电压(V),绕组配置	⑫	额定速度(r/min)
⑤	额定电流(A)	⑬	额定频率(Hz)
⑥	额定功率(kW)	⑭	功率因数(cosφ)
⑦	认证/标准	⑮	最大速度(r/min)
⑧	代码:编码器类型,温度传感器		

2.9.5 力矩电机

对高精度和高转矩的需求一直是一个永恒的话题,而力矩电机正好满足这种需求。力矩电机又称为扭矩电机或直接驱动电机(DD-Motor),在原理上它是永磁同步电机,水冷中空型(Permanent-magnet water-cooled synchronous motor with hollow shaft)。所以下面主要从结构方面去理解它。图 2-68 所示为标准永磁同步电机与力矩电机的对比。力矩电机最主要的特点是极数多、

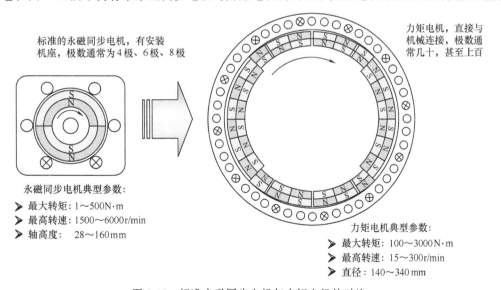

图 2-68 标准永磁同步电机与力矩电机的对比

转矩大、速度低，对负载直接驱动。它主要应用在注塑成型机械、挤压机械、机床等。

力矩电机的设计原理是根据"磁极对越多，转子的直径越长，产生的转矩越大"的电机设计基本经验，所以力矩电机通常都设计成极数多、半径大的扁平结构。除此以外，磁场定位的精确度、定子槽孔的配置、线圈绕制方法和气隙的设计可以把转矩的波动降低到最小，所以力矩电机的转矩波动能够保证在±1.5%。

另外，同步电机的转矩密度大小，主要受永久性磁铁的磁力的影响。影响转矩密度大小的一个重要因素是设计中的磁极对数，在一般情况下磁极对数越多，转矩密度越大。因此，改变磁极对数是改变转矩密度大小的一种重要方法。

力矩电机的散热也是一个需要考虑的问题。力矩电机实际功率输出受到两个方面的限制，一个是线圈中 I^2R 的功率损耗，另外一个是定子叠片间的涡流损耗（磁极对数越大，涡流损耗越大）。如果产生的热量不能被有效地释放，线圈温度的上升最终将导致绝缘层击穿，导致转子过热。此外，这些热量也会引起磁铁的退磁现象。

如果电机温度超出允许范围，功率会损失。为此，必须使用一种可靠的方式冷却电机，以实现其最大功率输出。

使用力矩电机的优点如下。

① 部件减少，性能提高。使用力矩电机后，就不再需要联轴器或齿轮等机械传动部件，因此所需安装空间显著减少。另外，部件的减少降低了连接数量和维护成本以及备件库存，进而减少了机器停工时间，提高了利用率。

② 在精密加工方面，力矩电机从原理上排除了机械传动误差。因为力矩电机直接集成在机器结构中，从而避免了不必要的弹性变形和传动问题。其优点在于能实现更高的精度。

③ 减少辅助工艺时间。由于在力矩电机中没有采用机械传动部件，减少了摩擦，使得辅助工艺时间显著减少，有利于实现更高的动态性能。

④ 由于力矩电机不需要采用齿轮传动机构，因此也就不再存在众所周知的间隙问题，从而显著提高了运动方向改变时的轮廓精度，并且其重复性精度也得到显著改善。

对于力矩电机来说，在定子部件上由于功率损耗产生的热量必须采用冷却系统把热量散出去，否则温升会非常大，并且如果热量不及时散出去，会导致电机的额定转矩大大降低。制造厂商（OEM）必须连接冷却管道，以及冷却回路系统。

使用的冷却回路必须为闭环回路，这样能够有效避免氧化以及腐蚀现象的发生，最大允许的压力为10bar。

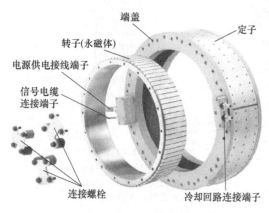

端盖
定子
转子(永磁体)
电源供电接线端子
信号电缆
连接端子
连接螺栓
冷却回路连接端子

图 2-69　力矩电机的典型结构

冷却介质一般使用纯净水，但要经过抗腐蚀处理（加防腐剂），如果使用未处理的水，会导致沉淀、生藻、腐蚀等情况，并且会导致冷却回路的损坏。

带有冷却套管的力矩电机，冷却系统连接到机械组件上，冷却管路的横截面取决于电机冷却套管冷却槽的横截面。冷却套管的冷却槽通过用户端提供的O形圈以及外罩密封起来。冷却介质的入口和出口安装也参照厂家提供的冷却回路安装原理图。为了使冷却槽达到最优的冷却效果，冷却介质的入口和出口管路必须交叉 90°。图 2-69 所示为力矩电机的典型结构。

　　西门子力矩电机主要有 1FW3、1FW6 两个系列，1FW3 系列是"完整型"力矩电机（Complete torque motors），适用于各种生产机械；1FW6 系列是"构架式"力矩电机（Built-in torque motors），适用于机床，如图 2-70 所示为 1FW3、1FW6 两个系列实物图，表 2-20 为 1FW3、1FW6 力矩电机的性能对比。

(a) 1FW3系列　　　　　　　(b) 1FW6系列

图 2-70　1FW3、1FW6 力矩电机实物图

表 2-20　1FW3、1FW6 力矩电机对比

性能	1FW3	1FW6
类型	永磁同步电机、中空轴、水冷	
特点	电机极数多、速度低、转矩高	
设计特点	整体式，具有轴承、编码器反馈系统、冷却系统，成本低	框架分体式，可以由用户自己提供轴承以及编码器反馈系统，具有冷却系统，成本较高
应用场合	挤出机械、注塑机械、辊转机械、起重机械等	工业旋转台、数控旋转轴、印刷机械等
转矩波动	±(2.0%～2.5%)	±1.5%
转矩范围/N·m	100～7000	109～4590
速度范围/(r/min)	0～1700	0～900
轴高与外径	(SH 150),SH 200, SH 280	Aφ230～730

　　不论是对于哪种类型的电机，用户都必须对它的订货号以及特性曲线有所了解，才能够更好地进行选型以及配置，如图 2-71、图 2-72 所示为 1FW3、1FW6 两个系列的订货号说明。

图 2-71　1FW3 系列力矩电机的订货号说明

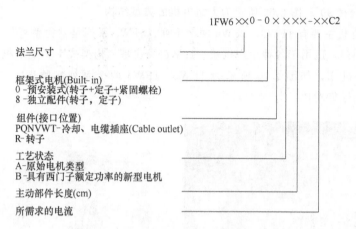

图 2-72　1FW6 系列力矩电机的订货号说明

电机的转矩速度特性曲线中，可以非常清晰地了解所选择的电机在要求的工作制下其速度与转矩的设计是否合理，同时也可以了解电机的使用极限以及持续使用的范围。图 2-73、图 2-74 所示为 1FW3、1FW6 两个系列的转矩-速度特性曲线。

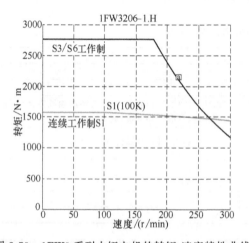

图 2-73　1FW3 系列力矩电机的转矩-速度特性曲线

对于 1FW6 系列框架式（Built-in）力矩电机，西门子公司提供如下组件：

定子组件；

转子组件；

冷却系统的组件，冷却系统连接的适配器；

SME 温度监控盒；

电缆与连接端子；

驱动装置与控制装置。

另外的组件，比如编码器、轴承、制动器、功率电缆、外壳、冷却系统等，需要用户自己从相关制造商选择配置。

1FW6 系列框架式（Built-in）力矩电机与西门子数控系统的典型连接，如图 2-75 所示。

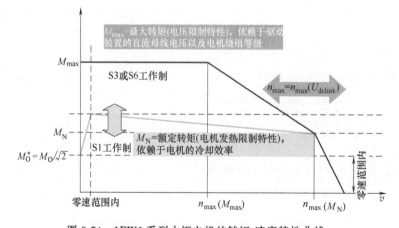

图 2-74　1FW6 系列力矩电机的转矩-速度特性曲线

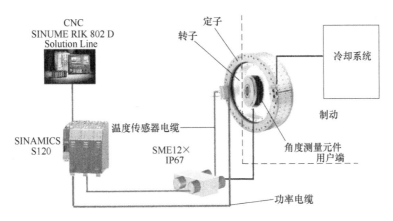

图 2-75　1FW6 系列框架式（Built-in）力矩电机与西门子数控系统的典型连接

2.9.6　直线电机

直线电机在国外制造装备业中的应用首先是在机床设备方面。传统机床的驱动装置依赖丝杆驱动，丝杠驱动本身就具有一系列不利因素，包括长度限制、机械背隙、摩擦、扭曲、螺距一周期误差、较长的振动衰减时间、与电机的耦合惯量以及丝杠的轴向压缩等。所有这些因素均限制了传统驱动装置的效率和精度。当设备磨损时，必须进行不断的调节以确保所需精度。直线电机驱动技术可以保证相当高的性能水准以及比传统的、将旋转运动转化为直线运动的电机驱动装置具备更高的简便性。由于直线电机直接与移动负载相连，因此在电机和负载之间没有背隙，而且柔量很小。标准永磁同步电机与直线电机的对比如图 2-76 所示。

首先，利用直线驱动装置可以很容易地达到小于 $1\mu m/s$ 或高达 $5m/s$ 的速度。直线驱动系统可以保证恒定的速度特性，速度偏差优于 $\pm 0.01\%$。在需要较高加速度的应用中，较小的直线电机可以方便地提供大于 $10g$ 的加速度，而传统电机一般产生的加速度在 $1g$ 以内。直线驱动电机的精度只受反馈分辨率、控制算法以及电机结构的限制。采用前馈控制的直线电机系统可以使跟踪误差减小到原来的 $1/200$ 以下，而传统的驱动系统却受前述各因素的制约，此外还受机械系统限制。

其次，直线电机结构简单，由很少的组件组成，因此需要的润滑也较少（直线导轨需要定期

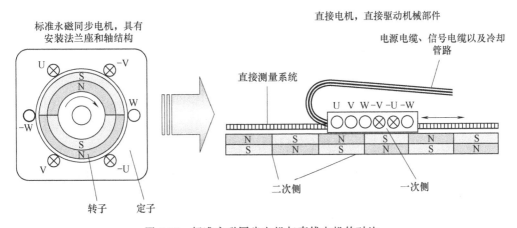

图 2-76　标准永磁同步电机与直线电机的对比

润滑）。这意味着它的使用寿命较长以及运行比较干净。相比而言，传统的驱动系统由20多个零部件组成，包括电机、联轴器、滚珠丝杠、U形块、轴承、枕块以及润滑系统。每个零部件都需要装配时间、调整时间以及预防性维护。相反，直线电机结构很简单，它是一个电磁执行机构，该执行机构是由2个支承在一个直线导轨上的刚体零件组成。

直线电机的其它优点包括较小的作用力和较小的速度波动，从而保证较平稳的运动轮廓。当然，这依赖于电机的结构、磁板以及驱动软件。为了利用直线电机固有的动态制动的优点，驱动放大器应该有效地监控逆电动势（EMF），即使系统电源可能关断也要这样。多个直线电机可以用"背靠背"的方式安装以保证提高作用力，还可以增设额外的磁板以保证实质性的无限行程（受反馈设备和电缆长度限制）而不损失精度。

归结起来，采用直线电机作为驱动有以下优势：

① 采用直线电机没有中间机械传动机构，所以机械设计简单、体积小、结构灵活、运行可靠；

② 直线电机的一次侧和二次侧之间无接触，且直线运行无离心力作用，速度不受限制，加减速特性好，动态性能高；

③ 整体密封性好，可在水中、腐蚀性气体、有毒有害气体、超高温或超低温等特殊环境下使用；

④ 直线电机驱动的机电产品不需要任何转换装置而直接产生推力，运行可靠，传递效率高，制造成本低，易于维护；

⑤ 直线电机驱动机电产品时无机械接触，运行传动零部件无磨损，机械损耗小；

⑥ 直线电机驱动的运行装置，噪声很小或无噪声。

图 2-77 所示为典型的传统驱动结构与直线电机驱动对比。

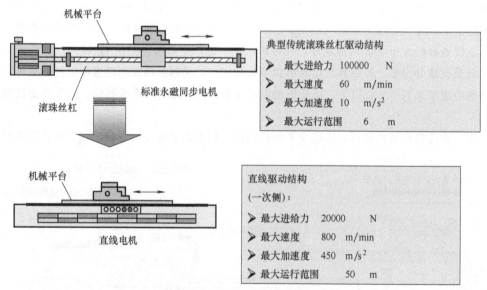

图 2-77　典型的传统驱动结构与直线电机驱动对比

典型的直线电机结构如图 2-78 所示，图 2-78（a）为直线电机，图 2-78（b）为直线电机典型结构。直线电机通常也是三相永磁同步电机，其原理与标准的永磁同步电机是一样的，只是在结构上的形式不同，可以理解为直线电机是把标准的永磁同步电机沿着轴向切开，并且拉直。直线电机分为一次侧和二次侧，一次侧包括三相绕组，二次侧包括永磁体。通常，二次侧是固定部

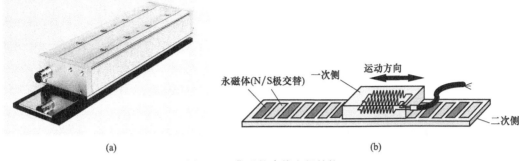

图 2-78　典型的直线电机结构

分，而一次侧为运动部分。多个二次侧单元可以集成安装在一起，这样可以满足所需要的运行范

围。另外，机床制造商可以把线性轴承和线性测量系统与电机集成在一起。

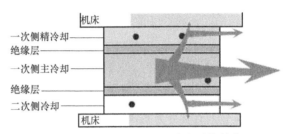

图 2-79　"三明治"式的冷却系统结构

直线电机运行过程中的热量，最终会导致电机推力的降低，因此直线电机的冷却系统是直线电机正常运行的关键。直线电机的冷却回路分为一次侧主冷却回路和精冷却回路、二次侧冷却回路。直线电机的冷却回路采用"三明治"式的冷却系统结构，保证了电机产生的热量不会传到机床上，图 2-79 所示为"三明治"式的冷却系统结构。

初级主冷却直接安装在初级侧，在额定的情况下，排除 85%～90% 的热量。初级侧精确冷却决定了电机到机床的热绝缘质量，初级侧的表面温度上升最大在 2K 或 4K。次级侧冷却由钢管或铝制冷却部件组成。冷却介质采用纯净水加防腐剂，未经处理的水不能使用。

西门子的直线电机有 1FN1 和 1FN3 两种系列，如图 2-80 所示，1FN1 系列电机特点如下：

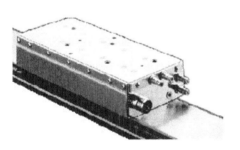

(a) 1FN1系列直线电机

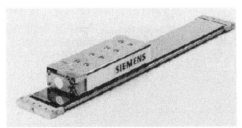

(b) 1FN3系列直线电机

图 2-80　西门子 1FN1 和 1FN3 两种系列直线电机

- 采用"三明治"式的冷却原理；
- 温度控制精确；
- 出力波动小；
- 最大出力为 1720～14500N；
- 额定出力为 790～6600m/min；
- 加速性能好；
- 速度高 65 ～105m/min；
- 温升 $T_{max} < 2K$。

1FN3 系列电机特点如下：

- 模块化的设计理念；
- 附加"三明治"式的冷却原理；
- 过载能力强；
- 最大出力为 550～20700N；
- 额定出力为 200～8100N；
- 加速性能好；
- 超高速度，58～380m/min；

- 温升 $T_{max} < 4K$。

1FN1/1FN3 系列直线电机与 SINAMICS S120 的典型连接如图 2-81 所示。

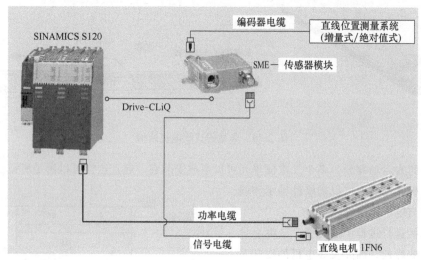

图 2-81　1FN1/1FN3 系列直线电机与 SINAMICS S120 的典型连接

直线电机的订货分为初次侧和二次侧两部分，因此它的订货号也有两部分，如图 2-82～图 2-85 所示。

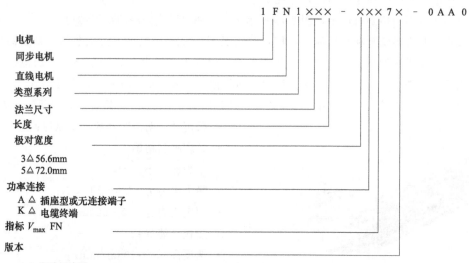

图 2-82　1FN1 直线电机初次侧订货号的说明

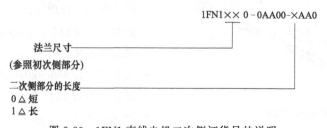

图 2-83　1FN1 直线电机二次侧订货号的说明

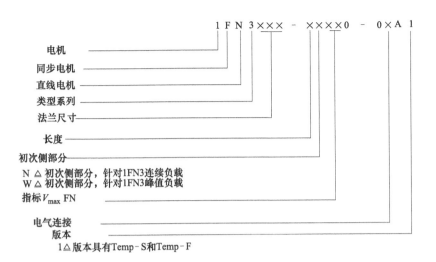

图 2-84　1FN3 直线电机初次侧订货号的说明

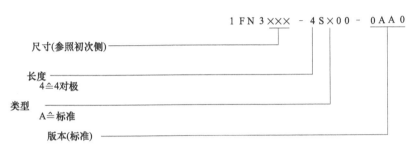

图 2-85　1FN3 直线电机二次侧订货号的说明

2.10 西门子 611D 驱动系统

2.10.1 611D 驱动系统概述

西门子 SIMODRIVE 611 系列驱动是一种高性能、灵活组态的系统，能够满足数控机床对驱动系统的稳定性和技术性能方面等要求，包括最高要求的动态响应、速度整定范围以及平滑运行特性。通常用于西门子 802D、840D/810D 以及海德汉等数控系统的机床中，实现机床的驱动功能。驱动系统中馈电模块用于提供直流母线电压、电子电源以及使能/监控信号，是确保驱动系统稳定运行的基础。

该 SIMODRIVE 611 系列驱动采用模块化设计，包括输入滤波器、整流电抗器、电源模块、功率单元、控制单元以及专用的模块。该系列驱动系统可以配置进给轴或主轴的驱动，进给轴模块用于 1FT6/1FK/1FW6/1FN 进给电机和 1PH/1FE1/2SP1/1LA 主轴电机，也可以配置第三方电机，馈电模块则取决于电机规格。使用馈电模块，可将 SIMODRIVE 611 系统组连接到带有接地中性点（TN 系统）的低压系统。SIMODRIVE 611 驱动系统中的所有模块都具有统一的模块化结构，供电和通信之间的接口以及控制单元和馈电模块之间的接口都实现了标准化。电源电

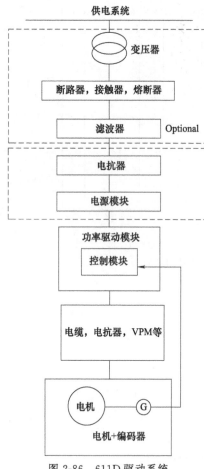

图 2-86　611D 驱动系统

缆、信号电缆和总线电缆采取非常实用的连接方式，可以很容易地实现按特定用户需求而定制的驱动系统。

西门子 SINUMERIK 840D/810D 系统在传统机床结构中的运动控制执行部分是由 611D 伺服驱动和 1FT6/1FK7/1PH7 电机组成，驱动部分包括两部分：电源模块和功率模块。电源模块包括可控电源模块 I/R 以及不可控电源模块 UI 两种类型，其功能为提供直流母线、电子电源、使能信号以及故障监控信号。

611D 数字驱动是西门子新一代数字控制驱动，它分为双轴模块和单轴模块两种，相应的进给伺服电机可采用 1FT6 或者 1FK7 系列，编码器信号为 1Vpp 正弦波、EnDat 绝对值信号或旋变信号，可实现闭环控制。西门子主轴伺服电机通常为 1PH7 系列，为异步式伺服电机。整个 611D 数字驱动系统基本包含前端部件、电源模块、监控模块、电容模块、脉冲电阻、过电压限制模块以及驱动模块，驱动模块通常有主轴驱动模块和进给轴驱动模块，如图 2-86 所示。

在 SIMODRIVE 611D 驱动系统中，根据性能要求模块尺寸有从 50～300mm 大小的。模块安装顺序：主轴单元、异步电机控制、伺服电机控制单元，通常按照功率大小从左到右排列，如图 2-87 所示。

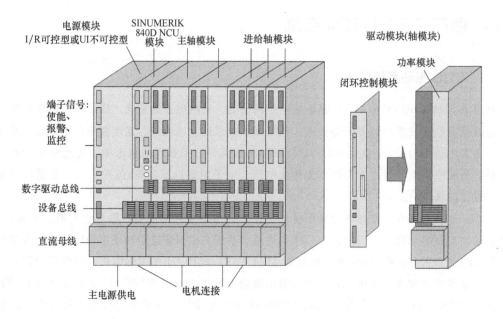

图 2-87　SIMODRIVE 611D 驱动模块安装结构

2.10.2　整流电抗器

611D 电源模块作为驱动系统的供电模块，电源供电电压允许在一定范围内有波动，在理论上可以直接连接三相 380V/50Hz 交流电。但是由于须要抑制电网干扰、提高系统工作的可靠性，以及满足电源模块的能量存储，供电回路通常需要连接进线整流电抗器。整流电抗器不但可以抑制电压干扰、提高系统的稳定性，还可以为电源模块存储能量。对于电网电压不是 380V/400V/415V 的应用场合，还必须选配变压器，变压器以及电抗器的容量选择都必须根据电源模块的功率配置。

当直流母线电压急剧升高时，电抗器会限制输入电流，并且没有任何饱和效应，否则内部整流器件（IGBT）会过载。电源模块通过大约 7kHz 的高频来实现控制功能，通过 IGBT 模块来周期短路直流母线电压，由于 IGBT 模块短路储存磁化能量，进一步提高了电压，在这个频率下 IGBT 模块的铁介质不允许饱和，否则将会损害电源模块内的二极管，导致它快速地永久损坏。所以正确地配置和选择电抗器模块是电源模块正常使用的保障。

整流电抗器的 3 个功能：

- 能量存储功能，让电源模块的内部能量逐步升高，而不是急剧上升；
- 在供电电源振荡时限制电流；
- 抑制系统的振荡。

整流电抗器的 3 个任务：

- 限制谐波反馈到电网；
- 存储能量；
- 匹配电源供电。

对于西门子 SIMODRIVE 611 系列电源模块，如果是不可控电源模块，在 5kW/10kW 电源模块内置有电抗器，而 28kW 电源模块需要外加进线电抗器。如果是可控电源模块，都必须正确地外置电抗器模块。当使用直接驱动电机，尤其是使用第三方电机，由于不清楚电机特性，更加需要配置好电抗器。表 2-21 所示为电源模块如何配置 HF/HFD 电抗器。

表 2-21　电源模块配置 HF/HFD 电抗器

项目	UI 模块 28/50kW	I/R 模块 16/21kW	I/R 模块 36/47kW	I/R 模块 55/71kW	I/R 模块 80/104kW	I/R 模块 120/156kW
HF 电抗器	28kW	16kW	36kW	55kW	80kW	120kW
订货号 6SN1111-	1AA00-0CA□	0AA00-0BA□	0AA00-0CA□	0AA00-0DA□	0AA00-1EA□	—
订货号 6SN3000-	—	—	—	—	—	0DE31-2BA□
HFD 电抗器	—	16kW	36kW	55kW	80kW	120kW
订货号 6SL3000-	—	0DE21-6AA□	0DE23-6AA□	0DE25-5AA□	0DE28-0AA□	0DE31-2AA□
P_v	70W	170W	250W	350W	450W	590W
连接电缆	最大值 35mm²	最大值 16mm²	最大值 35mm²	最大值 70mm²	扁平端子	
连接端子 紧固力矩/N·m	2.5	1.2	2.5	Conductor 7 PE3～4		
	HFD 电抗器端子电阻					
质量	6kg	8.5kg	13kg	18kg	40kg	50kg
安装方向	任意	任意	任意	任意	任意	任意
端子分配	输入端 1U1、1V1、1W1					
	输出端 1U2、1V2、1W2					

2.10.3　电源滤波器

电源滤波器的作用在于消除611D驱动在工作过程中对电网产生的干扰，主要是限制由于逆变器单元产生的电缆噪声干扰，并满足EMC要求，避免驱动系统对电网造成影响，同时也抑制电网对驱动系统造成的影响。电源滤波器的额定输入电压为三相400V±10％或三相415V±10％，频率为50/60Hz±10％，一般安装在变压器、进线电抗器之后，电源模块之前。

如图2-88所示，可以看出电源/驱动单元产生的电波噪声影响。表2-22所示为电源滤波器的选择。

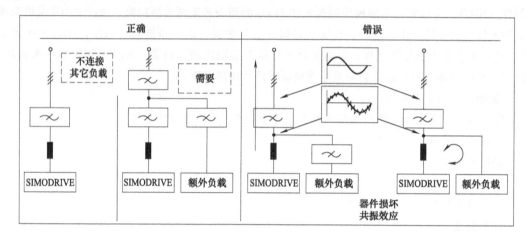

图2-88　电源/驱动单元产生的电波噪声影响

表2-22　电源滤波器的选择

项目	UI 模块 5/10kW	UI 模块 10/25kW		UI 模块 28/50kW	
滤波器单元	进线滤波器 5kW	进线滤波器 10kW		进线滤波器 36kW	
额定电流	16A	25A		65A	
订货号	6SN1111-0AA01-1B A□	6SN1111-0AA01-1AA□		6SN1111-0AA01-1CA□	
供电电源	3-ph. 380V AC−10％～3-ph. 480V AC＋10％；47～63Hz				
项目	I/R 模块 16/21kW	I/R 模块 36/47kW	I/R 模块 55/71kW	I/R 模块 80/104kW	I/R 模块 120/156kW
滤波器单元	进线滤波器 16kW	进线滤波器 36kW	进线滤波器 55kW	进线滤波器 80kW	进线滤波器 120kW
额定电流	30A	67A	103A	150A	225A
订货号	6SL3000-0BE21-6AA□	6SL3000-0BE23-6AA□	6SL3000-0BE25-5AA□	6SL3000-0BE28-0AA□	6SL3000-0BE31-2AA□
供电电源	3-ph. 380V AC-10％～3-ph. 480V AC＋10％；47～63Hz				

通常会把电抗器和滤波器集成在一块作为一个统一的部件，这样有利于订货以及选型，如图2-89所示，表2-23为电抗器/电源滤波器的选择。电源滤波器可以用于可控电源模块以及不可控电源模块，但是电源滤波器组件一般只用于可控电源模块。

图 2-89　电抗器/滤波器适配单元

表 2-23　电抗器/电源滤波器的选择

项目	I/R 模块 16/21kW	I/R 模块 36/47kW	I/R 模块 55/71kW	I/R 模块 80/104kW	I/R 模块 120/156kW
HF 滤波器 订货号 6SL3000-	0FE21-6AA□	0FE23-6AA□	0FE25-5AA□	0FE28-0AA□	0FE31-2AA□
	内容				
6SN1111-0AA00-	HF 电抗器 16kW -0BA□	HF 电抗器 36kW-0CA□	HF 电抗器 55kW-0DA□	HF 电抗器 80kW-1EA□	HF 电抗器 120kW-1FA□
6S-3000	进线滤波器 16kW 0BE21-6AA□	进线滤波器 36kW 0BE23-6AA□	进线滤波器 55kW 0BE25-5AA□	进线滤波器 80kW 0BE28-0AA□	进线滤波器 120kW 0BE31-2AA□
HFD 滤波器 订货号 6SL3000-	0FE21-6BA□	0FE23-0BA□	0FE25-5BA□	0FE28-0BA□	0FE31-2BA□
	内容				
6SL3000-	HFD 电抗器 16kW 0DE21-6AA□	HFD 电抗器 36kW 0DE23-6AA□	HFD 电抗器 55kW 0DE25-5AA□	HFD 电抗器 80kW 0DE28-0AA□	HFD 电抗器 120kW 0DE31-2AA□
6SL3000-	进线滤波器 16kW 0BE21-6AA□	进线滤波器 36kW 0BE23-6AA□	进线滤波器 55kW 0BE25-5AA□	进线滤波器 80kW 0BE28-0AA□	进线滤波器 120kW 0BE31-2AA□
订货号	6SL3060- 1FE21-6AA□	6SN1162- 0GA00-0AA□	—	—	—

2.10.4　电容模块

电容模块用于提升直流母线的电容能力，一方面可以缓冲驱动系统的动态制动能量，另一方面可以缓冲短暂的电源失效。2.8mF 和 4.1mF 的模块没有预充电电路，因为它是直接连接到直流母线上的，用于吸收制动能量，作为动态制动能量存储设备来用。20mF 模块由于具备充电电路，充电电路通过内部的预充电电阻来实现。可以缓冲由于电源故障而导致的直流母线电压下降，为线路提供能量，在一个较短的时间内保持直流母线电压不变。

2.10.5　脉冲电阻模块

脉冲电阻可以实现直流母线电压快速放电，把直流母线的能量转化为热量释放掉，以保护电源模块。在某些情况下，电机的制动能量不能够反馈到电网。

- 主电源供电失效；
- 主电源的接触器断开；
- 再生反馈功能在电源模块中设置为关闭。

此时，电能将会转化为热能，通过脉冲电阻消耗掉。内部内置的脉冲电阻是由 IGBT 触发的，当检测到直流母线电压升高到设定阈值 650 V，IGBT 打开。如果制动能量比较高，则可以采用外部的脉冲电阻器，对于 UI 模块，5kW、10kW 电源模块，内部集成了脉冲电阻。对于 UI 模块、28kW 的电源模块，需要一个外部脉冲电阻模块。常用的有脉冲电阻器以及脉冲电阻模块，如图 2-90 所示。

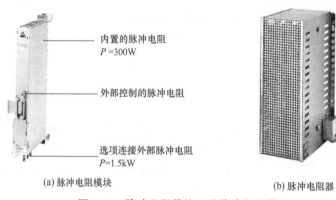

内置的脉冲电阻
$P=300W$

外部控制的脉冲电阻

选项连接外部脉冲电阻
$P=1.5kW$

(a) 脉冲电阻模块　　　　　　　　(b) 脉冲电阻器

图 2-90　脉冲电阻模块以及脉冲电阻器

应用脉冲电阻的场合：

- 对于 UI 模块，5kW、10kW 电源模块，内部集成了脉冲电阻。
- 如果内置的脉冲电阻不够用，则可以连接一个外部脉冲电阻模块。
- 对于小功率的 I/R 电源模块，电源关断以及急停制动时，可以连接一个脉冲电阻模块。
- 使用 UPS（不可间断电源系统），制动能量不能够反馈到电网。

2.10.6　监控模块

使用西门子的电源模块，共直流母线连接轴模块，有两个限制，一个是电源模块能提供的直流母线容量，最大120kW；另外一个是电子电源的功率限制。如果直流母线的功率足够，而电子电源的功率不够，那么可以增加监控模块以补充电子电源功率。监控模块包含了一套完整的电子电源，由三相380V交流电网供电，也可以通过直流母线供电。如图 2-91 所示为监控模块。

电源模块的设备总线在监控模块之前的一个模块结束掉。使能信号、监控信号仅通过设备总线连接。尤其注意的是，如果故障监控信号出现在电源模块上，那么所有连接在

使能及信号端子

故障信号显示LEDs

600 V DC Link

3 AC 400V
主电源供电

图 2-91　监控模块

总线上的轴模块，在故障信号被监控到的时刻，都必须被禁止掉。且准备好继电器动作，通过准备好继电器动作信号使监控模块上面的使能信号被释放掉，从而禁止轴的运行。

因此，监控模块以及电源模块必须按照一定的规则连接，如图 2-92 所示。

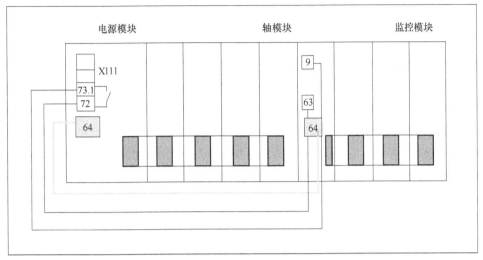

图 2-92　监控模块以及电源模块的连接

在电气柜中驱动模块 2 排安装，设备总线最大可以为 2.1m，可以通过屏蔽电缆扩展，此时，不一定需要监控模块。如果驱动配置安装在几个电气柜中，设备总线超过 2.1m，那么可以在每个电气柜中安装监控模块。

2.10.7　过电压限制模块

在连接感性负载时，可能会产生过电压，这时需要过电压限制模块，以保证驱动系统正常可靠工作。对于功率大于 10kW 的电源模块，过电压限制模块可以直接插入到电源模块的 X181 端子，如图 2-93 所示。

过电压限制模块应用场合：

• 如果在电源模块的前端使用了变压器，那么必须使用电压限制模块。

• 为了防止由于开关动作引起的过电压、电弧以及频繁的供电电源故障等引起的过电压，应该使用电压限制模块。

• 工厂和设备需要满足 UL、CSA 认证需求的，必须使用过电压限制模块。

用于所有的电源模块类型，电源模块 UI 或 I/R 的订货号满足 6SN114_-1 __ 0_-0 __ 1 以及 6SN114_-1A_00-0CA0 的，则选用过电压限制模块的订货号为：6SN1111-0AB00-0AA0。

对于不可控电源模块 5kW ，其订货号为 6SN1146-0AB00-0BA1，电源模块内部已经集成了过电压限制模块。

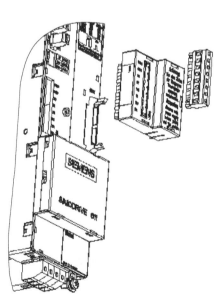

图 2-93　过电压限制模块直接插入到电源模块的 X181 端子

对于电源模块 UI 或 I/R 订货号为满足 6SN114_-1 __ 0_-0 __ 0 的，则选用的过电压限制模块订货号为：6SN1111-0AB02-0AA0。

如果供电电源故障，或者是电源模块上黄色 LED 灯不亮，则需要检查过电压限制模块，有必要的话更换新的。

2.10.8   电源模块功能

西门子 SIMODRIVE 611D 系列的电源模块，通常也称为馈电模块，用于提供系统正常工作所需要的工作电源，包括直流母线电压以及电子电源。电源模块有不可控/可控 2 种类型，不可控电源模块称为 UI 电源模块，可控电源模块称为 I/R 电源模块，如图 2-94 所示。

馈电模块主要为数控单元和给驱动装置提供控制和驱动用的电源，即产生直流母线电压和电子电源，同时监测电源和模块状态。通常直流母线电压根据馈电模块的类型，分为不可控馈电模块以及可控馈电模块两种，可控馈电模块直流母线电压稳定在 600V DC，而不可控馈电模块的直流母线电压在 490～644V DC 范围内波动，如图 2-95 所示。电子电源主要有：±15V DC、±24V DC、±5V DC，由 DEVICE BUS 设备总线输出，供数控单元和驱动模块内部工作使用。

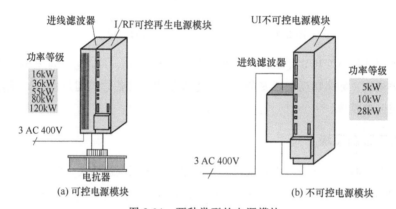

图 2-94   两种类型的电源模块

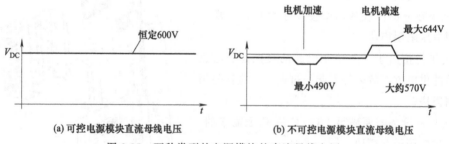

图 2-95   两种类型的电源模块的直流母线电压

（1）不可控馈电模块

不可控馈电模块，通常称为 UI 馈电模块，采用不可控的功率二极管实现整流功能，把外部 3 相 380V 交流供电电源整流为直流电源，通常直流电压的经验为 DC=1.35AC。UI 不可控馈电模块直流母线电压不可调节，适用于低压应用场合，通常有 5kW、10kW 以及 28kW 功率等级。在 UI 型馈电模块中，因为采用的是功率二极管进行整流，所以当电机制动或减速时，直流母线上产生的制动能量不能回馈到电网。这种制动能量可以存储在直流母线上的大电容里，另外，模块将监测直流母线电压，当超过设定的阈值（缺省值为 644V DC，根据馈电模块设置不同，会有不同的阈值），馈电模块内部的脉冲电阻，或外部的脉冲电阻单元将会动作。直流母线电容存储能力超出，剩余的制动能量将会通过脉冲电阻转换为热量散发掉。除了实现直流母线电压整流功能之外，为了保证驱动系统能够正常工作，馈电模块还必须提供电子电源转换功能，以及信号的监控功能。图 2-96 所示为 UI 馈电模块的基本功能框图，包含了整流功能、直流母线电压平滑功能、脉冲电阻制动电路功能、电子电源转换功能以及信号监控功能。

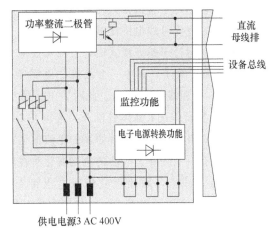

图 2-96　UI 馈电模块的基本功能框图

（2）可控馈电模块

SIMODRIVE 611 系列的可控馈电模块通常称为 I/R 馈电模块，最大的特点就是直流母线电压可调节，直流母线上的制动能量可以反馈到供电电网实现再生。与不可控 UI 馈电模块相比，它的整流部分采用 IGBT 功率晶体管实现整流。另外，由于 I/R 型馈电模块的制动能量可以返回到电网，所以内部没有集成脉冲电阻的制动单元，如果在某些特定的应用场合需要脉冲电阻，那么可以外接脉冲电阻模块，I/R 型可控馈电模块的功能框图如图 2-97 所示。

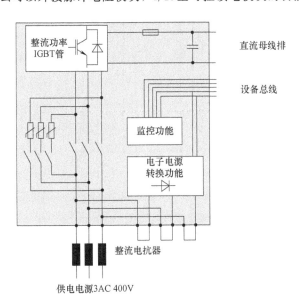

图 2-97　I/R 型可控馈电模块的功能框图

I/R 可控馈电模块的工作机制描述如下：接通外部主电源开关，通常主电源开关带有辅助触点，辅助触点控制电源模块的控制接触器端子，从而接通馈电模块内部的预充电电路。预充电电路能够防止外部供电电源直接加到直流母线上，使得直流母线电压急剧上升，而导致馈电模块的整流单元损坏。预充电电路接通后，直流母线电压上升到大约 400V DC，自动断开预充电电路，并接通外部主电源，外部主电源经过整流，直流母线电压达到大约 570V DC，此时馈电模块的调节功能起作用，把直流母线电压调节到 600V DC。图 2-98 所示为 I/R 可控馈电模块的工作机制框图。I/R 可控馈电模块的功率因数高且可控，可达到 ±1，并且谐波含量低，能够减少对电网污染；另外，由于能量可以双向流动，若电网电压变化，可以保证直流母线电压恒定。

在应用 I/R 类型的可控馈电模块时，尤其要注意与馈电模块相匹配的整流电抗器的选用，电抗器匹配正确与否，直接影响到馈电模块是否能够正常、稳定地运行。电抗器起到存储能量以及提升直流母线电压的作用，所以一旦电抗器与馈电模块不匹配，将直接导致馈电模块无法正常工作。在馈电模块运行于整流模式时，直流母线电压提升，当馈电模块运行于再生制动模式时，在任意的时刻点，直流母线电压比线电压高。

在馈电模块运行于整流模式时，直流母线电压提升，其运行原理如图 2-99 所示。连接 U、V 相的上桥臂 IGBT 管子，其中一个续流二极管导通、一个晶体管导通，这样接通 UV 两相电源，如图 2-99（a）中粗线箭头所示。此时，电抗器抑制线路中的短路电流，同时存储能量。接着，连接 V 相的上桥臂 IGBT 晶体管断开，连接 U 相的上桥臂续流二极管继续导通，同时连接 V 相的下桥臂续流二极管导通，维持原来的电流流通方向。在 IGBT 晶体管通断切换过程中，线路中的短路电流会有一个陡降，电流的急剧变化将在电抗器上感应出一个感应电压 U_{ind}，这个感应电压被加到直流母线上，因此直流母线电压将上升，如图 2-99（b）所示，下一个开关周期在 $250\mu s$ 之后启动。这里可以看出，电抗器起到存储能量以及提升直流母线电压的作用，所以一旦电抗器与馈电模块不匹配，将直接导致馈电模块无法正常工作。当馈电模块运行于再生制动模式时，在任意的时刻点，直流母线电压比线电压高。连接 U 相的上桥臂 IGBT 晶体管以及连接 V 相的下桥臂 IGBT 晶体管导通，直流母线通过＋/－接线柱连接到线电压的两相，从而直流母线上的制动能量反馈到电网，如图 2-100（a）所示。馈电模块控制连接 U 相的上桥臂 IGBT 晶体管关断，电抗器将通过连接 U 相的下桥臂续流二极管维持电流的流通方向，如图 2-100（b）所示，下一个开关周期在 $250\mu s$ 之后启动。

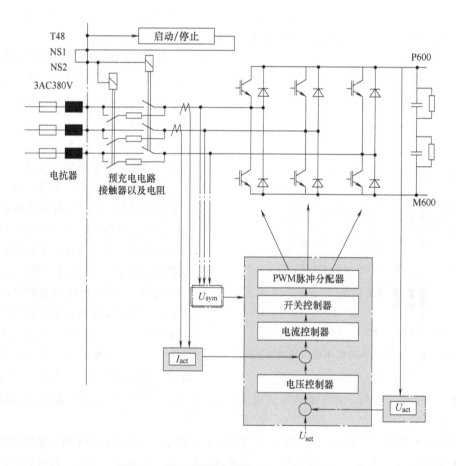

图 2-98　I/R 可控馈电模块的工作机制框图

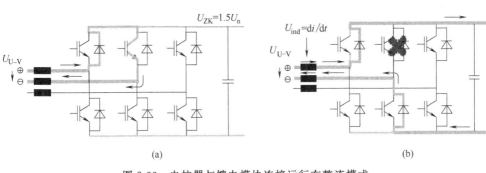

图 2-99 电抗器与馈电模块连接运行在整流模式

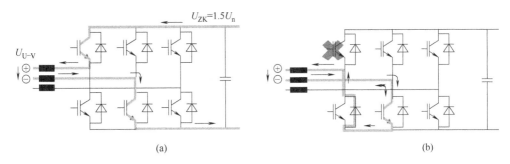

图 2-100 电抗器与馈电模块连接运行在制动模式

（3）电源模块的电子电源转换电路

驱动系统需要多路相互隔离的电子电源，电子电源的整流变换是单独的另外一路 DC 直流电压，其实现电路如图 2-101 所示。使能电压＋24V（端子 9），参考地为端子 19；电子电源功率

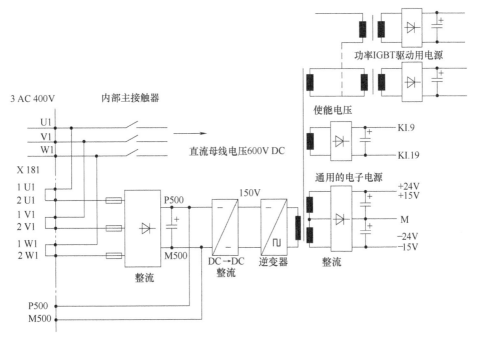

图 2-101 馈电模块的电子电源转换电路

负载能力在西门子提供的选型手册NC60.1上可以查询得到，主要分为控制用的电子电源（EP），依赖于驱动模块的个数；以及功率单元要求驱动电子电源（AP），依赖于模块电流大小。

　　电子电源的供电电源通常有3种方式：①供电电源的提供通过X181连接，与主电源供电同一路电源，这种为默认方式。②如果需要在主电源断开之后的一小段时间内电子电源保持有效（可控制的制动），比如需要实现紧急回退功能的机床，那么可以把P600-P500、M600-M500连接起来，由直流母线放电维持一段时间的供电，如图2-102所示。③在某些应用场合，电子电源要求单独的供电电源，比如一些机器人的调试，那么可以由变压器提供供电连接到2U1、2V1、2W1，如图2-103所示。

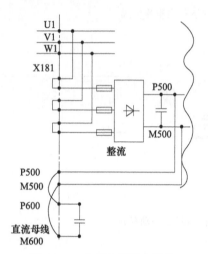

图2-102　电子电源断电保持

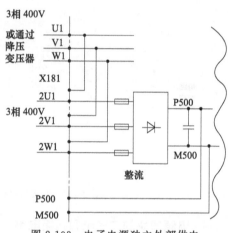

图2-103　电子电源独立外部供电

2.10.9　电源模块的接口功能

　　电源模块上有各种接口端子、DIP开关以及状态指示灯，如图2-104所示。正确理解和应用这些端子、开关和指示灯，是保证电源模块正常可靠运行的关键，也是排除电源模块故障的关键。

　　（1）电源模块S1开关功能说明

开关S1.1：I/R模块$V_{电源}$=400±10%　$V_{直流母线电压}$=600V

UE模块$V_{电源}$=400±10%　$V_{直流母线电压}$=1.35×$V_{电源}$

监测阈值：（I/R，UE−，监测模块）

脉冲电阻ON=644V；脉冲电阻OFF=618V；$V_{直流母线电压}$＞710V

ON：I/R模块$V_{电源}$=415±10%　$V_{直流母线电压}$=625V

UE模块$V_{电源}$=415±10%　$V_{直流母线电压}$=1.35 供电电压

监测阈值：（I/R−，UE−，监测模块）

脉冲电阻ON=670V；脉冲电阻OFF=640V；$V_{直流母线电压}$＞740V

开关S1.2：OFF：准备好信号（X111准备好继电器）

用于S1.2＝OFF，如果满足以下条件，继电器接通：

内部主接触器闭合（端子NS1-NS2连接，端子48使能）

端子63、64得电

无故障（不在标准进给驱动611A或驱动611D上）

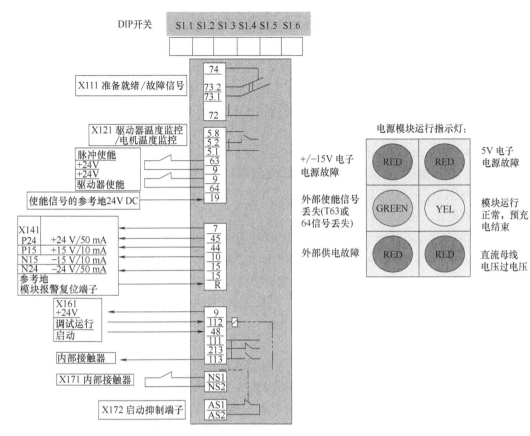

图 2-104　电源模块上接口端子、DIP 开关以及状态指示灯

带标准接口或旋变的进给驱动

"准备好"功能有效（端子 633、65）

ON：故障信息（X111 故障信号继电器）

对于 S1.2＝ON 来说，如果满足以下条件，就会接通继电器：

内部主接触器闭合（端子 N1-NS2 接通，端子 48 使能）

无故障（不在标准进给驱动 611A 或 611D 上）

带标准接口或旋变的进给驱动

"准备好"功能有效（端子 663、65）

开关 S1.3：OFF：　标准设置，再生反馈有效

I/R 模块：有再生反馈的能力

UE 模块：模块中的脉冲电阻有效

ON：再生反馈被切断（无效）

I/R 模块：不允许再生反馈操作

UE 模块：模块中的脉冲电阻无效

注：该功能来自 MLFB（订货号：6SN1146-1AC00-0AA1），只能对 UE10kW 有效（对 UE 28kW 无效）

开关 S1.4：OFF：所有 NE 模块的标准设置，请参见 S1

ON：$V_{电源}＝480V_{-10\%}^{+6\%}$；$V_{直流母线电压}＝1.35×$供电电压

监测阈值：（I/R，UE，监测模块）

脉冲电阻功能打开阈值电压为 744V，脉冲电阻关断阈值电压为 718V

$V_{直流母线电压} > 795V$

注：在进给方向中操作不受控制（仅对订货号：6SN114□-1□□0□-0□□1 有效）

与电源的模块在一起时，订货号：6SN114□-1□□0-0□□1

对于轴高度＜100 的电机来说，最高温度值达到 60K

请参见电机的选配指南

S1.4　ON　重设 S1.5 和 S1.1 功能

开关 S1.5：该功能只与 I/R 模块在一起时才能有效

订货号：6SN114□-1□□0□-0□□1

OFF：标准设置，进给控制激活

ON：进给方向 $V_{直流母线电压}=1.35×V_{电源}$ 中操作不受控制，根据 S1.1 的设置，

在 $V_{直流母线电压}=600V$ 或 625V 处对再生反馈操作进给初始化

开关 S1.6：OFF：方波电流控制（从线路电源中得出方波电流）

ON：只有与 I/R 模块 6SN114□-1□□0□-0□□1 在一起时才能有效，正弦电源控制（从线路电源中得出正弦电源）

（2）X111 端子信号

X111 提供了一副常开和常闭的内部触点，上电启动后分别闭合和打开，这两个端子用户可以外接使用。74、73.2 为常闭触点，触点驱动能力为交流 250V/2A 或者直流 50V/2A；72、73.1 为常开触点，触点驱动能力为交流 250V/2A 或者直流 50V/2A。

"准备好"状态（缺省，S1.2＝OFF）：如果轴模块未连接（功率单元和控制单元）；此状态要求电源的 48、63、64 各个使能接通且电源没有故障，即可输出。如果连接了功率单元和轴控制单元，还要求所有的轴控制单元的 663、65 使能连接且各轴均没有故障，继电器才有输出。

"无故障"状态（S1.2＝ON）：如果轴模块未连接（功率单元和控制单元）；此状态要求电源的 48 接通且电源没有故障，继电器即可输出。如果连接了功率单元和轴控制单元，并不要求所有的轴控制单元的 663、65 使能连接，但要求各轴没有故障，继电器才有输出。

（3）X121 端子信号

• T64/9：控制使能输入，该信号同时对所有连接的模块有效，该信号取消时，所有的轴的速度给定电压为零，轴以最大的加速度停车，延迟一定的时间后，取消脉冲使能，输入信号电压范围为 13～30V DC。

• T63/9：脉冲使能输入，该信号同时对所有连接的模块有效，该信号取消后，所有的轴的电源取消，轴以自由运动的形式停车，输入信号电压范围为 13～30V DC。

• T9 与 T19 构成 24V 电压的输出，可供维修检测时的外接电压使用，T9 输出电压 24V 高电平，T19 为参考地。

• T5.2/5.1：电源模块过流/电机温度报警继电器常开触点，触点驱动能力为直流 50V/500mA。

• T5.3/5.1：电源模块过流/电机温度报警继电器常闭触点，触点驱动能力为直流 50V/500mA。

（4）X141 端子信号

该端子一般连接外部控制电路。

- T7：电源模块＋24V DC辅助电压输出，电压范围为＋20.4～＋28.8V，电流50mA。
- T45：电源模块＋15V DC辅助电压输出，电流10mA。
- T44：电源模块－15V DC辅助电压输出，电流10mA。
- T10：电源模块－24V DC辅助电压输出，电压范围为－20.4～－28.8V，电流50mA。
- T15：电压输出参考端，即0V公共端。
- 复位RESET端子：模块报警的复位端子，与端子15短接时，驱动系统复位。

（5）X161端子信号

- T9：电源模块"使能"辅助电压输出，＋24V DC连接端子。
- T112：电源模块调试运行与正常运行的转换信号，正常使用时，一般与端子9短接，将电源模块设定为正常运行状态，T112断开时，电源模块为调试运行模式，这时电源模块直流母线电压很低，大约30V DC。T112端子信号的输入电压范围13～30V DC。
- T48：电源模块主接触器控制端子，输入信号的电压范围为13～30V DC。
- T213/111：电源模块用于从外部检测内部主接触器的触点是否闭合的端子，常闭触点，触点驱动能力为交流250V/2A或者直流50V/2A。
- T113/111：电源模块用于从外部检测内部主接触器的触点是否闭合的端子，常开触点，触点驱动能力为交流250V/2A或者直流50V/2A。

（6）X171端子信号

NS1为24V输出端子，NS2为输入端子，NS1/NS2一般情况下是直接短接。当NS1/NS2断开，电源模块内部的直流母线预充电电路的接触器将无法接通，预充电电路不能正常工作，则电源模块无法正常启动。

（7）X172端子信号

该连接端子的AS1/AS2信号为驱动系统内部的常闭触点，触点状态受"调试运行模式"信号T112控制，可以作为外部安全电路的互锁信号使用，AS1/AS2触点的驱动能力为交流250V/1A或者直流30V/2A。

（8）X181端子

- 端子P500/M500，直流母线电源辅助供给，使用方法前面介绍过。
- 1U1、1V1、1W1：主回路电压输出，在电源模块内部，与主电源输入的U1、V1、W1直接相连接，大多数情况下，与2U1、2V1、2W1短接，直接为电源模块电子电源回路提供电源输入。

（9）X351端子

X351端子为设备总线接口，提供电子电源、使能信号以及监控信号。

（10）P600/M600端子

P600/M600端子为直流母线端子，电源模块正常工作时，提供直流母线电压，供给轴模块使用。

2.10.10 电源模块的动作时序

在连接外部三相电源时，电源的U、V、W必须和模块上的U、V、W相对应，否则在进给轴模块工作时会出现正反馈，而导致数控系统报警。

（1）电源模块上电与断电

NS1/NS2端子为主接触器T48的使能端子，两个端子必须短接，否则主接触器不能接通，驱动系统"准备好"信号状态一直无效。NS1/NS2 也可以作为主接触器闭合的联锁条件。如图 2-105 所示为电源模块上电动作顺序。

- 阶段 1：在上电时，直流母线预充电电路通过压敏电阻（Voltage-dependent resistors）接通。
- 阶段 2：直流母线电压到达整流电压值（DC 570V 左右）。
- 阶段 3：通过接通脉冲使能端子（T63），直流母线电压上升到可控电压值 DC 600V。如图 2-106 所示为电源模块上电的 3 个阶段的直流母线电压值。

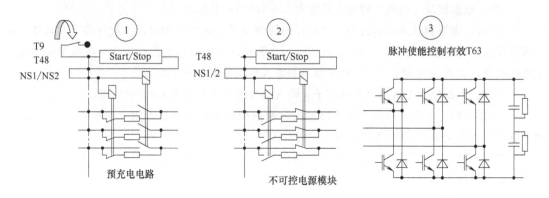

图 2-105   电源模块上电动作顺序

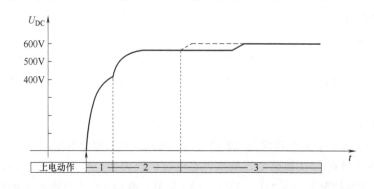

图 2-106   电源模块上电过程中 3 个阶段的直流母线电压值

断开电源模块时，端子 48 在主电源供电断开之前大约 10ms 断开，电源模块的预充电电路此时是断开的，电源模块整流部分的 IGBT 晶体管关断，如图 2-107 所示。可以通过 AS1/AS2 触点来反映主接触器 48 的闭合状态，主接触器闭合，AS1/AS2 断开；主接触器断开，AS1/AS2 接通。

在外部的供电电源断开之后，直流母线放电过程大于 4min，因此需要对电源模块进行操作时，必须等 4min 以上，直流母线电压才比较安全，否则有触电危险。

（2）电源模块使能控制的时序

电源模块的脉冲使能和驱动系统使能端子，即 T63/9 和 T64/9，以及电源模块主接触器控制端子 T48，它们的得电时序为：打开主电源开关→释放急停开关→端子 48 上电→端子 63 上电→端子 64 上电；断电时序为：主轴停后，按急停开关→端子 64 下电→端子 63 上电→端子 48 下电

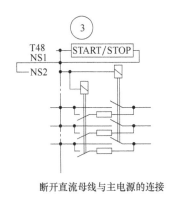

图 2-107　电源模块关断动作顺序

→关断主电源开关，每两个步骤之间大约为 0.5s，否则容易损坏电源模块。它们的时序需要通过用户编写 PLC 程序控制，电源模块使能端子动作时序与电源模块运行状态关系如图 2-108 所示。

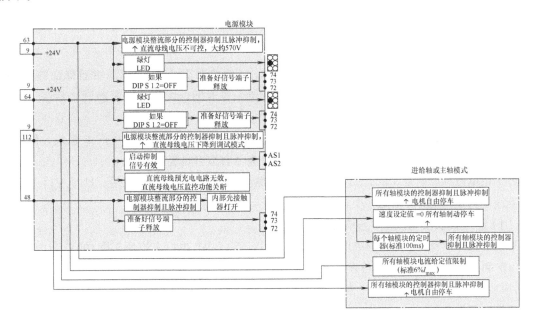

图 2-108　使能端子动作与电源模块运行状态关系

2.10.11　电源模块监控功能

各种故障信号通过继电器输出或通过 LED 输出指示。故障确认信号通过"Reset"端子，或通过电源启动来复位故障信号。

图 2-109 所示为馈电模块的诊断功能运行机制框图，馈电模块提供了一副常开（73.2/74）和常闭（73.1/72）的内部触点，驱动系统上电启动正常运行后分别闭合和打开，这两个端子用户可以外接使用。另外馈电模块提供了 6 个 LED 的指示灯，通过这 6 个指示灯可以了解到馈电模块是否正常运行，还是发生故障，根据 LED 指示灯的提示能够比较快速地查找故障原因。

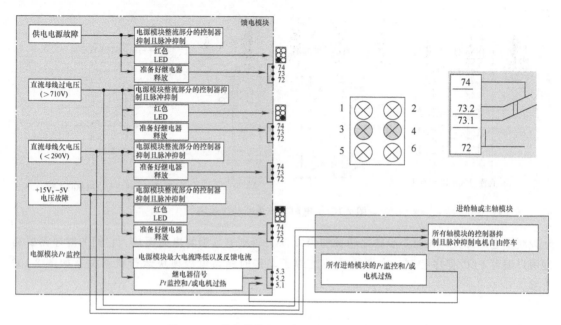

图 2-109 馈电模块的诊断功能运行机制框图

确保电源断开之后才能够对电源模块进行操作，否则将会造成触电事故。并且保证 DC-Link 的电压降低到一个安全范围以内，要给电容放电留一段时间，大约主电源断开之后 4～5min 以上。

外部主电源经过电源模块整流之后的直流电压上升到 570V DC 左右，对于 IR 模块，使能正常之后，电压上升到 600V DC，并且只有一个黄灯亮（右边中间这个灯）。

外部供电电源应该是 3 相 400V±10%，在电源模块的使能加上去了之后，U1、V1、W1 的电压有一个明显的上升，这是一个正常的现象。

（1）馈电模块没有反应，没有 LED 灯亮

可能的故障以及检查点：检查电源模块端子 U1、V1、W1 电压应该是 3 相 400V±10%。对于 80kW 和 120kW 电源模块，检查一下 L1、L2 之间的电压应该在 3 相 400V±10%，L1、L2、L3 对应地接在 U1、V1、W1 上。检查端子 X181 是否插入，并且短接是否正常。如果这些都正常，更换电源模块。

（2）馈电模块使能

可能的故障以及检查点：检查以上的各项，并且检查 X171 端子（Enable signal for internal line contactor）以及跳线 NS1/NS2。检查端子 48 对参考端子 19 是否为+24V。

（3）15V、5V 故障灯亮

关断电源，等 DC-Link 的电压降到安全范围，断开 X151（轴模块上），断开端子 X121、X141、X161、X171。上电，如果这时候故障消失，说明在上面这些端子接口中有短路的情况存在。然后可以一个一个端子依次加上去，看看到底是哪个端子短路。如果是端子的短路，更换或者维修好；如果是 X151 扁平电缆的问题，那么要检查驱动模块，一次加一个模块，依次加上去，看到底是由于哪个模块引起的故障。当找到之后，把这个模块的控制板取出来，更换新的，如果故障去除，则说明故障在控制板；如果故障依旧，有可能在功率模块，更换功率模块。如果故障依旧存在，那么更换电源模块。

（4）供电电源故障

确定故障出现在上电时（Power up）还是在使能时（Enable）。如果在上电时，检查是否端子 U1、V1、W1 或 X181 缺相，或者是否连接错误。检查一下供电电压是否正常。如果这些都是正常的，更换电源模块。

如果在使能时（48/63），那么有可能是由于功率模块的故障，或者是连接不正常，DC-Link 短路，供电线电压过低，变压器容量太小或者阻抗太大（变压器选择不合理）。可以断开电源，等到 DC-Link 电压降到安全范围，再断开直流母排的连接端。然后上电检查电源模块。如果此时没有故障，说明断开的轴模块有短路的现象。如果所有检查项目都正常，则故障应该出现在电源模块，更换电源模块。

（5）直流母线过电压

确定故障是否是在上电时（Power up），还是在电动机制动时出现。如果在上电时（Power up），则有可能是进线电压过高（比如达到 440V）。如果在电动机制动时，那么检查电源模块 DIP 设置 S1.3 是否正常，制动功能是否开了（S1.3＝OFF）。如果进线电压大于 424V AC，那么把 S1.1 设置为 ON。再次检查。如果故障依旧，更换电源模块。检查是否是电抗器的问题，所有 I/R 电源模块都必须正确地配置电抗器，外部供电采用 3 相 5 线制（带中性点）。检查给 I/R 电源模块的供电容量（the power line feeding）是否足够，比如，对于 80kW 的 I/R 模块，最少要有 $104kV \cdot A$ 的容量（大约 $1.27P_n$，I/R）。如果供电容量不足，驱动无法把能量反馈到电网，应为电网不能够处理反馈过来的能量。

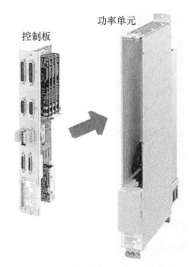

图 2-110　驱动模块的功率单元和数字闭环控制单元

2.10.12　驱动模块

611D 数字控制模块用于控制 1FT6/1FK7/1FN1/1FE1 和 1PH 等电动机的运行，611D 结构有单轴模块和双轴模块两种。驱动模块分为功率单元和数字闭环控制单元，如图 2-110 所示。通过设备总线与驱动总线连接到系统，驱动模块接口分布如图 2-111 所示。由于 611D 数字控制单元结合 840D 才能发挥其作用，所以 611D 的控制参数要通过 840D 数控系统设定。

（1）X411/X412 以及 X421/X422（位置/速度反馈）

X411/X412 用于间接测量系统的接口，也就是测量系统信号来自于电机后面的编码器，此时，控制系统是半闭环的，闭环控制回路不包括机械部分。X421/X422 通常称为第二测量口，用于直接测量，通常连接光栅尺、外部编码器等直接位置测量装置，此时控制系统是全闭环的，控制回路包含机械部分。当用到 X421/X422 测量口时，X411/X412 提供速度反馈信息，而第二测量口提供位置反馈信息。

（2）X431/X432

X431 端子接口主要用于驱动模块的启动/停止状态输出，脉冲使能输出。

- X431 的 AS 1/AS 2 端子：启动抑制端子。
- X431 的端子 T9：＋24V 使能电压端子。
- X431 的端子 T663：脉冲使能端子，当 T663 端子断电时，驱动选通脉冲禁止，电机进入

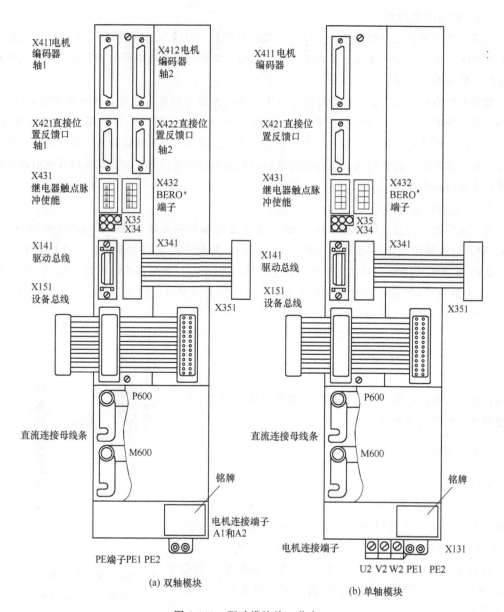

图 2-111　驱动模块接口分布

无扭矩条件。

- X431 的端子 AS1、AS2：启动禁止，T663 端子是否接通的反馈信号。
- X432 的端子 B1：轴 1 的 BERO（外部零脉冲）信号接口。
- X432 的端子 B2：BERO 2（外部零脉冲，仅双轴模块）。
- X432 的端子 T19：使能电压 0V 端子。
- ＊ X432 的端子 T9：＋24V 使能电压端子。

　　驱动模块上的脉冲使能触点，T663/9 是一个输入信号，当 T663/9 触点闭合时，驱动模块各进给轴控制回路开始工作，控制信号对该模块上的所有轴都有效。"脉冲使能"信号由 PLC 控制，有条件地使能各个驱动模块，如果直接短接，则系统一旦上电，驱动模块的控制回路立即进入工作状态。

AS1/AS2 启动抑制信号是直接响应于驱动使能 T663/9 的，同样也受到电源模块上驱动使能 63 的影响。可用于外部安全电路，作为互锁信号使用。AS1/AS2 是常闭触点输出，受使能信号 663 控制，模块没有使能时，即使能信号 663 设置为 0 时，电机为自由停车（不受控制，也没有脉冲），如图 2-112 所示。

图 2-112　AS1/AS2 启动抑制信号动作

启动抑制端子（内部为常闭触点）可以用于安全集成功能，SIMODRIVE 611 驱动控制单元支持 "安全停车功能"，用于保护意外情况下启动电机。当启动抑制电路激活，那么功率模块不可能脉冲使能，因此电机也无法转起来。

（3）X141/X341

驱动总线接走的是控制信号，由于 611D 不具有存储功能，所配置的电机信息以及驱动参数都生成一个启动文件存储在 NC 数控单元中，启动之后通过驱动总线把 611D 的配置信息及参数通过驱动总线传到各个驱动模块。X141 连接左侧驱动模块的驱动总线接口 X341，而该模块的 X341 连接右边驱动模块的接口 X141。如果是第一个驱动模块，则连接 NCU/CCU 上的驱动总线。

（4）X151/X351

设备总线提供驱动模块所需要的电子电源、监控信号以及使能信号，设备总线接口 X151 连接电源模块设备总线接口 X351、左侧驱动模块的 X351、CCU 模块的 X151 或 NCU 模块的 X172；而该模块上的 X351 用于连接右侧驱动模块的 X151。

（5）X34/X35

X34/X35 为控制板提供的 3 个 8 位 D/A 转换器测试端口，用于把数字量信号转换为模拟量，这样可以满足测试需要。

默认的这 3 个测试端口配置如下：

- DAC 1：电流给定值；
- DAC 2：速度给定值；
- DAC 3：速度实际值；
- GND：参考地。

2.10.13　功率单元的检测方法

如果检测到功率模块出现故障，可以更换功率模块，但是最好事先能够对功率模块进行测试，以确定模块是否故障。通常有 2 种常用测试方式：

- 电压测试；
- 欧姆挡测试。

（1）电压测试

电压测试应该最先做，因为电压测试最快、最直接也最简单。在这里，测试从直流母线排到电机端某一相的电压值，测试时直流母线接线排不需要断开。

电源模块上电；

从电机的三相侧 U2、V2 或 W2 到直流母线的 P600 /M600 测试电压，使用万用表挡 1000V，如图 2-113 所示。

从图 2-114 可以看出驱动模块中功率单元的工作原理，功率单元实现电源逆变主要靠 6 个 IGBT 晶体管的导通/关断动作，以续流二极管的导通。电压测试方法如表 2-24 所示。

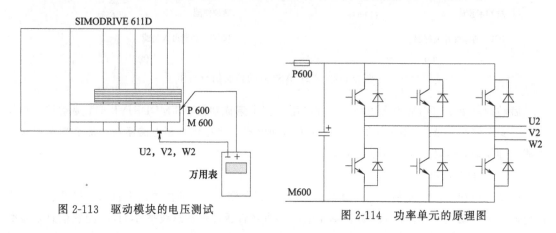

图 2-113　驱动模块的电压测试　　　　　图 2-114　功率单元的原理图

表 2-24　电压测试方法

万用表正端	P600	P600	P600	M600	M600	M600
万用表负端	U2	V2	W2	U2	V2	W2
测试值						

当然电压测试并不能提供一个非常准确的指示，说明功率部分性能可靠无故障。输出的电压是一个脉宽调制电压，电压幅值取决于速度设定值，也就是说速度越高，幅值越大。这种测试主要是用于快速地确认功率模块是否是在运行。

（2）欧姆挡测试

如果功率模块发生故障，那么集成在内部的半导体器件（IGBT）会有反应。可以通过电阻测试很容易地检测出来。

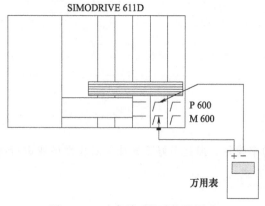

图 2-115　功率单元的欧姆挡测试

关闭驱动的电源，然后等直流母线放电结束，断开电动机的连接端子（U2，V2，W2）。从直流母线上 M600、P600 把模块与其它相邻的模块断开。用万用表的正极测试 M600 端，负极测试 P600 端，如图 2-115 所示。万用表显示的两个二极管的压降值大约在 0.7V，如果显示的压降值在 0V 或者大于 2.2V 则说明模块有故障。

熔断器的测试以及续流二极管的导通测试。为了测试续流二极管是否导通，用万用表置于二极管测试位置，按照如下设置，测试方法如表 2-25 所示。

- 检查电动机三相 U2、V2、W2（正表笔）与 P600（负表笔）之间是否导通；
- 检查 M600（正表笔）与电动机三相 U2、V2、W2（负表笔）之间是否导通。

表 2-25　续流二极管导通测试

正表笔	U2	V2	W2	M600	M600	M600
负表笔	P600	P600	P600	U2	V2	W2
导通与否						

如果有不导通的情况，说明功率板故障，必须更换。

晶体管/续流二极管（IGBT）的阻断能力测试，使用万用表，置于二极管测试位置，测试方法如表 2-26 所示。

表 2-26　晶体管 IGBT 的阻断能力测试

正表笔	U2	V2	W2	P600	P600	P600
负表笔	M600	M600	M600	U2	V2	W2
导通与否						

如果有导通的情况，说明功率板故障，必须更换。

2.10.14　轴模块的监控功能

（1）功率部分的监控与保护

功率单元内部有一个半导体熔断器：当出现故障时，在功率部分出现故障、或电缆或电机出现故障。半导体熔断器把功率板与直流母线隔离开来。半导体熔断器的任务不是为了保护功率单元，而是把故障的功率模块从直流母线中隔离出来，以免故障进一步扩大，如图 2-116 所示为功率单元的监控保护功能。

功率单元能够对 V_{CE} 电压进行监控，检测 IGBT 的压降值，当 IGBT 接通之后，这个电压必须迅速降低到一个很低的值。监控短路以及电机某相绕组对地短路，这将会抑制掉 IGBT 的通断脉冲，这样的话，必须重新上电，才能开通功率模块正常运行。V_{CE} 为 IGBT 的集射极之间的电压，当电路相间短路时，这个电流会急剧上升。当 IGBT 达到饱和状态，V_{CE} 将上升，监控系统将会立即关断 IGBT。驱动系统不会输出提示或报警信息，故障确认信号通过重新上电，重启功率模块，不能够通过电源模块上的复位端子复位。

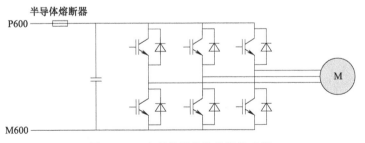

图 2-116　功率单元的监控保护功能

（2）电机过热报警

电机能够提供 2 个温度报警的触点信号，利用 KTY84 温度传感器实现温度监控。PTC 电阻用于同步伺服电机/异步伺服电机的温度监控，其工作原理图如图 2-117 所示。

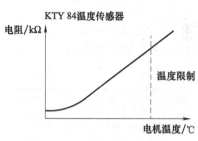

图 2-117　电机温度传感器原理

电机温度监控报警原理如图 2-118 所示，当监测到电机温度超过系统设定的监控阈值，系统出现报警。并且电源模块上面相应的端子动作：

- 74/73.2：正常启动后为"断开"，关断时为"闭合"，启动过程中为"闭合"。
- 72/73.1：正常启动后为"闭合"，关断时为"断开"，启动过程中为"断开"。
- 5.1/5.2：正常时为"闭合"，电机温度过热报警时为"断开"。

电机出现过热的原因：

- 机械故障或润滑不好；
- 电机太小；
- 位置环/速度环或电流环的振动；
- 设定值通道的 EMC 干扰；
- 没有足够的冷却。

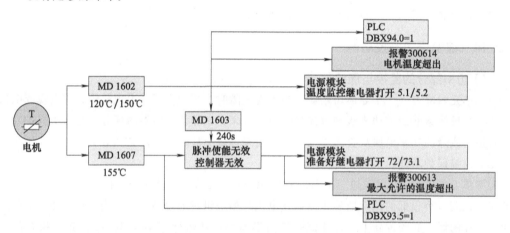

图 2-118　电机温度监控报警原理

（3）散热器温度报警

系统能够监控运行时功率单元的电流值，当电流值大时，表现为功率单元的散热器温度过高，所以系统通过监控散热器的温度来监控功率单元的电流值，其监控机制如图 2-119 所示。

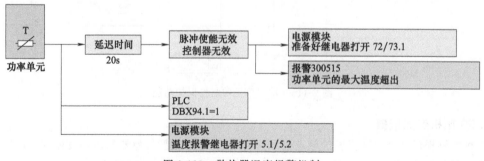

图 2-119　散热器温度报警机制

2.11 | 840D sl/840D **数据管理**

数据管理不外乎就是数据备份和数据恢复，操作都是非常简单便捷的，因此本书中不花费大量的篇幅来介绍，只把一些关键点和关键步骤加以介绍。840D sl/840D 数控系统的备份恢复操作区别主要是在于数控机床使用的是哪种 HNI 操作界面，因此在本书中数据备份和数据恢复的操作分为 HMI Advance 以及 HMI Operate 两种。

2.11.1 **数据结构**

在数控系统中，定义了很多机床数据，每一个机床数据都有确定的意义，分别起不同的作用，按照性质划分可以把机床数据分成两类：一类是系统提供商根据数控系统的具体功能及系统配置情况设置的数据，称为标准数据，这类数据已经固化到系统存储器中，即使没有后备电池也不会丢失，只需要对系统进行初始化，就可以把标准数据重新加载到 NCU 的 SRAM 中；另一类是机床制造商根据数控机床本身的配置特点及实际应用情况，在标准数据基础上进行调整和优化，修改存储在 SRAM 中的标准数据，形成新的机床数据，图 2-120 详细地描述了 840D sl 的数据结构，图 2-121 详细地描述了 840D 的数据结构。

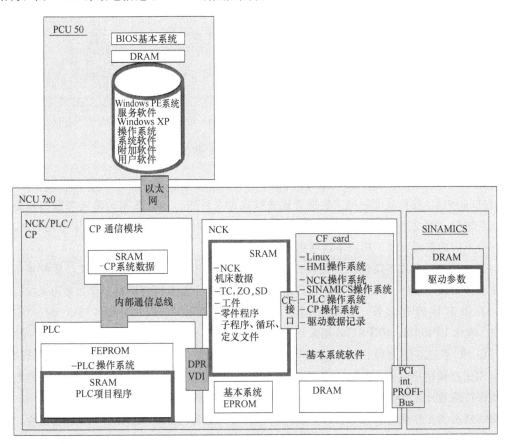

图 2-120　840D sl 的数据结构

通常所说的机床数据是为机床最终配置的数据，在断电的情况下有一个后备电池给机床数据 SRAM 供电，以保持数据。系统机床数据丢失后，即使初始化系统也只能恢复标准的数据，不

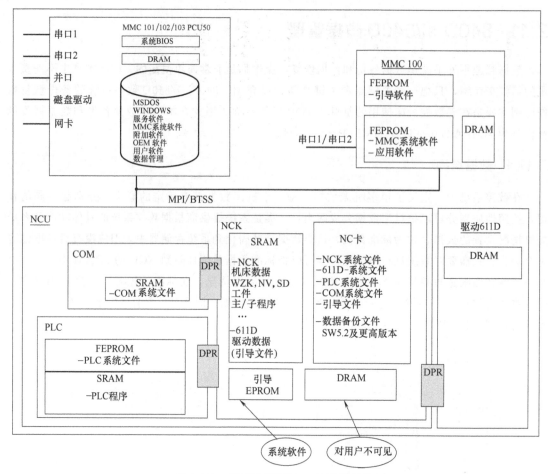

图 2-121　SINUMERIK 840D 数据结构

能恢复机床配置的数据，此时机床就处于瘫痪状态，必须进行数据恢复。

840D sl/840D 数控系统对机床数据管理是按数据文件进行的，数据的输入与输出也是以文件形式传输的，因此系统定义了多种数据文件类型。系统对各类数据文件定义了不同的扩展名，以便区分不同的数据类型，用户不能够更改文件名。

840D sl/840D 数控系统包括四类软件：HMI 软件系统、NC 软件系统、PLC 软件系统、通信及驱动接口软件系统，四大类软件及其相关数据存储在几个不同的位置。存储器用来保存系统软件，提供运算的寄存器，保存运算数据。存储器类型有 EPROM、FEPROM、DRAM、SRAM。通常 EPROM、FEPROM 用来存储系统软件或系统文件和数据，也可以存储一些用户数据（如 NC 系列启动文件、PLC 应用程序、报警文本等）；DRAM 用于存储系统运行数据；SRAM 用于存储用户数据，如机床参数、刀具数据、固定循环、加工程序等。SRAM 的数据通过电池保持或通过高能电容保持，掉电数据丢失后需要重新加载备份数据。

SRAM 分为工作内存和程序内存，工作内存的文件保存在 NC _ Active _ Data 目录中，包含 MD、SD、刀补、螺补、R 参数等。这些文件是 Active files system，不能够打开，也不允许对目录进行修改，如果需要修改的话，必须用分区备份，将文件拷贝到硬盘的分区或外部 PC 中进行修改，然后 LOAD 到 NCK。HMI 只是把 NC RAM 中的数据读取过来显示。当前有效数据通常是存储在 NC 的 SRAM 区域中，这样能够保证系统运行的实时性能。当前有效数据通常包括机床数据、PLC 程序、NC 编程数据（刀具参数、零点偏移、R 参数等）、螺距补偿、固定循环、加工程序等。

我们强调的数据备份就是把易丢失的 NC SRAM 的数据备份存储到不易丢失的存储区域，比如硬盘、CF 卡、U 盘等存储介质中。

NC SRAM 中的数据通常都是以二进制格式进行备份，后缀名为".ARC"，这种文件只能够采用二进制格式处理。这些二进制文件包含有一个头文件和文件内容记录，当文件被再次系统装载时，数控系统对其进行校验。比如数据恢复的时候看到的指令，如 NC_RESET、PLC_STOP 或者 PLC_MEMORYRESET 等，这就是为什么在进行启动或升级存档时必须用二进制格式传输数据的原因。当保存的二进制格式文件在文档编辑器中被修改过以后，它们就不能再被数控系统读取了，因为文件校验部分出现了错误，所以不要对二进制格式文件进行任何手动的修改。

2.11.2 数控系统的权限

西门子数控系统针对不同的操作人员、用户、服务工程师以及机床厂商设定了 8 个等级的权限，如表 2-27 所示为系统权限分类。只有具备相应的权限之后才能够执行相关操作，包括数据管理、参数修改、系统配置以及故障诊断等。

表 2-27 系统权限分类

保护等级 0	西门子	???（保密）
保护等级 1	机床厂	SUNRISE
保护等级 2	机床厂	EVENING
保护等级 3	最终用户	CUSTOMER
保护等级 4	最终用户	橙色钥匙
保护等级 5	最终用户	绿色钥匙
保护等级 6	最终用户	黑色钥匙
保护等级 7	最终用户	无需钥匙

可以通过设置 8 个等级来管理程序、数据及功能，等级划分如下：
- 4 个密码等级（等级 0～3）；
- 4 个钥匙开关等级（等级 4～7）。

表 2-27 中所列出的权限密码为默认密码，用户可以自己修改密码，当取消权限时，必须执行删除密码操作，通过"启动/调试"菜单进入，如图 2-122 所示为 HMI Advance 的密码管理界面，在 HMI Operate 中操作路径基本是一致的。

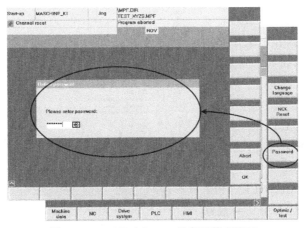

图 2-122 HMI Advance 的密码管理界面

一般服务工程师或机床厂家在做完相应的服务动作后可通过"删除密码"软键退出当前访问等级，重新启动系统不会自动降低访问等级。用户可自行修改默认密码，密码最多8个字符，建议使用 OP 面板上提供的字符进行密码设置，如果密码长度少于8个字符，则系统自动填补空格。

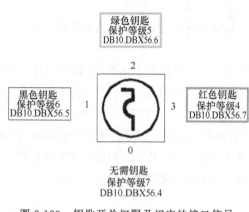

图 2-123 钥匙开关权限及相应的接口信号

数控系统的钥匙开关权限可以通过 MCP 上的 4 工位钥匙开关来设置 4～7 保护等级。等级的设置通过三把不同颜色的钥匙实现，钥匙开关会把信号传送到 PLC 接口（接口信号 DB10，DBX56.4～56.7），然后由 PLC 用户程序控制，如图 2-123 所示。钥匙开关位置 0 为最低访问等级 7，钥匙开关位置 3 为最高访问等级 4。

PLC 接口信号可以被 MCP 的钥匙开关控制，也可以被用户的 PLC 程序控制，但在同一时刻只能有一个开关信号被置位，如果有多个信号同时被置位，则被视为钥匙开关位置 3 被激活。

2.11.3 HMI Advance 数据备份与恢复

数据备份与数据恢复界面通常都是在系统"服务"界面下，系统服务界面如图 2-124 所示，包含如下功能：

- 数据输入（Data in）：用于将数据从"磁盘"或"硬盘"传给 NC RAM；
- 数据输出（Data out）：用于将数据从 NC RAM 传给"磁盘"或"硬盘"；
- 数据管理（Manage data）：创建文件或文件夹、装载或卸载文件、保存、删除、复制及文件属性；
- 数据选择（Data Selection）：用户选择相应的文件夹以便显示在数据管理界面中；
- 扩展按键（>）：用于访问扩展菜单功能，如系列启动区域；
- 网络驱动（Network drives）：垂直操作软键，用于访问 USB 设备、本地盘符以及网络驱动盘。

系列备份用于制作系统完整的数据备份，文件以二进制格式保存，通常系列备份和系列恢复一般在"系列启动（Series start-up）"中操作，操作界面如图 2-125 所示。一般在如下情况下，需要执行系列备份：

- 系统重新配置；
- 修改机床设置参数；
- 更换过硬件或软件升级；
- 扩展 NC 存储区域。

系列备份分为 HMI、NCK、PLC 以及 Profibus drive 这四部分，一般来说，建议每一部分独立分开制作备份，

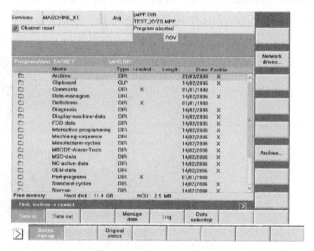

图 2-124 服务菜单界面

并且在"Archive name"区域中输入相应的名称。

"NC 数据及带补偿数据",包含除驱动机床数据之外的所有机床和设置数据、刀具和刀库数据、补偿数据、循环、零点偏移、R 参数、零件程序、工件文件、子程序、选件数据、全局及本地用户数据(GUD 和 LUD)。

"PLC 数据"指的是 NCU 中 PLC 用户项目程序,包括 PLC 程序逻辑、PLC 硬件组态。

"驱动数据"指的是 NCU 中 SINAMICS 驱动数据的归档,包括 S120 的电源、电机模块以及电机的数据信息。

"HMI 数据"是存储在 HMI 上的数据,如果数控机床有硬盘,那么该项操作所备份的数据通常是硬盘上 HMI 的部分数据,因此对整个硬盘做 Ghost 镜像备份,也包含 HMI 这部分数据。

系列启动操作界面中,其操作软键功能如下:

• 文件名(Archive name):在该区域下输入系列备份的文件名称。

• HMI 数据选择(HMI Data Selection):选择 PCU50 中,在执行 HMI 系列备份时归档的文件。

• 读入启动文件(Read in Startup Archive):从已经制作好的系列备份文件中恢复到 NC RAM。

• NC 卡(NC Card):NC、PLC 以及 Profibus Drive 的系列启动备份文件存储在 NC 卡或 CF 卡中。

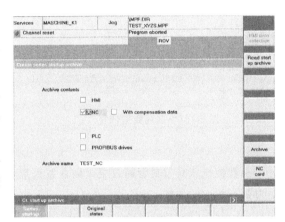

图 2-125　系列启动操作区域

有一些机床数据与系列备份操作有关:

• MD 11230 第 0 位等于 1,当数据被输出时行校验码被加入到机床数据中。例如:$ MC_AXCONF_MACHAX_USED[0]=1 '2F34

• 如果 MD 11230 第 1 位等于 1,保存的机床数据前会出现相应的机床数据号。

• 例如:N20070　$ MC_AXCONF_MACHAX_USED[0]=1

• 当读取机床数据(ini 文件)时有错误监控,读取中断,并有报警显示。

MD 11220=0　显示报警,当出现第一个错误时就中断。

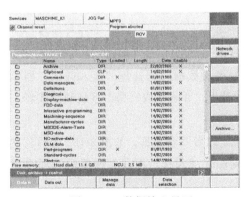

图 2-126　数据输入界面

MD 11220=1　显示报警,操作继续,当执行完毕后,显示错误总数。

MD 11220=2　文件一直执行到结束,不管有没有错误,错误总数以报警的形式显示出来。

• 通过 MD 11210 UPLOAD_MD_CHANGES_ONLY 可以设置是备份所有的机床数据还是只备份与标准数据不同的部分。MD11210=FF 备份修改过的机床数据;MD11210=00 备份所有的机床数据。

系列数据恢复时候,通常先恢复 NC 数据,然后再恢复 PLC 数据,恢复系列数据可以在"数据输入

(Data in)"操作界面中执行,如图 2-126 所示。

必须事先选中"Archive"或者"NC 卡"目录下面需要恢复的系列启动文件,然后按"Start"操作软键,如图 2-127 所示。

界面出现是否需要确认执行系列启动操作时,执行"Yes"操作软键,如图 2-128 所示。

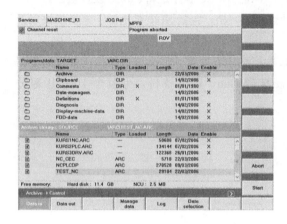

图 2-127 系列数据恢复

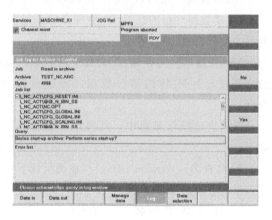

图 2-128 确认系列启动操作

如果数控机床有刀具管理数据,则在系列启动数据恢复之后必须检测刀具管理数据的正确性,并进行相应的调整。

2.11.4 HMI Operate 数据备份与恢复

HMI Operate 的操作界面一般只有 840Dsl 才会配置,HMI Operate 的数据备份及数据恢复

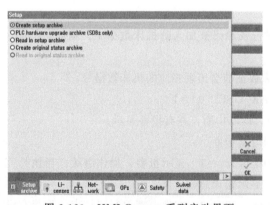

图 2-129 HMI Operate 系列启动界面

在"调试"菜单界面下,进入系列启动界面如图 2-129 所示。"创建调试存档"就是做数据系列备份,可以把备份数据存储在机床的硬盘中,也可以存储在 U 盘上。"读入调试存档"就是把硬盘或 U 盘的备份数据恢复到数控系统中。

HMI Operate 版本在 V4.4 以前时,执行数据备份建议 NC、PLC、驱动等逐项分开备份,并且在输入文件名称和备注信息时,最好能够体现出所备份文件的内容以及执行数据备份时机床的状态等信息。

恢复备份数据时则选择"读入调试存档",如图 2-130 所示。预先需要确定哪一个备份数据是正确的数据,并确认该数据在系统硬盘或者 U盘上,如图 2-131 所示。

恢复备份数据时候,可以根据需要选择恢复 NC、PLC 或者驱动数据,如图 2-132 所示。在很多情况下并不需要所有的数据都进行恢复,需要恢复的选项勾选,不需要恢复的选项不需要选择。

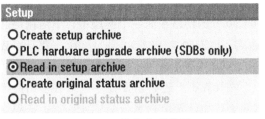

图 2-130　恢复备份数据

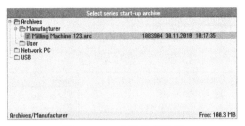

图 2-131　选择备份数据

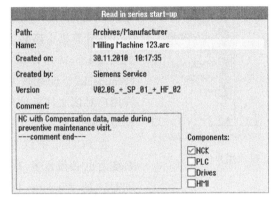

图 2-132　恢复数据

2.11.5　PCU50.3/PCU50.5 网络连接与镜像操作

PCU50.3/PCU50.5 在工业以太网连接上面有非常大的优势，因此在做硬盘数据备份时候也可以通过以太网来实现数据传输，比如数据共享拷贝、Ghost 镜像等操作。但是以太网需要在计算机和系统的 PCU50.3/PCU50.5 上进行配置。在计算机端配置如图 2-133 所示，配置 TCP/IP

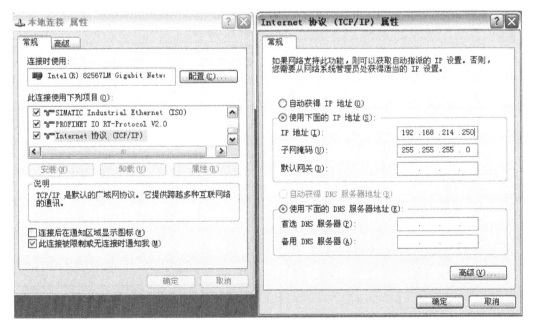

图 2-133　设置计算机的 IP 地址

图 2-134 建立登录用户

地址，手动获取 IP 地址，并且与 PCU50.3/PCU50.5 的网络在同一个网段中，子网掩码必须与 PCU50.3/PCU50.5 一致，都设置为 255.255.255.0。

在计算机上还必须设置一个带有密码的用户名，比如设置用户名为 AUDUSER，密码为 SUNRISE，如图 2-134 所示。要求该用户属于"Administrators"用户组，用户的密码 SUN-RISE 不能由用户修改且不失效。

在计算机中还必须建立一个共享的文件夹，如图 2-135 所示，比如建立的文件夹名称为"Sinuback"，设置该文件夹共享属性，并且允许用户对该文件夹的所有控制权、修改权以及读写权限。

在 PCU50.3/PCU50.5 端的 Windows 操作系统上也必须设置 TCP/IP 网络，需要进入到 PCU50 的 Windows 操作系统进行设置。进入 PCU50.3/PCU50.5（XP 操作系统）的 Windows 界面是启动过程中，出现 HMI 基本软件版本号（比如：V08.00.00.00）时按下数字"3"，此时出现 Windows 登录界面，如图 2-136 所示，登录密码为 SUNRISE，选择"SINUMERIK Desktop"登录，如果需要输入 PCU50.3/PCU50.5 的用户登录名，则一般输入 AUDUSER 作为 PCU50.3/PCU50.5 默认的用户登录名称。此时，PCU50.3/PCU50.5 进入 Windows 界面，不再进入 HMI 操作界面。PCU50.5 如果安装的是 Win-

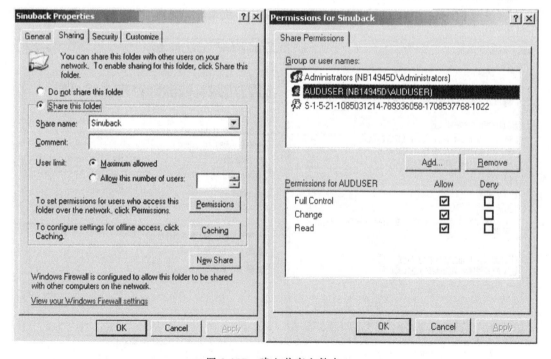

图 2-135 建立共享文件夹

dows 7 操作系统，则可以把 PCU50.5 的维修模块开关拨到 3 并启动 PCU50.5 即可以进入 Win-
dows 登录界面。

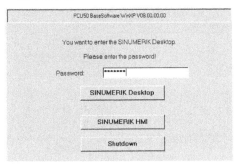

图 2-136　Windows 登录界面

图 2-137　PCU50.3/PCU50.5 以太网设置

打开以太网属性设置，如图 2-137 所示，PCU50.3/PCU50.5 有两个以太网口，其 IP 地址分
别设置，比如可以设置如下 IP 地址：

端口 1 的 IP 地址设置为：192.168.214.242

端口 2 的 IP 地址设置为：192.168.214.241

子网掩码设置为：255.255.255.0

在 PCU50.3/PCU50.5 的 Windows 桌面中启动 Service Center 可以用于备份/恢复 PCU50.3/
PCU50.5 硬盘镜像。选择以太网接口 2，设置如图 2-138 所示。设置完成重新启动 PCU50.3/
PCU50.5，执行 PCU50.3/PCU50.5 硬盘镜像操作，此时 Windows PE 操作系统运行在系统内存
中，开始执行硬盘镜像或恢复操作，如图 2-139 所示。

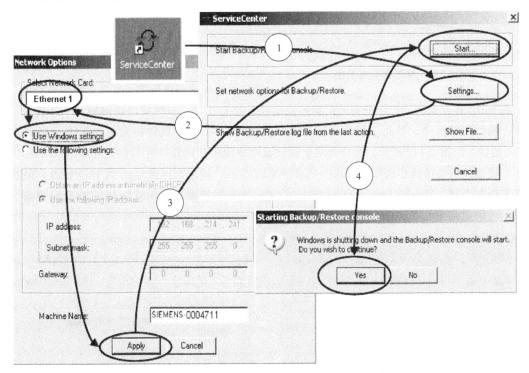

图 2-138　PCU50.3/PCU50.5 的 Service Center 设置

执行下一步操作，在出现的界面中可以选择硬盘镜像、恢复以及网络设置等操作，如
图 2-140 所示。

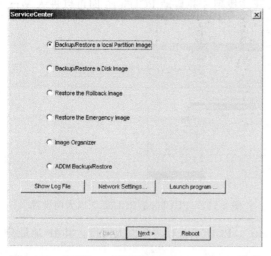

图 2-139　PCU50.3/PCU50.5 Service Center 选项　　图 2-140　PCU50.3/PCU50.5 的硬盘镜像操作

在"Add Network drive"中设置网络驱动盘的路径、用户登录名及密码，如图 2-141 所示。

图 2-141　网络驱动盘设置

"Share"：网络驱动盘的路径，通常是格式为"\\计算机名称 \ 共享文件夹名称"；

"User name"：指的是外部电脑的用户登录名称；

"Password"：通常是外部电脑用户登录密码。

连接设置好网络之后，接下来可以执行 PCU50.3/PCU50.5 硬盘镜像备份和恢复操作，操作方法根据向导镜像，这里不做详细介绍。

在 840D 数控系统的机床中有的配置的是比较老的 PCU50，虽然可以联网做 Ghost 镜像，但是由于操作比较烦琐，因此一般采用拆硬盘，然后通过 USB 硬盘转接盒在计算机上做硬盘的 Ghost 镜像，如图 2-142 所示。在计算机上做硬盘镜像使用到的软件可以是 Symantec Ghost 11.5 版本，硬盘镜像备份操作选择：Local→Disk→To Image，随后选择外接的 PCU50 硬盘；硬盘镜像恢复操作选择：Local→Disk→From Image，随后选择源镜像文件恢复至 PCU50 目标硬盘，在操作过程中尤其注意不要选错硬盘。

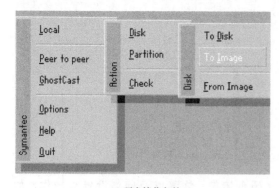　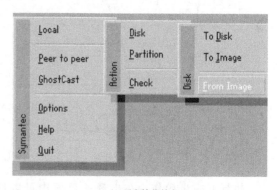

(a) 硬盘镜像备份　　　　　　　　　　　　　(b) 硬盘镜像恢复

图 2-142　PCU50 在计算机上硬盘镜像操作

拆卸/安装硬盘具体步骤如下：

- 将开关旋到 no-operate 位置；
- 取下固定的 4 颗固定螺钉；
- 拔下硬盘与主板的连接排线；
- 卸去 4 个固定硬盘的防震装置；
- 取下 4 个硬盘架上的螺钉；
- 小心地取下连接硬盘的排线，注意不要弄断硬盘供电的两根电缆线；
- 安装硬盘步骤相反。

2.11.6　连接网络驱动盘

在 HMI 操作界面上，操作软键"Logic Drive"，可以访问 USB、本地盘符以及网络驱动盘，为了在 HMI 界面中通过操作软键"Network Drives"连接到网络驱动盘，需要在 PCU50.3/PCU50.5 中做相应的配置。如图 2-143 中在 PCU50.3/PCU50.5 中设置网络驱动盘的映像连接，在图 2-144 中所示输入网络驱动盘的盘符以及网络驱动盘的路径（\\计算机名 \ 共享文件夹名称）。

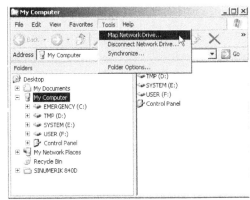

图 2-143　映射网络驱动盘

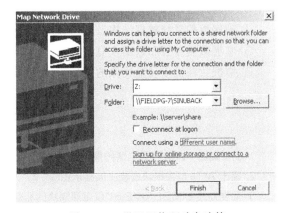

图 2-144　设置网络驱动盘连接

连接好网络驱动盘之后，在 HMI 界面上面设置"Logic Drives"，如图 2-145 所示，设置路径为：Start up→HMI→Logic Drives。在路径"Path"中设置共享文件夹的路径（\ \ 计算机名 \

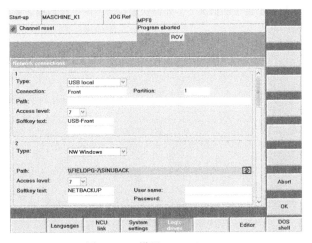

图 2-145　设置 Logic Drives

共享文件夹名称），在"Softkey text"中可以设置操作软键的名称。

2.12 总结

前面用了非常大的篇幅来介绍 840D sl 和 840D 的驱动系统，涉及驱动控制的基本原理、各类驱动系统模块的选型、功能用途、各类模块的接口定义、硬件连接、内部原理以及模块的 LED 故障诊断。同时也花了一定的篇幅介绍西门子数控机床上常用的电机特性。我们这样安排篇幅的目的是希望读者在学习硬件的同时，能够系统地掌握和理解数控机床各个模块的用途和道理，所谓"知其然，且知其所以然"。数据管理部分的内容主要是侧重于操作的，所以还是需要在机床上动动手，同时把所有机床所备份出来的数据归档整理，分门别类。

当然第 2 天的学习培训过程中没有办法细致地分析和讲解，读者需要通过辅助的资料文档，比如 Doc on CD 加以研究和理解。但是第 2 天学习完成之后，需要掌握如下重要的内容：

① 认识数控系统中各类硬件模块，掌握各类硬件模块的功能、连接。

② 掌握各类硬件模块的安装、拆卸端子接口的定义。

③ 掌握通过硬件模块上的指示灯诊断硬件故障。

④ 理解数控系统数据结构及存储方式。

⑤ 掌握数据备份和数据恢复的方法。

⑥ 掌握数控机床硬盘镜像的方法。

第 2 天练习

1. 简要描述 PWM 整流电路的优点。

2. 画出 ALM 电源模块连接主回路示意图。

3. 简要描述 SIMODRIVE 611D 电源模块的准备好信号、温度信号的动作条件以及应用场合。

4. 简要描述如何用万用表对功率模块和电机模块进行检测，并制作表格。

5. 分别描述如何在 840D sl/840D 数控系统中屏蔽某个轴的电机温度报警。

6. 简要描述 HMI Advanced 和 HMI Operate 中执行 NCK、 PLC 数据备份的操作步骤。

7. 假如有一数控机床为西门子 840D sl 数控系统，操作界面为 HMI Operate，现场反映数据在调试过程中改乱掉了，在不恢复原始数据备份的情况下，如何快速找出当前机床数据设置与原始备份之间的差异？至少要求描述两种方法。

第 3 天
西门子840D sl/840D数控系统的基本启动

数控系统的基本启动包括 NC 和 PLC 的基本启动，NC 的基本启动主要是轴的定义声明、驱动电机的配置以及轴基本机床数据分配。PLC 的启动主要是指 PLC 硬件组态、基本程序的启动调试、轴的使能信号等。从机床维修和现场服务工程师的角度来说，我们不太常去对机床做从无到有的程序调试和参数配置，大部分都是在机床当前的状态下诊断故障。这就导致有很多工程师在做现场服务的时候没有数控系统全局和系统的概念，因此现场服务的时候做不到事半功倍。因此我们不但要能够掌握 NC、PLC 的启动过程，更需要由此建立起对西门子 840D sl/840D 数控系统在机床上应用的全局和系统的概念。有一个整体的知识系统框架之后，后续的学习就可以在这个系统框架之上添补、充实，这样随着时间和现场经验的积累，水平就会越来越高，遇到各种故障就会游刃有余地进行处理。

3.1 PLC 基本启动

840Dsl/840D 的 PLC 基本程序启动步骤基本上是一致的，但是所调用的 PLC 基本库程序不一样，另外 MCP、手持单元的通信方式也不一样，但是只是在引用的参数上有不同。因此在本节中以 840Dsl 系统的 PLC 启动来介绍，840D 系统的 PLC 启动有不同的地方单独标注说明。

3.1.1 PLC 基本程序

PLC 基本程序主要承担 PLC 用户程序与 NCK、HMI、MCP 之间的数据和信号交换任务（循环信号、事件信号、消息）。在 PLC 基本程序中有 OB1、OB40、OB100 这 3 个组织块，跟普通的 PLC 300 一样，操作系统根据不同的触发事件主动到内存中寻找相应的 OB 块执行，而不需要用户调用。所有的用户程序 FC/FB 都是在组织块中调用，CPU 在执行 OB 块的过程中按照调用的顺序执行 FB/FC。PLC 程序的结构主要决定于 OB1 和 OB100，其中 OB100 主要是完成 NC、PLC 同步以及初始化操作等程序。在 OB1 中必须调用基本的 PLC 程序，用于实现 MCP 控制、急停、使能、限位、交换工作台、刀具管理等所有的机床辅助功能。

    PLC 基本程序包含在基本程序库中，OB1 扫描循环开始，基本的 PLC 程序必须在用户程序之前执行，先要建立起与 NCK 进行数据交换，进行通信。所有的 NCK/PLC 接口信号在循环程序 OB1 中执行，为了减小循环时间，仅把控制和状态相关的接口信号传输到循环程序中，其他的辅助功能、G 功能仅在需要的时候由 NCK 触发。循环信号包括指令（PLC→NCK，比如 start、stop 指令）和状态信息（来自 NCK，比如程序正在运行、中断等），在 OB1 循环中执行。

    OB40 是触发事件的组织块，有中断事件发生，则立即执行 OB40。

    OB100 是暖启动模式上电时执行一次的组织块，在 NC 中由于有 DB 块的数据需要保存，所以只能是执行 OB100 暖启动，而不可能执行冷启动，否则 DB 数据无法保存。比如刀库换刀之后，刀库映像保存在 DB 块中，执行换刀指令后，要刷新 DB 块，使之与实际刀库一致，断电之后刀库数据不能丢失，否则无法正确换刀。在 OB100 中可以实现系统初始化以及 NC/PLC 同步等功能。比如，在 OB100 中调用 FB1（对应的背景 DB7）用于系统通信的 NC/PLC 同步初始化动作，PLC 的基本程序结构如图 3-1 所示。

    在 Function Manual Basic Functions 上的 PLC basic program sl 可以查看到 PLC 基本程序的详细描述。

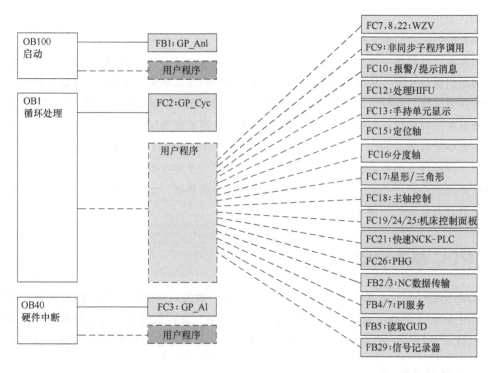

图 3-1   PLC 基本程序结构

    由于 PLC 基本程序提供了很多 FC/FB 用于实现数控系统中的功能，用户在定义自己的功能时，用户新建的 FC/FB 或者是 DB 块都不能够与基本程序冲突，否则有可能导致系统运行不正常或无法启动。表 3-1～表 3-3 为 PLC 基本程序中提供的 FC、FB 以及 DB 的简要介绍。

    另外，FB15 是西门子出厂自带的功能块，是利用高级语言编写的，不能够清除掉，必须在系统上才能够正常运行。

表 3-1　PLC 基本程序中提供 FC 的简要介绍

功能概述（FCs）			
FC 号	名称	含义	工具
0	—	西门子保留	
2	GP_HP	基本程序,循环部分	GP
3	GP_PRAL	基本程序,报警控制部分	GP
5	GP_DIAG	基本程序,诊断报警（FM-NC）	GP
7	TM_REV	用于圆形刀库中刀具更换的传输程序块	GP
8	TM_TRANS	用于刀具管理的传输程序块	GP
9	ASUP	异步子程序	GP
10	AL_MSG	报警/信息	GP
12	AUXFU	调用用户辅助功能接口	GP
13	BHG_DISP	显示控制手持装置	GP
15	POS_AX	定位轴	GP
16	PART_AX	索引轴	GP
17		Y-D 转换	GP
18	SpinCtrl	PLC 主轴控制	GP
19	MCP_IFM	机床控制面板和 MMC 信号分配接口（铣床）	GP
21		传输数据交换 PLC-NCK	GP
22	TM_DIR	方向选择	GP
24	MCP_IFM2	MCP 信号传输接口	GP
25	MCP_IFT	机床控制面板和 MMC 信号分配接口	GP
30-35		如果安装了 Manual Turn 或 ShopMill,已赋值	
36-127		对于 FM-NC、810DE,用户指定	
36-255		对于 810D、840DE、840D,用户指定	

表 3-2　PLC 基本程序中提供 FB 的简要介绍

功能块概述（FBs）			
FB 号	名称	含义	工具
0-29		西门子保留	
1	RUN_UP	基本程序,引导	GP
2	GET	读取 NC 变量	GP
3	PUT	写 NC 变量	GP
4	PI_SERV	PI 服务	GP
5	GETGUD	读取 GUD 变量	GP
7	PI_SERV2	通用 PI 服务	GP
29		信号记录器和数据触发器的诊断	GP
36-127		对于 FM-NC、810DE,用户指定	
36-255		对于 810D、840DE、840D,用户指定	

表 3-3　PLC 基本程序中提供 DB 的简要介绍

DB 号	名称	含义	工具
1		西门子保留	GP
2-4	PLC MSG	PLC 信息	GP
5-8		基本程序	
9	NC COMPILE	NC 编译循环接口	GP
10	NC INTERFACE	中央 NC 接口	GP
11	BAG 1	方式组接口	GP
12		计算机连接和通信系统	
13-14		保留（Hymnos,基本程序）	
15		基本程序	
16		PI 服务定义	

续表

DB 号	名称	含义	工具
17		版本号	
18		SPL 接口(安全集成)	
19		MMC 接口	
20		PLC 机床数据	
21-30	CHANNEL 1	NC 通道接口	GP
31-61	AXIS 1,…	为进给轴/主轴 1~31 接口保留	GP
62-70		用户可分配	
71-74		用户刀具管理	GP
75-76		M 组译码	GP
77		刀具管理缓冲器	
78-80		西门子保留	
81-89		如果安装了 ShopMill 或 ManualTurn,则可分配	
(81)90-127		用户可分配的 FM-NC、810DE	
(81)90-399		用户可分配的 810D、840DE、840D	

3.1.2 PLC 硬件组态

PLC 的启动,首先要在 STEP 7 软件中完成机床 PLC CPU 的硬件配置,包括信号模块的配置。在 STEP7 SIMATIC 管理器下建立新项目,插入硬件站进行硬件组态并保存编译,如图 3-2 所示。

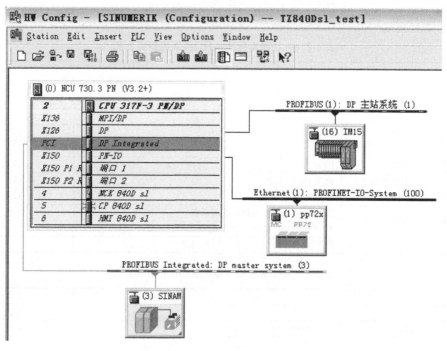

图 3-2 PLC 硬件组态

(1)新建项目

硬件组态离不开 PLC 项目,在新建项目时,建议关闭 SINUMERIK 新项目创建向导,如图 3-3 所示,因为该向导不支持 SINUMERIK 控制器,并且通过向导建立项目需要选择硬件及各种程序块,并不适合数控机床的项目建立思路。通常我们通过新建图标或菜单来新建一个空项目,如图 3-4 所示，并且根据机床的型号等信息对项目进行命名，这样便于存档，如图 3-5 所示。

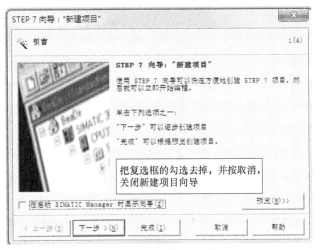

图 3-3　关闭新建项目向导

图 3-4　新建 PLC 项目

图 3-5　新建项目命名

PLC 项目用于按顺序保存建立自动化解决方案期间所生成的数据和程序，如图 3-6 所示。项目数据包括关于模块硬件结构和参数化数据的配置数据、网络通信的配置数据以及可编程模块的程序，项目创建过程中的主要任务是提供以上数据及编程。

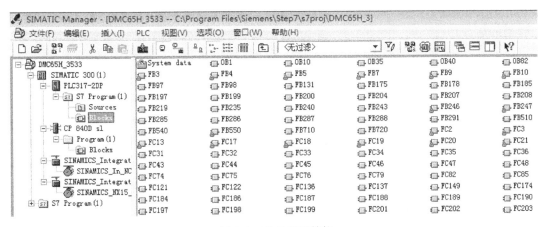

图 3-6　PLC 项目结构

（2）组态 NCU 机架

在 840Dsl/840D 数控系统中集成是 S7-300 系列的 PLC，因此插入数控站点为 SIMATIC 300

站点。用户可以根据项目要求，给站点重新命名，如图3-7所示，比如该项目的站点命名为："SINUMERIK_NCU730.3PN"。

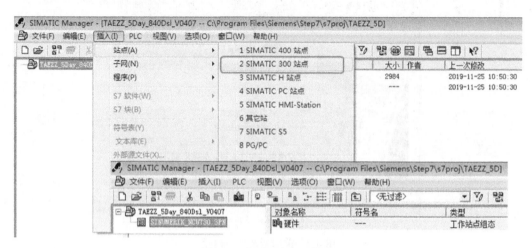

图3-7　在项目中插入站点

在计算机中预先安装了840Dsl/840D数控系统相应版本的 Toolbox 的话，在硬件组态窗口就可以找到"SINUMERIK"，根据项目中所选择的 NCU 类型和订货号来组态 NCU 硬件，比如项目中使用NCU730.3PN，订货号为 6FC5373-0AA30-0AA0，如图3-8所示。鼠标左键旋转该 NCU 硬件，然后拖拽到硬件组态窗口的空白处并松开。在选择硬件的过程中，特别要注意 NCU 的型号与订货号要跟实际的型号订货号一致，或者兼容，否则 NCU 会由于设定组态与实际组态不一致而无法启动 PLC。

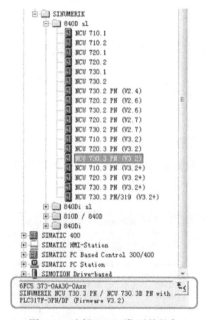

图3-8　选择 NCU 类型的机架

（3）组态 PN-IO 网络

在840D数控系统中，通常不存在 PN 网络，但是在840Dsl 数控系统中，如果 NCU 是带有 PN 接口功能的，则可以使用带 PN 接口的外部 IO，比如 PP72/48PN 或者 ET200S 等，则必须组态 PN 的网络。组态 PN 网络，必须先新建 PN 网络，如图3-9所示，然后分配 PN 网络的地址，如图3-10所示。组态了 PN 网络之后，可以在 PROFINET 分支中的其它模块扩展 PN-IO 输入/输出模块。

（4）组态 PROFIBUS-DP 网络

在840D中 NCU 的 X102 接口属于 PROFIBUS-DP 接口，在840Dsl 中 NCU 的 X126、X136属于 PROFIBUS-DP 接口，需要注意的是，只有在做过 PROFIBUS-DP 硬件组态，并下载到NCU 之后相应的接口才被激活。如果外设未连接至 PROFIBUS，则选择 PROFIBUS（DP X126）对象属性设置"未联网"，如果外设已连接至 PROFIBUS，则选择"新建"，然后创建一个联网的PROFIBUS 网络，如图3-11所示。组态了 PROFIBUS-DP 网络之后，可以在 PROFIBUS 分支中的其它模块扩展 DP-IO 输入/输出模块。

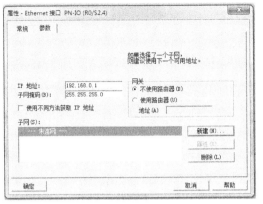

图 3-9　新建 PN 网络

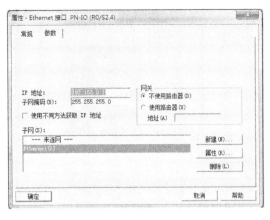

图 3-10　分配 PN 网络的地址

（5）组态 PP72/48PN

在 840D sl 系统中，带 PN 以太网口的 PP72/48 使用非常普遍，PP72/48PN-IO 板可在 PROFINET IO 目录下的 I/O-SINUMERIK 硬件信息的组件列表中找到。先插入 PP72/48 对象，然后将各个组件插入模块的相应插槽中，如图 3-12 所示。如果硬件目录中没有 PP72/48 对象，则应从 GSD 文件中导入，如图 3-13 所示。

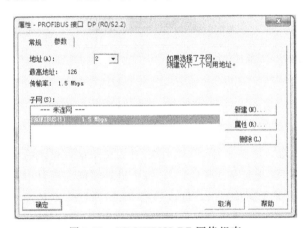

图 3-11　PROFIBUS-DP 网络组态

图 3-12　插入 PP72/48 对象

PP72/48 的 S1 开关位置 1～8 用于设置设备在 PN 网络上的设备编号，如图 3-14 所示，比如在项目中设置二进制值 9＝PP72/48pn9。在 PP72/48 硬件组态时需要更改设备名称以反映设备编号，因此必须将设备编号附加到设备名称中，如图 3-15 所示。PP72/48 板的数字量、模拟量以及诊断地址根据项目需求组态进去，并且可以修改默认组态的地址分配，如图 3-16 所示。双击 PP72/48 地址分配的属性，可以修改默认的输入输出起始地址，如图 3-17 所示。

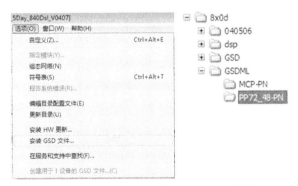

图 3-13　安装 PP72/48PN 的 GSD 文件

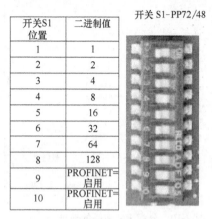

开关S1 位置	二进制值
1	1
2	2
3	4
4	8
5	16
6	32
7	64
8	128
9	PROFINET= 启用
10	PROFINET= 启用

图 3-14　PP72/48 的 S1 开关位置

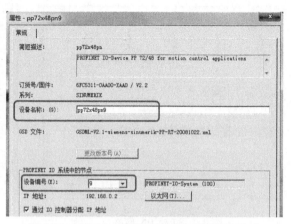

图 3-15　PP72/48 设备编号附加到设备名称中

插槽	模块	订货号	I 地址	Q 地址	诊断地址
0	*pp72x48pn9*	*6FC5311-0AA00-XAA0*			*8184**
Interface	*MCP*				*8183**
X1	*port-001*				*8180**
X2	*port-002*				*8179**
1	72DI/48DO		80...88	80...85	
2	Option 2AI/2AO		265...272	262...269	
3	Option diagnosti		273...274		

图 3-16　PP72/48 地址分配

（6）组态 ET200S

项目中的外部 PLC-IO 模块也经常会使用 ET200S 等从站模块配置于插口 X126 的接口，此时需要激活 DP 主站系统，并且将组件列表中的组件插入此总线。通过 ET200S 接口模块上的 DIP 开关设置了 ET 200S 的 PROFIBUS-DP 地址，如图 3-18 所示，DIP 开关位于接口模块的前端，由一个滑动窗口保护。合法的 PROFIBUS-DP 地址从 1～125，且每个地址在同一项目中只能被分配一次。只有当 DP 从站设备的电源断开并重新接通后，修改过的 PROFIBUS-DP 地址才会生效。硬件组态时，必须保证组态的 ET200S 接口模块订货号及 DP 地址与实际信息一致，把接口模块从 PROFIBUS-DP 的信息列表中拖拽到 PROFIBIS 主站系统总线上。

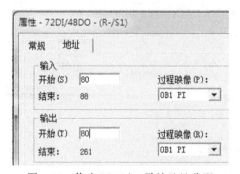

图 3-17　修改 PP72/48 默认地址分配

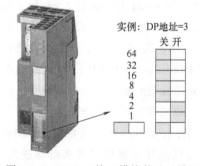

图 3-18　ET200S 接口模块的地址设置

ET200S 的接口模块连接有电子管理模块、数字量输入输出模块等，根据实际模块的硬件订货号以及安装顺序进行组态设置，如图 3-19 所示，注意设定的组态必须与实际组态一致，否则

PLC 将会无法启动。地址分配也需要根据项目的要求正确分配，尤其注意所分配的地址不能与 MCP 等数控系统内部的 IO 地址分配重复。还可以通过"数据包地址"功能把模块的地址分配为连续的字节。

S...	Module	Order number	I Address	Q Address
1	PM-E DC24V	6ES7 138-4CA00-0AA0		
2	4DI DC24V ST	6ES7 131-4BD00-0AA0	32.0...32.3	
3	4DI DC24V ST	6ES7 131-4BD00-0AA0	32.4...32.7	
4	4DI DC24V ST	6ES7 131-4BD00-0AA0	33.0...33.3	
5	4DI DC24V ST	6ES7 131-4BD00-0AA0	33.4...33.7	
6	4DO DC24V/0.5A ST	6ES7 132-4BD01-0AA0		32.0...32.3
7	4DO DC24V/0.5A ST	6ES7 132-4BD01-0AA0		32.4...32.7
8	4DO DC24V/0.5A ST	6ES7 132-4BD01-0AA0		33.0...33.3
9	4DO DC24V/0.5A ST	6ES7 132-4BD01-0AA0		33.4...33.7

图 3-19　组态 ET200S 的电子模块

（7）组态 NX 模块

在 840D sl 中 NCU 包含了驱动控制功能，NCU 本身可以控制 6 个驱动，当数控机床轴数超过 6 个轴时，需要通过 NX 模块来进行扩展。NX 模块是用于扩展 NCU 驱动控制功能的，属于 SINAMICS 从站系统的硬件，需要把 NX 模块组态到 NCU 的内部集成的 DP 主站系统 3 中，如图 3-20 所示。在硬件连接中，NX 模块连接到 NCU 的 Drive-CLiQ 接口中，并且连接到哪个接口，那么其组态的 DP 地址也是固定的。因此，已经连接的 NX10/NX15 不能单纯地更换插入另外一个 Drive-CLiQ 接口，因为已经在 PLC 中配置固定的地址，如图 3-21 所示为 NX 模块地址分配。

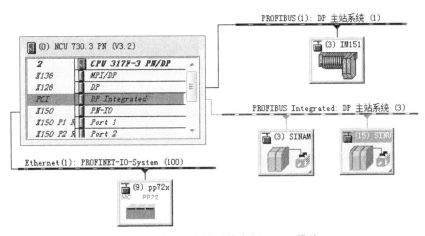

图 3-20　在 DP 主站系统中插入 NX 模块

（8）设置 CP 的 IP 地址

首次调试 840D sl，建议设置 CP 840D sl 的 IP 地址，双击 NCU 的 "CP 840D sl"，如图 3-22 所示。如果不指定调试接口的 IP 地址，PLC 程序可能无法实现在线监控。当然如果不分配固定的 IP 地址通常不会影响 PLC 程序的上传，这也就是为什么有些机床我们连接 NCU 的 X127 接口可以上传程序但是无法下载程序，也无法建立 PLC 程序的监控。这是因为计算机所连接 NCU 的接口 IP 地址是固定的，如果 NCU 接口 IP 地址不直接指定分配网络地址，那么计算机无法访问到 NCU 的 PLC 程序。通常如果用 X127 作为调试端口的话，设置的以太网 IP 地址为 192.168.215.1，子网掩码为 255.255.255.0，如图 3-23 所示。

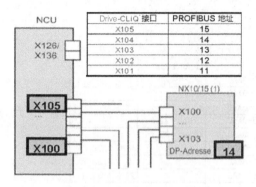

图 3-21　NX 模块地址分配

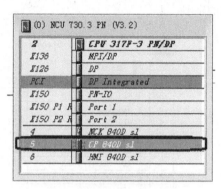

图 3-22　设置 CP 840D sl

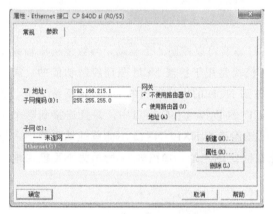

图 3-23　设置 CP 840D sl 的 IP 地址

以上步骤完成之后，保存并编译硬件组态，即完成机床的硬件组态，同时在 PLC 程序中会生成系统数据。

3.1.3　PLC 基本程序

在硬件配置组态完成 NCU 硬件和机床外设后，编译硬件组件，生成系统数据。然后把 PLC 标准库中与数控 NCU 版本相应的 PLC 基本程序复制到项目中。利用 PLC 基本程序启动数控系统的 PLC 按照如下步骤：

• 运行 STEP7 软件，新建（或打开）一个 Project；

• 选择 File→Open→Library→选择 bp7x0_47→OK，如图 3-24 所示；

• 将 bp7x0_47 中的 gp8x0d 文件夹复制到新建（或打开）的项目下，如图 3-25 所示（注：复制完毕后立刻关闭 bp7x0_47 项目，不可以在 bp7x0_47 的项目下修改任何文件）；

• 打开复制后的 gp8X0d 文件夹，选中 Bausteine（德文，＝Blocks），Download（建议下载之前将 PLC 设置为 STOP）；

• 下装成功后，将 PLC 设置为 RUN；

• 如果是 840D 的 NCU 应该可以看到 MCP 面板不再闪烁，840D sl 的 NCU 还必须设置 OB100 的相关接口参数。

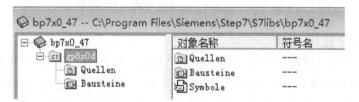

图 3-24　打开 PLC 基本程序库

840D sl 的 PLC 基本程序启动之后，通常需要启动 MCP 机床控制面板，必须更改 OB100/

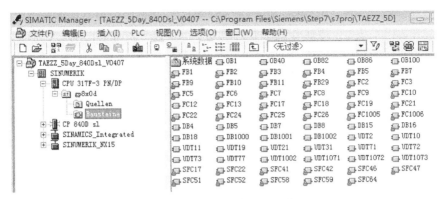

图 3-25 拷贝基本 PLC 程序

FB1 中的两个参数来匹配所用 MCP 的地址和类型，如图 3-26 所示。MCP1Bus Adr（总线地址）取决于 MCP 背面的 DIP 开关设置，默认为 192；MCPBus Type（总线类型）是用于确定 MCP 机床控制面板的通信类型，以太网通信方式则设置为 B＃16＃55。

此时，虽然 PLC 项目启动起来了，但是机床控制面板还不能够操作，这是由于 PLC 项目并没有处理机床控制面板。根据实际情况启动机床控制面板，在这里以标准铣床控制面板为例。打开 OB1，在 CALL FC2 指令下面新建一个 Network，键入以下程序：

```
CALL FB        1, DB    7(
  MCPNum        := 1,
  MCP1In        := P#I 0.0,
  MCP1Out       := P#Q 0.0,
  MCP1StatSend  := P#Q 8.0,
  MCP1StatRec   := P#Q 12.0,
  MCP1BusAdr    := 192,
  MCPBusType    := B#16#55,
  NCKomm        := TRUE,
  ExtendAlMsg   := FALSE);
```

图 3-26 840D sl 设置 MCP 通信参数

```
CALL FC19
  BAGNo:     = B# 16# 1   //模式组序号，左半字节是用于第 2 个 MCP 的 BAG No.，
                         //右半字节是用于第 1 个 MCP 的 BAG No.，输入参数
  CHANNo:    = B# 16# 1   //通道序号，输入参数
  Spindle IFNo:   = B# 16# 4 //主轴轴号，把哪个轴作为主轴，输入参数
  Feed Hold:      = DB21.DBX6.0  //禁止进给的接口信号，输出参数
  Spindle Hold:   = DB34.DBX4.3 //主轴停止进给的接口信号，输出参数
```

保存 OB1，然后把 OB1 下装到 PLC，此时机床控制面板上有 LED 亮（如 JOG，Ref，Feed_OFF，SP_OFF），代表机床控制面板启动正常。

使用西门子标准的 MCP 机床控制面板，则只需要调用 PLC 标准库里面的基本程序并分配参数就可以启动 MCP 面板，而不需要额外编写程序。通常 MCP 控制的标准程序如下：

- FC19 用于铣床的 MCP 483；
- FC25 用于车床的 MCP 483；
- FC24 用于简易型 MCP 310；
- FC26 用于 HT8 手持单元。

到目前为止，运行轴的话会有一个轴使能丢失的提示信息，只要把轴的 PLC 使能加上去就可以了。这里在 CALL FC19 后面再插入一个新的 Network 并编程：

```
SET
  = DB31.DBX1.5   //测量系统，每个轴最多有两个位置测量系统，encoder 或光栅，
```

用 DB31.DBX1.5/6 指定，NC 在同一时刻只能选择一个测量系统，因此必须通过 NC 判断来选择切换反馈测量系统

= DB31.DBX2.1　//Control enable 控制器使能信号

= DB31.DBX21.7　//脉冲使能信号，可以在 service 中查看 service drive 信号，PLC 的控制如何让 NC 获知，就是通过接口信号 DB31.DBX21.7

复制 3 份并修改为（根据用户自己需要启动多少根轴，这里启动 4 根轴，其中第 4 轴当成是主轴启动）：

= DB32.DBX1.5

= DB32.DBX2.1

= DB32.DBX21.7

= DB33.DBX1.5

= DB33.DBX2.1

= DB33.DBX21.7

= DB34.DBX1.5

= DB34.DBX2.1

= DB34.DBX21.7

保存之后，把程序块下载到 PLC 中，各个可以手动运转。

3.1.4　理解 FB1 接口参数

在启动组织块 OB100 中，默认调用了 FB1，FB1 用于实现 PLC/NCK 在启动过程中的同步，也正是由于在启动过程中 PLC/NCK 之间同步，整个系统才能够正常工作运行。FB1 是一个非常关键的基本程序，用户必须要理解其各个参数的含义及用途。

基本程序 OB100 里主要调用了功能块 FB1，其主要参数注释如下：

```
CALL  "RUN_UP" ,"gp_par"
    MCPNum        := 1              //MCP 数量:0 表示没有,最多 2 个
    MCP1In        := P# I 0.0       //MCP1 的输入映像区起始地址指针
    MCP1Out       := P# Q 0.0       //MCP1 的输出映像区起始地址指针
    MCP1StatSend  := P# Q 0.0       //MCP1 的状态发送起始地址指针
    MCP1StatRec   := P# Q 0.0       //MCP1 的状态接收起始地址指针
    MCP1BusAdr    := 192            //DP 通信时 MCP 地址:1～126
                                    //以太网通信时 MCP 地址:192～223
    MCP1Timeout   := S5T# 700MS     //MCP 信号扫描监控时间
    MCP1Cycl      := S5T# 200MS     //通信循环扫描监控时间,在 PROFIBUS 通信有效,
                                    超出时间则会报警,一般设置 200ms
    MCP2In        :=
    MCP2Out       :=
    MCP2StatSend  :=
    MCP2StatRec   :=
    MCP2BusAdr    :=
    MCP2Timeout   :=
```

```
MCP2Cycl        :=
MCPMPI          :=              //通常设置为 FALSE,仅仅用于所有 MCP 均为
                               //MPI 通信,对于 840D 有效
MCP1Stop        :=              //该信号为 TRUE 时,MCP 停止数据交换,不
                               //激活 MCP
MCP2Stop        :=
MCP1NotSend     :=              //FALSE:发送与接收数据;TRUE:仅接收数据
MCP2NotSend     :=
MCPSDB210       :=              //FALSE:无 SDB 块;TRUE:激活 MCP 的 SDB210
                               //超时监控,仅 MPI 通信有效
MCPCopyDB77     :=              //FALSE:无 DB77;TRUE:在使用了 SDB210 组
                               //态时设置了负责 DB7 的 MCP 指针到 DB77
MCPBusType      := B# 16# 55    //B# 16# 0:MCP 通过 OPI/MPI 通信
                               //B# 16# 33:MCP 通过 PROFIBUS 通信
                               //B# 16# 55:MCP 通过以太网通信
BHG             := 5            //0:无 HT/HHU;1:HHU 通过带 SDB210
                               //组态的 MPI 通信;2:HHU 通过 OPI 通信;
                               //3:HHU 通过 MPI 通信(BHGMPI= TRUE);
                               //5:HT 通过以太网通信
BHGIn           := P# M 900.0   //HT/HHU 的输入映像区起始地址指针
BHGOut          := P# M 920.0   //HT/HHU 的输出映像区起始地址指针
BHGStatSend     :=              //HT/HHU 的状态发送起始地址指针
BHGStatRec      :=              //HT/HHU 的状态输出起始地址指针
BHGInLen        :=              //值为 B# 16# 6,HT/HHU 的输入映像区长度
BHGOutLen       :=              //值为 B# 16# 14,HT/HHU 的输入映像区长度
BHGTimeout      :=              //HT/HHU 信号扫描监控时间
BHGCycl         :=              //通信循环扫描时间
BHGRecGDNo      := 200          //HHU 接收的 GD 循环号,HT2 的 IP 地址
BHGRecGBZNo     :=              //HHU 接收的 GI 号
BHGRecObjNo     :=              //HHU 接收的 GI 对象号
BHGSendGDNo     :=              // HHU 发送的 GD 循环号
BHGSendGBZNo    :=              //HHU 发送的 GI 号
BHGSendObjNo    :=              //HHU 发送的 GI 对象号
BHGMPI          :=              //值为 FALSE,HHU 通过不带 SDB 组态的 MPI
                               //通信
BHGStop         :=              //该信号为 TRUE 可以使 HT/HHU 停止数据交换
                               //不激活 HT/HHU
BHGNotSend      :=              //FALSE:发送与接收数据;TRUE:仅接收数据
NCCyclTimeout   :=              //NCU 通信循环扫描监控时间,200ms
NCRunupTimeout  :=              //NCU 上电且启动的时间监控,50ms
```

```
ListMDecGrp        :=              //激活扩展 M 功能组的组数,范围:0～16
NCKomm             :=   TRUE       //TRUE:通过 FB2/FB3/FB4/FB5/FB7 与 NC 通
                                   //信功能激活
MMCToIF            :=              //TRUE:MMC 信号传送到接口有效
HWheelMMC          :=              //TRUE:可以通过 MMC 画面软件选择手轮
ExtendAlMsg        :=              //TRUE:激活 FC10 扩展功能(DB2 数据区域增加)
MsgUser            :=              //定义 DB2 中用户信息区域的数量
UserIR             :=              //在 OB40 中执行用户中断处理程序
IRAuxfuT           :=              //可以在 OB40 中处理 T 功能信号
IRAuxfuH           :=              //可以在 OB40 中处理 H 功能信号
IRAuxfuE           :=              //可以在 OB40 中处理 DL 功能信号
UserVersion        :=              //字符串数据的地址
OpKeyNum           :=              //以太网接口的直接控制按键模块数量
Op1KeyIn           :=              //直接控制按键模块的输入信号起始地址
Op1KeyOut          :=              //直接控制按键模块的输出信号起始地址
Op1KeyBusAdr       :=              //直接控制按键模块的 TCU/PCU 的以太网地址
Op2KeyIn           :=
Op2KeyOut          :=
Op2KeyBusAdr       :=
Op1KeyStop         :=              //TRUE:停止直接控制按键模块的信号传输
Op2KeyStop         :=
Op1KeyNotSend      :=              // TRUE:停止直接控制按键模块的信号发送
Op2KeyNotSend      :=
OpKeyBusType       :=              //直接控制按键模块通信方式,B# 16# 55:以太网
IdentMcpBusAdr     :=              //可识别 MCP 等的总线地址
IdentMcpProfilNo   :=              //可识别 MCP 等的属性号
IdentMcpBusType    :=              //可识别的 MCP 等的总线类型,B# 16# 5:以太网
IdentMcpStrobe     :=              //1:激活可识别 MCP 等的询问功能
MaxBAG             :=              //输出,系统模式组的数量
MaxChan            :=              //输出,系统通道数量
MaxAxis            :=              //输出,系统轴数量
ActivChan          :=              //数组对应通道数量
ActivAxis          :=              //数组对应轴数量
UDInt              :=              //用户数据块 DB20 中整数的数量
UDHex              :=              //用户数据块 DB20 中十六进制的数量
UDReal             :=              //用户数据块 DB20 中实数的数量
IdentMcpType       :=              //可识别 MCP 等的类型
IdentMcpLengthIn   :=              //可识别 MCP 等的输入接口信号长度
IdentMcpLengthOut  :=              //可识别 MCP 等的输出接口信号长度
```

3.2 PLC 基本程序块的应用

除了前面提到的利用基本程序启动 PLC，涉及 FC2、FC3、FC19、FB1 以及 FB15 等。事实上，在 PLC 基本程序库中，提供了大量的程序块，可以实现用户的功能。比如读写 NC 变量、读取驱动负载、PI 服务、读取 GUD 变量、PLC 轴的控制以及 NC/PLC 数据通信等，在本节中通过一些例子来说明常用的 PLC 基本程序块的功能应用。

3.2.1 FB2 的应用

在 840D sl/840D 的 PLC 基本程序中提供了 FB2 用于读取 NC 的系统变量。这个程序块在机床数据信息采集上也有广泛的应用，也就是我们看到工厂的 MES 系统中，机床的加工信息、负载信息以及一些工艺信息都可以通过 FB2 读出来存储在用户定义的数据块中，然后通过标准的 S7 通信功能传送给 MES 系统中加以分析利用。要使用好 FB2 功能块，需要了解功能块的接口参数，包括参数名称、接口类型、参数类型、参数取值范围以及参数含义。表 3-4 所示为 FB2 的接口参数说明。

表 3-4　FB2 的接口参数说明

信号	类型	数据类型	取值范围	描述
Req	I	BOOL		上升沿任务启动
NumVar	I	INT	对应于 Addr1～Addr8	需要读取的变量个数
Addr1 ～ Addr8	I	ANY	数据块名称. 变量名称	从 NC 变量选择器得到的变量
Unit1 ～ Unit8	I	BYTE		区域地址，可选变量寻址
Column1 ～ Column 8	I	WORD		列地址，可选变量寻址
Line1 ～ Line8	I	WORD		行地址，可选变量寻址
Error	O	BOOL		任务或执行有故障
NDR	O	BOOL		任务正常执行，且读取到数据
State	O	WORD		查看错误标识
RD1 ～ RD8	I/O	ANY	P♯Mm. n BYTE x P♯DBnr. dbxm. n BYTE x	读取数据的目标区域

FB2 执行有故障的话，在参数 Error 中有输出，可以通过错误标识参数查询故障的类型，如表 3-5 所示。

表 3-5　FB2 执行的故障代码

状态		描述	备注
WORD H	WORD L		
1～8	1	访问错误	读取变量时在高字节发生错误的个数
0	2	任务错误	任务的变量编译错误
0	3	任务未执行	内部错误，NC RESET
1～8	4	本地用户存储空间不足	读取变量的长度超过在 RD1～RD8 中指定长度，在高字节中显示有哪个变量出现错误
0	5	格式转换错误	变量转换错误，DOUBLE 变量类型不属于 S7 REAL 类型
0	6	FIFO 满	任务必须重新启动
0	7	选项为设置	基本程序 OB100 中参数 NCK omm 未设置
1～8	8	目标区域错误	RD1～RD8 可能是局部数据
0	9	传送忙	任务必须重新启动
1～8	10	变量寻址错误	参数 Unit，column，line 包含 0 值
0	11	变量寻址无效	检查地址（变量名，区域，Unit 参数）
0	12	变量个数为 0	检查参数 NumVar

利用 FB2 读取 NC 变量的操作步骤:

• 利用 NC 变量选择器选择需要读取的 NC 变量,得到所生成的数据块的源文件,该源文件包含系统变量信息。

• 编译源文件得到用户数据块,可以下载到 PLC 中。

• 在用户 PLC 项目程序中编写程序调用 FB2。

• 在 OB100 中,把 FB1 的参数"NCK omm"修改为 1。

• 保存项目并下载到 PLC 中。

在这里以读取坐标系当前值为例子,介绍如何使用 NC 变量选择器,以及如何调用 FB2 编程序。

启动 NC 变量选择器,NC 变量选择器在系统的 TOOL-BOX 光盘中,可以单独安装运行。点击"新建"图标,出现一个"打开"对话框,如果安装了多个版本的 NC 变量选择器,那么根据系统版本的要求选择变量的软件版本,如图 3-27 所示。如果是 NC 变量,则选择 NcData 选项卡打开,如果是读取驱动数据则选择 Sinamics 打开。在各类变量中,如果不确定如何找到自己所需要的变量,则可以通过帮助菜单查询,如图 3-28 所示。根据变量的分类说明,确定需要哪个变量之后可以通过查找功能把这个变量找出来,如图 3-29 所示。比如要查找坐标位置值,因为坐标位置值位于 SMA 组,通过查找功能查找 SMA 组,如图 3-30 所示。选中轴的实际位置值变量,并双击打开,出现一个对话框,对话框中 Unit-No. 为通道号,Line 为轴号。可以在这里直接根据实际情况修改通道号与轴号,也可以在 Unit-No. 和 Line 中写入 0,当 PLC 程序调用 FB2 时,再指定通道号与轴号,如图 3-31 所示,本例中在 Unit-No. 和 Line 中写入 0,然后点击 OK。

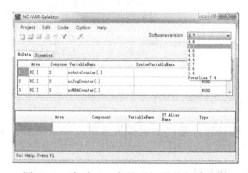

图 3-27 启动 NC 变量选择器并新建文件

图 3-28 NC 变量的帮助系统

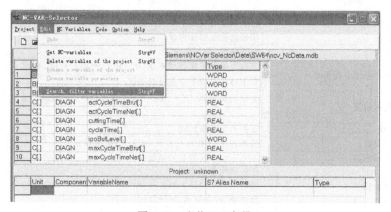

图 3-29 查找 NC 变量

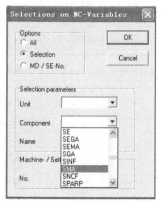

图 3-30 查找 SMA 变量组

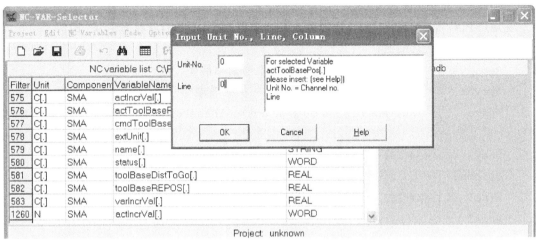

图 3-31　指定 Unit-No. 和 Line

选择数据块号，点击菜单 Code 中 Selection 选项，输入最后要生成的数据块号，比如输入120，即生成 DB120，尤其要注意的是，这里使用的数据块不能与用户程序原有的数据块编号重复，如图 3-32 所示。

保存变量文件名，比如 Act_Pos.var，如图 3-33 所示。

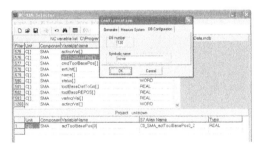

图 3-32　选择数据块号

图 3-33　保存 NC 变量

点击菜单 Code 中 Generate 选项，生成数据块的源文件，如图 3-34 所示。

选择存储数据块源文件的路径与文件名，比如命名为 Act_Pos.awl，退出 NC 变量选择器。

打开 STEP7 项目，选中 S7 程序中的源文件，点击鼠标右键"插入新对象"菜单中的"外部源文件"选项，如图 3-35 所示。

图 3-34　生成数据块的源文件

图 3-35　在项目中插入源文件

选中插入刚才通过 NC 变量选择器生成的数据块源文件 Act_Pos.awl，并打开。打开 Act_Pos.awl 源文件，并编译。如果编译不出错误将会生成数据块 DB120。可以为 DB120 在符号表中编辑一个符号，比如 Act_Position。

在用户 PLC 项目中调用 FB2，比如在 OB1 中调用 FB2，分配背景数据块为 DB121。

```
CALL  FB    2 ,DB121
  Req      := I7.5              //读取任务启动信号
  NumVar   := 1                //读取一个 NC 变量
  Addr1    := "Act_Position".C0_SMA_actToolBasePos0_2        //所选择的 NC 变
量
  Unit1    := B# 16# 1         //读取第一个通道
  Column1  :=
  Line1    := W# 16# 2         //读取第二个机床轴的坐标值
  Addr2    :=
  Unit2    :=
  Column2  :=
  Line2    :=
  Addr3    :=
  Unit3    :=
  Column3  :=
  Line3    :=
  Addr4    :=
  Unit4    :=
  Column4  :=
  Line4    :=
  Addr5    :=
  Unit5    :=
  Column5  :=
  Line5    :=
  Addr6    :=
  Unit6    :=
  Column6  :=
  Line6    :=
  Addr7    :=
  Unit7    :=
  Column7  :=
  Line7    :=
  Addr8    :=
  Unit8    :=
  Column8  :=
  Line8    :=
  Error    := M160.0
  NDR      := M160.1
```

```
State    := MW162
RD1      := MD180              //第二个机床轴的坐标位置值存储在 MD180 中
RD2      :=
RD3      :=
RD4      :=
RD5      :=
RD6      :=
RD7      :=
RD8      :=
```

3.2.2　FB3 的应用

　　FB3 程序块用于写 NC 变量，通过 PLC 用户程序 FB3 把变量写到 NCK 区域中。FB3 的用法与 FB2 的调用类似，当调用 FB3 时，需要一个上升沿的请求任务信号 Req，任务启动之后，PLC 数据 SD1～SD8，将会写到对应的 NC 变量 Addr1～Addr8 中。表 3-6 所示为 FB3 的接口参数说明。

表 3-6　FB3 的接口参数说明

信号	类型	数据类型	取值范围	描述
Req	I	BOOL		上升沿任务启动
NumVar	I	INT	对应于 Addr1～Addr8	需要读取的变量个数
Addr1 ～ Addr8	I	ANY	数据块名称 . 变量名称	从 NC 变量选择器得到的变量
Unit1 ～ Unit8	I	BYTE		区域地址,可选变量寻址
Column1 ～ Column 8	I	WORD		列地址,可选变量寻址
Line1 ～ Line8	I	WORD		行地址,可选变量寻址
Error	O	BOOL		任务或执行有故障
NDR	O	BOOL		任务正常执行,且读取到数据
State	O	WORD		查看错误标识
SD1 ～ SD8	I/O	ANY	P♯Mm. n BYTE x P♯DBnr. dbxm. n BYTE x	发送数据的目标区域

　　FB3 执行有故障的话，在参数 Error 中有输出，可以通过错误标识参数查询故障的类型，如表 3-7 所示。

　　在这里以用 FB2 读出当前正在执行程序的行号，并通过 FB3 写到 R 参数中，记录下来，通过这个例子来说明 FB2/FB3 如何应用。

　　事实上，这个例子在实际应用中也是有价值的，比如操作者在突然断电后根据 R 参数中的数值，便知道程序执行到哪里了，然后利用程序段搜索，继续被中断的加工。

```
CALL   FB2 , DB141
    Req    := M240.1
    NumVar := 1
    Addr1  := DB140.C1_SPARP_actLineNumber
    Unit1  := B# 16# 1
    Column1:=
    Line1  := W# 16# 1
    Addr2  :=
    Unit2  :=
```

```
Column2:=
Line2  :=
Addr3  :=
Unit3  :=
Column3:=
Line3  :=
Addr4  :=
Unit4  :=
Column4:=
Line4  :=
Addr5  :=
Unit5  :=
Column5:=
Line5  :=
Addr6  :=
Unit6  :=
Column6:=
Line6  :=
Addr7  :=
Unit7  :=
Column7:=
Line7  :=
Addr8  :=
Unit8  :=
Column8:=
Line8  :=
Error  := M200.0
NDR    := M200.1
State  := MW202
RD1    := DB142.DBD0
RD2    :=
RD3    :=
RD4    :=
RD5    :=
RD6    :=
RD7    :=
RD8    :=
AN    M    240.1
S     M    240.1
O     M    200.0
```

```
O    M    200.1
R    M    240.1
CALL  FB3,DB143
Req     := M240.2
NumVar := 1
Addr1   := DB140.C1_RP_rpa2_1
Unit1   :=
Column1:=
Line1   :=
Addr2   :=
Unit2   :=
Column2:=
Line2   :=
Addr3   :=
Unit3   :=
Column3:=
Line3   :=
Addr4   :=
Unit4   :=
Column4:=
Line4   :=
Addr5   :=
Unit5   :=
Column5:=
Line5   :=
Addr6   :=
Unit6   :=
Column6:=
Line6   :=
Addr7   :=
Unit7   :=
Column7:=
Line7   :=
Addr8   :=
Unit8   :=
Column8:=
Line8   :=
Error   := M200.2
Done    := M200.3
State   := MW220
```

```
SD1     := DB142.DBD4
SD2     :=
SD3     :=
SD4     :=
SD5     :=
SD6     :=
SD7     :=
SD8     :=
AN      M   240.2
S       M   240.2
O       M   200.2
O       M   200.3
R       M   240.2
L           DB142.DBD   0
DTR
T           DB142.DBD   4
```

表 3-7　执行 FB3 的错误代码

状态		描述	备注
WORD H	WORD L		
1～8	1	访问错误	读取变量时在高字节发生错误的个数
0	2	任务错误	任务的变量编译错误
0	3	任务未执行	内部错误,NC RESET
1～8	4	本地用户存储空间不足	读取变量的长度超过在 SD1～SD8 中指定长度,在高字节中显示有哪个变量出现错误
0	5	格式转换错误	变量转换错误,DOUBLE 变量类型不属于 S7 REAL 类型
0	6	FIFO 满	任务必须重新启动
0	7	选项为设置	基本程序 OB100 中参数 NCK omm 未设置
1～8	8	目标区域错误	RD1～RD8 可能是局部数据
0	9	传送忙	任务必须重新启动
1～8	10	变量寻址错误	参数 Unit,column,line 包含 0 值
0	11	变量寻址无效	检查地址(变量名,区域,Unit 参数)
0	12	变量个数为 0	检查参数 NumVar

3.2.3　FB4/FC9 应用

　　FB4 PI_SERV 可以用于在 NCK 区域中启动一个程序任务服务。某些程序需要实现特殊的功能,通过某个 PLC 信号自动选择一个零件程序加载到 NC 的程序运行区中,这种功能可以在 NCK 中通过 PI 服务来实现启动。当调用 FB4,通过上升沿信号 Req 启动一个任务,任务执行正常且没有错误,则参数 Done 输出为 1,否则可以查看错误代码确定错误类型,表 3-8 所示为 FB4 的参数说明。

　　从 PLC 启动的 PI 服务任务可以由表 3-9 查询,详细的说明需要具体查看功能手册。在 FB4 中输入变量 Unit,Addr…,WVar…的含义取决于 PI 服务的任务。

表 3-8 FB4 的参数说明

信号	类型	数据类型	取值范围	描述
Req	I	BOOL		上升沿任务启动
PIService	I	ANY	默认为"PI".[VarName]	PI 服务任务
Unit	I	INT		区域数量
Addr1～Addr4	I	ANY	数据块名称.变量名称	根据 PI 服务任务
WVar1～WVar10	I	WORD		整型或字的变量,根据 PI 服务任务
Error	O	BOOL		任务或执行有故障
Done	O	BOOL		任务正常执行,且读取到数据
State	O	WORD		查看错误代码

表 3-9 PLC 启动的 PI 服务任务

PI 服务	功能描述
ASUB	分配中断任务
CANCEL	执行取消任务
CONFIG	重新配置机床数据 MD 的值
DIGION	在指定的通道激活数字化
DIGIOF	在指定的通道取消数字化
FINDBL	激活段搜索功能
LOGIN	激活密码服务
LOGOUT	触发 NC RESET
NCRES	选择通道中的加工程序
SELECT	设置当前的用户数据,比如刀具偏置、坐标变换、可设定坐标系等
SETUDT	激活用户坐标变换功能
PI 服务	刀具管理服务
CRCEDN	通过指定刀沿号建立新刀沿
CREACE	建立下一个未分配的刀沿号
CREATO	通过指定 T 号建立刀具
SETUFR	激活用户坐标变换
DELECE	删除刀沿
DELETO	删除刀具
MMCSEM	各种 PI 服务的信号指示,用于 MMC 和 PLC
TMCRTO	建立刀具
TMFDPL	搜索用于装刀的空刀位
TMFPBP	搜索空刀位
TMMVTL	准备用于装载/卸载刀具的刀位
TMPOSM	刀位或刀具的位置
TMPCIT	设置工件计数器的增量值
TMRASS	复位激活状态
TRESMO	复位监控值
TSEARC	用于搜索屏幕表格的复杂搜索

比如,在某些机床上,需要在执行加工程序的同时监控某个外部条件,当条件满足时调用相应的处理子程序。这个功能的实现就可以通过 FB4 来实现,先调用 FB4 将中断号与子程序做个连接（机床上电后,只需要执行一次即可）,当条件满足后调用 FC9 触发中断。这也就是所谓的异步子程序功能。

任意准备一个主程序和一个子程序,本例中准备 DEMO.MPF 和 ASYN.SPF,装载到 NC RAM 中,并选择 DEMO.MPF。

```
DEMO.MPF
    G0 X0 Y0 Z50
```

```
G1 X200   F100
Y200
X0
Y0
M30
ASYN. SPF
G0 X150 Y150
G4 F5
M17
```

新建一个项目，然后建立一个数据块 DB100，如图 3-36 所示，在 PLC 用户程序中调用 FB4，如图 3-37 所示。

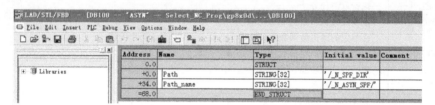

图 3-36　建立 FB4 使用的数据块 DB100

```
CALL "PI_SERV", DB101                        FB4              -- PI-Services 1
Req       :=I7.5
PIService:="PI".ASUP                         P#DB16.DBX18.0
Unit      :=1
Addr1     :="ASYN".Path                       P#DB100.DBX0.0
Addr2     :="ASYN".Path_name                  P#DB100.DBX34.0
Addr3     :=
Addr4     :=
WVar1     :=W#16#1           //Interrupter No.
WVar2     :=W#16#1           //Priority
WVar3     :=
WVar4     :=
WVar5     :=
WVar6     :=
WVar7     :=
WVar8     :=
WVar9     :=
WVar10    :=
Error     :=M160.0
Done      :=M160.1
State     :=MW162
```

图 3-37　在 PLC 程序中调用 FB4

调用 FC9 触发中断，FC9 ASUB，用于从 PLC 中启动一个异步子程序，FC9 的参数说明如表 3-10 所示。

表 3-10　FC9 的参数说明

信号	类型	数据类型	值	描述
Start	输入	BOOL		
ChanNo	输入	INT	1～10	NC 的通道号
IntNo	输入	INT	1～8	中断号
Active	输出	BOOL		1＝激活
Done	输出	BOOL		1＝ASUB 完成
Error	输出	BOOL		1＝中断关闭
StartErr	输出	BOOL		1＝中断号未分配
Ref		WORD	全局变量（MW，DBW）	FC9 内部使用的字

在 OB1 中继续调用 FC9，如图 3-38 所示。

```
        CALL  "ASUP"                                FC9              -- asynchronous Subprograms
        Start  :=I7.7
        ChanNo :=1                    //Channel No.
        IntNo  :=1                    // Interrupter No.
        Activ  :=M160.2
        Done   :=M160.3
        Error  :=M160.4
        StartErr:=M160.5
        Ref    :=MW164
```

图 3-38　调用 FC9 触发中断

测试时，上电之后按下 I7.5 键，启动 DEMO. MPF 程序，运行过程中，随时按下 I7.7 都可以中断掉 DEMO. MPF 程序，而转去执行 ASYN. SPF 程序，之后返回 DEMO. MPF 程序，如果要恢复到被中断的那一句，则在子程序 M17 前用 REPOS 指令。

3.2.4　FB5 的应用

通过 FB5 GETGUD 程序，在 PLC 用户程序中可以从 NCK 中读取 GUD 用户自定义的变量，FB5 的参数说明如表 3-11 所示。

表 3-11　FB5 的参数说明

信号	类型	数据类型	取值范围	描述
Req	I	BOOL		上升沿任务启动
Addr	I	INT	数据块名称．变量名称	GUD 变量名称，数据类型为 STRING
Area	I	ANY		区域地址：0—NCK，2—通道
Unit	I	BYTE		NCK 区域：Unit＝1 通道区域：通道号
Index1	I	WORD		域索引 1—变量，如果没有使用域索引，变量值为 0
Index2	I	WORD		域索引 2—变量，如果没有使用域索引，变量值为 0
CnvtToken	I	BOOL		激活产生一个变量令牌
VarToken	I	ANY		10 个字节的令牌地址
FMNCNo（仅 FMNC）	I	INT	0,1,2	0,1:表示 1 个 NCU；2:表示 2 个 NCU
Error	O	BOOL		任务或执行有故障
NDR	O	BOOL		任务正常执行，且读取到数据
State	O	WORD		查看错误标识
RD	I/O	ANY	P＃Mm. n BYTE x P＃DBnr. dbxm. n BYTE x	需要写入的数据

如果 FB5 执行有故障的话，在参数 Error 中有输出，可以通过错误标识参数查询故障的类型，如表 3-12 所示。

在系统中事先定义好用户变量，假设变量 TEST1 为用户定义的 GUD。创建一个 PLC 项目，然后插入一个数据块 DB101，数据块分配符号为 read_GUD，如图 3-39 所示。

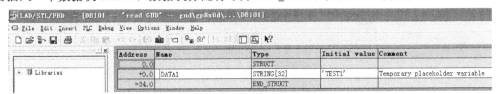

图 3-39　创建用于 FB5 数据块 DB101

在 PLC 用户程序 OB1 中调用 FB5，如图 3-40 所示。

```
CALL  "GETGUD", DB100        FB5                  -- read GUD-Variable
  Req      :=I7.7
  Addr     :="read_GUD".DATA1    P#DB101.DBX0.0    -- Temporary placeholder variable
  Area     :=B#16#0
  Unit     :=B#16#1
  Index1   :=
  Index2   :=
  CnvtToken:=
  VarToken :=
  Error    :=M100.0
  Done     :=M100.1
  State    :=MW102
  RD       :=MD110
```

图 3-40　在 OB1 中调用 FB5

下装程序，当按下 I7.7 时，用户变量 TEST1 的数值便会读到 MD110 中。

表 3-12　执行 FB5 的错误代码

状态		描述	备注
WORD H	WORD L		
0	1	访问错误	
0	2	任务错误	任务的变量编译错误
0	3	任务未执行	内部错误，NC RESET
0	4	数据区域或数据类型不符	检查 RD 读入的数据
0	6	FIFO 满	任务必须重新启动
0	7	选项为设置	基本程序 OB100 中参数 NCK omm 未设置
0	8	目标区域错误	RD 可能是局部数据
0	9	传送忙	任务必须重新启动
0	10	变量寻址错误	参数 Unit 包含 0 值
0	11	变量寻址无效	检查地址（变量名，区域，Unit 参数）

3.2.5　FB7 的应用

FB7 功能的详细说明可以参照 FB4，FB7 PI_SERV2 与 FB4 的区别在 WVar1 的数量以及参数序列，所有的 FB4 的功能都可以通过 FB7 实现，FB7 的参数说明如表 3-13 所示。

在本例中，需要通过一个 PLC 信号触发选择一个 NC 零件程序到程序运行区中，也就是我们所说的 NC 程序自动选择，这个功能在机床的自动化装夹加工中也可以应用到，比如主控 PLC 控制一个机械手装夹工件，当机床检测到某个工件号装夹正常，给出一个反馈信号给主控 PLC，而主控 PLC 根据反馈信号给出指令让 NC 自动选择相应的程序到程序运行区中，这时只要主控 PLC 给出一个 NC 启动信号，机床即可以自动加工程序运行。首先，创建 PLC 项目，通过 TOOL BOX 启动基本 PLC 功能，然后建立一个数据块 DB110，如图 3-41 所示。

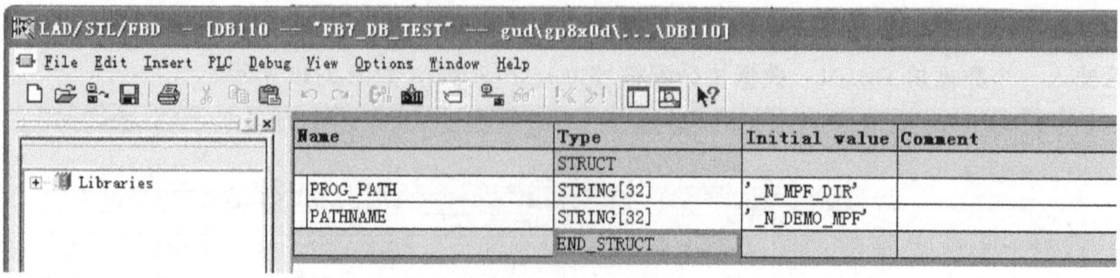

图 3-41　建立用于 FB7 的数据块 DB100

表 3-13 FB7 的参数说明

信号	类型	数据类型	取值范围	描述
Req	I	BOOL		上升沿任务启动
PIService	I	ANY	默认为"PI".[VarName]	PI 服务任务
Unit	I	INT		区域数量
Addr1～Addr4	I	ANY	数据块名称.变量名称	根据 PI 服务任务
WVar1～WVar16	I	WORD		整型或字的变量,根据 PI 服务任务
FMNCNo (仅 FMNC)	I	INT	0,1,2	0,1:表示 1 个 NCU; 2:表示 2 个 NCU
Error	O	BOOL		任务或执行有故障
Done	O	BOOL		任务正常执行,且读取到数据
State	O	WORD		查看错误代码

在 OB1 中调用 FB7,分配背景数据块 DB111,如图 3-42 所示。

编写一个 DEMO. MPF 程序并下装到 NC RAM 中,按下 I7.7 则选择了 DEMO. MPF 程序到程序运行区中。

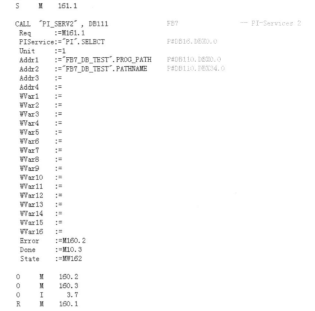

```
A     I    7.7
FP    M    160.0
S     M    161.1

CALL  "PI_SERV2", DB111              FB7              -- PI-Services 2
  Req      :=M161.1
  PIService:="PI".SELECT             P#DB16.DBX0.0
  Unit     :=1
  Addr1    :="FB7_DB_TEST".PROG_PATH P#DB110.DBX0.0
  Addr2    :="FB7_DB_TEST".PATHNAME  P#DB110.DBX34.0
  Addr3    :=
  Addr4    :=
  WVar1    :=
  WVar2    :=
  WVar3    :=
  WVar4    :=
  WVar5    :=
  WVar6    :=
  WVar7    :=
  WVar8    :=
  WVar9    :=
  WVar10   :=
  WVar11   :=
  WVar12   :=
  WVar13   :=
  WVar14   :=
  WVar15   :=
  WVar16   :=
  Error    :=M160.2
  Done     :=M10.3
  State    :=MW162

O     M    160.2
O     M    160.3
O     I    3.7
R     M    160.1
```

图 3-42 FB7 的调用示例

3.2.6 PLC 轴的控制 FC18

PLC 轴的运动可以与其他的 NC 轴运行不同步,运动位移的产生与路径和同步无关,在任何操作模式下,PLC 轴运动的方式、运动位移的距离以及运动位移的速度可以直接通过 PLC 直接处理,而不受 NC 程序的控制。PLC 轴属于非插补轴,可以与加工同时执行运动,一般并不参与实际的加工过程。通常用于刀库的控制、工作台的交换、分度工作台以及其它的外围装置等,从而可以大量地减少非生产时间。PLC 控制轴的运动方式、运动位移距离和运动位移速度可以直接由 PLC 程序给出而不执行系统的插补指令。

FC18 SpinCtrl,用于 PLC 控制轴或主轴,支持主轴定位、主轴旋转、主轴摆动、索引轴以及定位轴。为了能够通过 PLC 功能运行 NC 轴,必须在 PLC 中通过接口信号定义轴不同的类型,即 NC 轴、PLC 轴以及中性轴,轴类型如果没有正常切换可能会出现等待轴切换的报警。表 3-14～表 3-20 所示为各种功能的参数说明。

表 3-14 FC18 用于主轴定位的参数说明

Start	初始化信号
Funct	1=主轴定位
Mode	定位模式 1,2,3,4
AxisNo	机床轴号
Pos	位置
FRate	定位速度,如果 FRate=0,则使用 MD35300 的值

续表

InPos	当定位达到精确准停,则被置位为1
Error	定位错误时,被置位为1
State	错误代码

表 3-15 FC18 用于主轴旋转的参数说明

Start	启动旋转的初始化信号
Stop	停止旋转的初始化信号
Funct	2＝主轴旋转
Mode	定位模式5,旋转方向M4;定位模式不等于5,旋转方向M3
AxisNo	机床轴号
FRate	定位速度
InPos	当定位启动没有故障
Error	定位错误时,被置位为1
State	错误代码

表 3-16 FC18 用于主轴摆动的参数说明

Start	启动摆动的初始化信号
Stop	停止摆动的初始化信号
Funct	3＝主轴摆动
AxisNo	机床轴号
Pos	设置齿轮级
InPos	设定速度输出
Error	定位错误时,被置位为1
State	错误代码

表 3-17 FC18 用于索引轴运行的参数说明

Start	启动初始化信号
Funct	4＝索引轴
Mode	定位模式0,1,2,3,4
AxisNo	机床轴号
Pos	索引轴
FRate	定位速度,FRate＝0,则使用机床数据POS_AX_VELO中的值
InPos	当定位达到精确准停,则被置位为1
Error	定位错误时,被置位为1
State	错误代码

表 3-18 FC18 用于定位轴运行的参数说明

Start	启动初始化信号
Funct	5～8＝定位轴
Mode	定位模式0,1,2,3,4
AxisNo	机床轴号
Pos	定位
FRate	定位速度,FRate＝0,则使用机床数据POS_AX_VELO中的值
InPos	当定位达到精确准停,则被置位为1
Error	定位错误时,被置位为1
State	错误代码

表 3-19 FC18 用于具有自动挡位选择的主轴旋转的参数说明

Start	启动旋转的初始化信号
Stop	停止旋转的初始化信号
Funct	9＝带有挡位选择的主轴旋转

续表

Mode	定位模式 5,旋转方向 M4;定位模式不等于 5,旋转方向 M3
AxisNo	机床轴号
FRate	定位速度
InPos	设定速度输出
Error	定位错误时,被置位为 1
State	错误代码

表 3-20　FC18 用于具有恒定切削速率的主轴旋转的参数说明

Start	启动旋转的初始化信号
Stop	停止旋转的初始化信号
Funct	B♯16♯0A=具有恒定切削速率的主轴旋转,m/min B♯16♯0B=具有恒定切削速率的主轴旋转,feet/min
Mode	定位模式 5,旋转方向 M4;定位模式不等于 5,旋转方向 M3
AxisNo	机床轴号
FRate	定位速度
InPos	设定速度输出
Error	定位错误时,被置位为 1
State	错误代码

以 FC18 控制 PLC 轴的定位轴功能为例,说明 FC18 的应用。建立用户项目程序,在 OB1 中调用 FC18,如图 3-43 所示。

```
A    I    3.7
FP   M    150.0
S    M    150.1
A    "Chan1".E_ChanReset          DB21.DBX35.7     -- Channel reset
FP   M    150.2
R    M    150.1
A    I    7.5
AN   M    150.1
S    M    150.3
CALL "SpinCtrl"                   FC18             -- Spindlecontrol / Part-, Positioning-axis
 Start :=M150.3
 Stop  :=FALSE
 Funct :=B#16#5
 Mode  :=B#16#1
 AxisNo:=1
 Pos   :=1.000000e+002
 FRate :=2.000000e+002
 InPos :=M150.4
 Error :=M150.5
 State :=MB152

O    M    150.4
O    M    150.5
O    I    3.7
R    M    150.4
```

图 3-43　FC18 控制 PLC 轴的定位轴功能

3.2.7　FC21 的应用

数控机床中实现 NC、PLC 之间数据交换最常用的就是调用 FC21。FC21 根据所选择的功能代码进行 PLC 和 NCK 之间的数据传输,这些数据在调用 FC 21 时立即传输,而不是在循环开始处才传输。在 PLC 侧的数据存储在用户定义的数据块中,NC 侧的数据有专用的 NC 内部数据变量,即 $A\_DBB(字节变量)、$A_DBW(字变量)、$A_DBD(双字变量)以及 $A_DBR(实数变量),该内部数据区域的被定义为 4096 字节,而且不能进行位操作,至少是字节间的操作最大可以同时写入的输出变量的数量是由机床数据 MD28150 定义的。FC21 的接口参数定义如表 3-21 所示。图 3-44 给出某数控机床利用 FC21 实现 NC、PLC 数据读写的例子。

表 3-21　FC21 的参数说明

信号	类型	数据类型	取值范围	描述
Enable	I	BOOL		上升沿任务启动
Funct	I	BYTE	3,4	3:读取数据;4:写入数据
S7Var	I	ANY	S7 数据区域	源/目标数据区域
IVAR1	I	INT	0～4095	位置偏移量
IVAR2	I	INT	-1～4095	信号量字节,不起用为-1
Error	O	BOOL		任务或执行有故障
ErrCode	O	INT		20:对齐错误

```
☐ Network 27 : Title:
      CALL  FC    21                      Transfer
      Enable :=DB136.DBX2.2               "DB136".STAT18
      Funct  :=B#16#3
      S7Var  :=P#DB96.DBX500.0 BYTE 100   //将从 DB96.DBB500
      IVAR1  :=0                          //开始的100个字节送到$A_DBB[0]-$A_DBB[99]
      IVAR2  :=-1
      Error  :=DB136.DBX3.0               "DB136".STAT24
      ErrCode:=DB136.DBW130               "DB136".STAT198

☐ Network 28 : Title:
      CALL  FC    21                      Transfer
      Enable :=DB136.DBX2.2               "DB136".STAT18
      Funct  :=B#16#4
      S7Var  :=P#DB96.DBX600.0 BYTE 100   //将从DB96.DBB600开始的100个字节
      IVAR1  :=100                        //送到$A_DBB[100]-$A_DBB[199]
      IVAR2  :=-1
      Error  :=DB136.DBX3.2               "DB136".STAT26
      ErrCode:=DB136.DBW134               "DB136".STAT200
```

图 3-44　FC21 实现 NC、PLC 数据读写

3.2.8　PLC 机床数据的应用

PLC 机床数据是一种非常简单，并且使用方便的 NC/PLC 之间交换数据的方法，用途也很广泛。比如机床厂可以通过 PLC 机床数据来实现第一测量系统和第二测量系统的切换。

再比如，机床厂生产机床时经常会有同一个类型的机床所配的附件不同的情况，可能这台有排屑器，而另外一台没有。但从机床 PLC 程序的调试和管理上来说，一个类型的机床最好使用同一个 PLC 程序，这样便于优化 PLC 程序，也方便机床调试和服务人员的工作。调试时，调试人员只需要设置某些机床数据，就可以激活或关闭某个机床功能。

PLC 机床数据就正好适应这种模块化 PLC 程序的应用。所谓 PLC 机床数据，实际上是在通用数据（General MD）中设定的，但它会在下次 NCK RESET 之后，或重新上电后，被传送到 PLC 的数据块 DB20 中，这样 PLC 就可以使用了，比如根据某些设定位决定某些 PLC 程序是否执行。具体使用方法如下：

• 根据需要设定下列数据

　MD 14504 MAXNUM_USER_DATA_INT　　　　// 整型数据的数量
　MD 14506 MAXNUM_USER_DATA_HEX　　　　// 十六进制数据的数量
　MD 14508 MAXNUM_USER_DATA_FLOAT　　　//浮点数数据的数量

MD14504/MD14506/MD14508 设定的数量决定了 MD14510/MD14512/MD14514 下标的个数，比如设置为 4 则下标为 [0] ～ [3]。

• NCK RESET 使所设数据生效。

如果是修改了 MD14504/MD14506/MD14508，则在复位之前删除 PLC 内存中的 DB20。

• 根据需要在下面数据中添入要传送到 PLC 的数据。

```
MD 14510 USER_DATA_INT[n]          //整型数据的值
MD 14512 USER_DATA_HEX[n]          //十六进制数据的值
MD 14514 USER_DATA_FLOAT[n]        //浮点数数据的值
```

比如，这里设置如下：

```
MD14510 USER_DATA_INT[0] = 1
MD14510 USER_DATA_INT[1] = 2
MD14510 USER_DATA_INT[2] = 3
MD14510 USER_DATA_INT[3] = 4
MD14510 USER_DATA_INT[4] = 5
MD 14512 USER_DATA_HEX[0] = 11H
MD 14512 USER_DATA_HEX[1] = 22H
MD 14512 USER_DATA_HEX[2] = 33H
MD 14512 USER_DATA_HEX[3] = 44H
MD 14512 USER_DATA_HEX[4] = 55H
MD 14514 USER_DATA_FLOAT[0] = 1.111
MD 14514 USER_DATA_FLOAT[1] = 2.222
MD 14514 USER_DATA_FLOAT[2] = 3.333
MD 14514 USER_DATA_FLOAT[3] = 4.444
MD 14514 USER_DATA_FLOAT[4] = 5.555
```

- NCK RESET 使上面所设数据生效。
- 用变量监控 DB20 的变量值。

不同的数据使用的数据类型不同（MD14510 的数据占用 1 个字，MD14512 的数据占用 1 个字节，而 MD14514 的数据占用 1 个双字）。可以取 MD14512 数据中其中的某一位来实现一个软开关的动作，例如 DB20.DBX10.4 = 1。

3.2.9　HT2 控制

HT2 手持单元的连接可以通过 PN 转接盒或者 PN 端子模块接入数控系统的以太网，图 3-45 所示为 PN 转接端子盒的端子定义图。

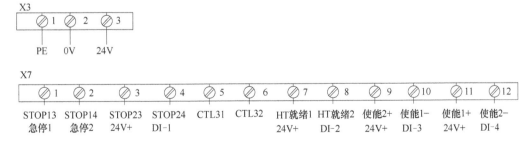

图 3-45　PN 转接端子盒的端子定义

X7 的端子 1-2（即急停 1、急停 2）直接串联到系统的急停按钮就可以，端子 3、7、9、11 均连接到 PLC 输入公共端 24V＋，则端子 4、8、10、12 分别对应 HT2 急停信号、HT2 插入就绪、使能按钮 1、使能按钮 2。

将 PN 转接盒的 PORT1、PORT2 接口的以太网线连接好（1、2、3、4 端子分别对应以太网接头 RJ45 接口的 1、3、2、6 端子）。PN 转接盒及系统上电后，PN 转接盒的 PORT1、PORT2、PANEL 分别对应 LINK、ACT 的 6 个状态指示灯均常亮，表示 PN 转接盒及 HT2 与 NCU、PCU 及 MCP 等以太网组件连接通信正常。

调试 HT2 的 PLC 程序，需要在 OB100 中的 FB1 "HHURecGDNo" 或者 "MCP2 BusAdr" 参数对应的地址与 PN 转接盒的 DIP 开关设置地址匹配，参数 "BHGIn" 和 "BHGOut" 分别对应于 HT2 的输入输出起始地址，需要注意的是 HT2 中设置的 DIP 开关地址为十六进制，PLC 参数中为十进制值。

西门子提供了一个标准的 HT2 应用程序，该程序为 FC168，考虑了多通道、多模式组以及多轴选择应用要求，相关数据块有 DB168、DB169，其中 DB169 为 FC168 调用 FB2 的背景数据块，相关的数据结构定义有 UDT400、UDT401、UDT402、UDT3100、UDT3101、UDT4830、UDT483，都是 FC168 中使用的数据定义。将这些数据块都复制到所需要调试的项目中，并且将 FC168、DB168、DB169 下载到 NCU 中，在 OB1 中调用 FC168，需要在调用 FC19 标准程序之前调用 FC168。

3.3 | 840D sl /840D 机床数据的概述

通常 PLC 启动之后，可以执行 NC 的启动，主要包括轴的定义、驱动/电机的配置以及轴参数的调整。数控系统的调整、配置与功能实现主要是通过机床数据的调整来实现的，因此熟悉常用的机床数据以及功能的配置是非常关键的。

3.3.1 机床数据生效方式

机床数据的激活，数控系统 840D sl /840D 的机床数据，机床数据通常简称为 MD，激活分为 5 级，上一级激活条件可以激活低于该级的所有机床数据。

设置数据修改之后，必须执行相应的激活：
- POWER ON（po）重新上电：NCU 模块上的 "RESET" 键，HMI 上的 "NCK RESET" 软键，系统断电；
- NEW CONF（cf）新配置：HMI 上的 "Set MD Active"，NC 程序的 NEWCONF 指令；
- RESET：在程序结束 M02/M30；
- RESET（re）复位：MCP 控制单元上的 "RESET" 键；
- IMMEDIATELY（im/so）立即生效：输入值之后立即生效。

默认情况下，要想显示机床数据，用户的最低权限必须要为 4（钥匙开关 3 位置），要想输入或修改机床数据，用户的最低权限要为 2（密码 EVENING）。

3.3.2 机床数据操作

（1）机床数据显示方式
通过机床数据 MD9900 MD_TEXT_SWITCH 可以在机床数据索引名和机床数据描述之间切换。

MD 9900＝0 以机床数据索引名方式显示；

MD 9900＝1 以机床数据的描述方式显示。

此数据对所有数据区都有效。

（2）文件功能与数据管理

"File function"软键可以快速保存机床数据。当保存轴机床数据的时候，只有当前显示的轴数据被保存（比如当前显示的是 X1 轴，则指保存 X1 轴的数据），通道及驱动数据也一样。相应的数据被保存在了"Diagnosis"文件夹中。

采用 HMI Advance 的操作界面，在机床数据下有一个"文件功能（File Function）"，通过文件功能可以把机床数据以文本文件的格式存储到 PCU 的硬盘中。如图 3-46 所示为 HMI Advance 的文件功能操作界面，存储路径为：F:\dh\DG\ 目录中。

采用 HMI Operate 操作界面，在机床数据下有一个"数据管理"功能，通过数据管理功能可以把机床数据以文本的方式存储到 PCU 的硬盘或 U 盘中，如图 3-47 所示为 HMI Operate 的数据管理操作界面。

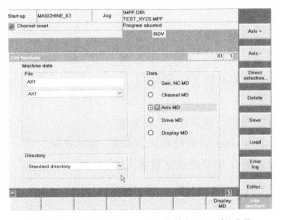

图 3-46　HMI Advance 机床数据的文件功能

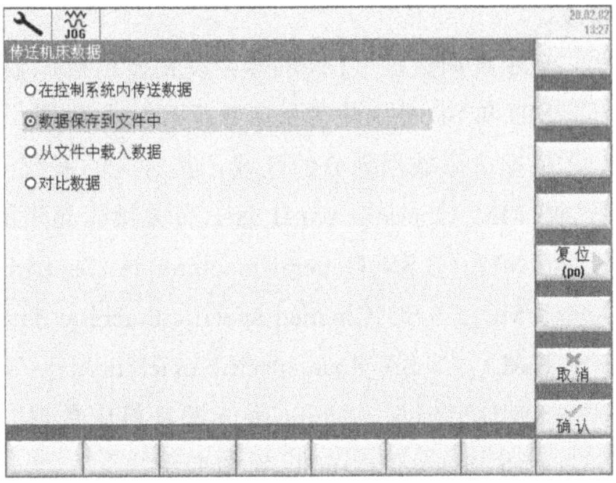

图 3-47　HMI Operate 的数据管理操作界面

（3）机床数据查找

机床数据非常庞大，几乎没有人能够全部记住它们，因此我们需要知道如何查询机床数据。

通过点击"搜索"软键，输入机床数据号或者机床数据名称，可以实现对机床数据的搜索，只搜索本数据区域内的机床数据。如果搜索的对象出现多次，通过"继续搜索"软键可以进行再搜索。需要注意的是，搜索机床数据之前，需要确定所需要搜索的机床数据是属于哪一大类，比如属于通用机床数据、通道机床数据或者轴机床数据，并预先切换到相应的界

图 3-48　"搜索"功能以及定义机床数据分组

面。通过显示选项，可以按照用户的要求减少显示数据，不同区域内的数据也可以定义为特定的数据组，如图 3-48 所示为"搜索"功能以及定义机床数据分组。

每个机床数据都有相应的描述和解释的帮助文档，通过操作面板上的"Help"键，可以打开其帮助文件，从中可以知道如何参数化该机床数据，并且了解该机床数据的功能和作用。如果在机床上调出来的帮助文档还不能提供足够的信息，可以进一步从机床数据的功能手册的交叉文

档中查找。

3.3.3　机床数据分类

表3-22中，把机床数据按照功能和有效范围进行了一个分类，分为通用机床数据、通道机床数据、轴机床数据、显示以及驱动机床数据。通用机床数据（General）：用于NC基本设置，通过通用机床数据可以进行系统设定，偏置的设定，驱动数据及系统内存分配。

特定通道的机床数据（Channel Specific）：通过特定通道的机床数据，管理某个通道的程序运行。例如：通道轴的分配。通过"Channel＋"和"Channel－"软键进行通道的切换。

特定轴的机床数据（Axis Specific）：对机床上的每一根轴进行参数设置。例如：给定值与实际值设置，轴的优化，主轴的设定，通过"Axis＋"和"Axis－"软键进行轴的切换。

驱动机床数据（Drivers）：主要用于设置电机参数进行驱动优化，如果对这里的数据进行了修改。

显示机床数据（Display）：设置显示机床数据。

MD和SD分别代表机床数据和设置数据。

根据机床数据划分的区域，其对应的系统变量也用指定的字符来表示：

＄MM_Operator panel data 有关操作显示的数据

＄MN_/＄SN_General machine data/setting data 通用机床数据/设定数据

＄MC_/＄SC_Channel-specific machine data/setting data 通道特定机床数据/设定数据

＄MA_/＄SA_Axis-specific machine data/setting data 轴特定机床数据/设定数据

＄MD_ Drive machine data 驱动机床数据

＊　＄ System variable 系统变量

＊ M Machine data 机床数据

＊ S Setting data 设定数据

＊ M，N，C，A，D Sub area（second letter）子区域（第二字母）

对于NC数据的设定，我们大致分为两大块：一块是系统关于机床及其轴的数据；另一块是驱动的数据。

表3-22　机床数据的分类

区域	说明
从0～8899	驱动用机床数据,p为设定参数(可读写)、r为只读参数
从9000～9999	操作面板用机床数据
从10000～18999	通用机床数据
从19000～19999	预留
从20000～28999	通道类机床数据
从29000～29999	预留
从30000～38999	轴类机床数据
从39000～39999	预留
从41000～41999	通用设定数据
从42000～42999	通道类设定数据
从43000～43999	轴类设定数据
从51000～61999	编译循环用通用机床数据
从62000～62999	编译循环用通道类机床数据
从63000～63999	编译循环用轴类机床数据

（1）通用MD（General）

基本机床数据用于NC基本设置，通过基本机床数据可以进行系统设定，偏置的设定，驱动数据及系统内存分配。

MD10000：此参数设定机床所有物理轴，如 X1 轴名/通道号。

（2）通道 MD（Channel Specific）

MD20000 设定通道名 CHAN1。

MD20050 [n] 设定机床所用几何轴序号。几何轴为组成笛卡儿坐标系的轴。

MD20060 [n] 设定所有几何轴名。

MD20070 [n] 设定对于此机床存在的轴序号。

MD20080 [n] 设定通道内该机床编程用的轴名。

以上参数设定后，作一次 NCK 复位。

（3）轴相关 MD（Axis-specific）

对机床上每一根轴进行参数设置，例如给定值与实际值设置，轴的优化，主轴的设定。

MD30130 设定轴指令端口 =1

MD30240 设定轴反馈端口 =1

如这两个参数为"0"，则该轴为仿真轴。此时，再一次 NCK 复位！这时会出现 300007 报警。

（4）驱动机床数据

配制驱动数据，由于驱动数据较多，主要用于设置 SINAMICS S120 驱动及对电机参数进行设置和优化。

（5）特殊机床数据

通过 NCU 模块上的 S3 对 NCK 进行总清操作可以装载标准机床数据。通过机床数据 MD 11200：INIT_MD（设置为 1，则在下次上电启动时下装标准机床数据）。

有一些 MD 修改之后会导致内存的重新分配，而数据丢失，这类 MD 修改之后必须采取相应的措施，否则会导致系统无法正常使用。这类机床数据修改之后，会出现"4400 MD change causes reorganization of buffered memory（loss of data!）"报警，提示内存将会重新分配。

比如 R 参数显示的个数，默认只有 100 个；GUD 个数默认只有 7 个，用户要修改的话，必须修改相应的 MD（28050 Number of channel-specific R parameters），这类 MD 是特殊的 MD，修改值之后，会出现 4400 报警，此时不能立即作 NCK RESET，必须先做系列备份，做完之后进行 NCK RESET 使 MD 生效，然后用系列还原把系统恢复过来。

机器设定参数中的零点偏置中只能设定 G54～G57，如果不够用，可扩展零偏如 G505、G506。把 MD28020 更改为 20（增加坐标系数不大于 100），改过以后会出现内存重组报警，这时你可以进入"SERVICE"里面把 NC 数据系列备份一下，备完以后"NCK RESET"，上电以后把刚才备份的 NC 数据再回装，上电以后就会出现很多的坐标系。当然，是重新分配内存，要慎重使用，不过可以扩展到几十个零点。一定要注意，机床各轴可能有螺补，再备份 NCK 数据时把螺补也选上，或者是再备份一下螺补。当回装 NCK 时，再把螺补回装，如果出现回装失败，可以清除 NCK，然后再回装。

3.4　轴的声明与定义

3.4.1　坐标系与轴的概念

在轴的启动与调整之前，首先要了解坐标系与轴的概念。在数控系统中通常有两个坐标系的概念用得很多，一个是机床坐标系，用于实现加工的；另外一个是工件坐标系，用于实现编程的。这两个坐标系之间必然要有一定的联系，否则无法加工出正确的零件，图 3-49 说明了机床坐标系与工件坐标系之间的关系。

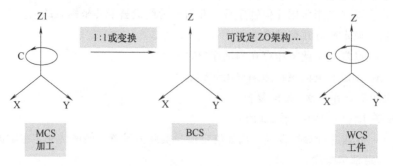

图 3-49　机床坐标系与工件坐标系之间的关系

机床坐标系用于实现加工，其坐标位置通过测量系统检测出来；工件坐标系用于实现编程，与机床坐标系之间可以通过坐标变换（G500，G54～G57，G505，…）转换。对一台机床来说，机床坐标系是固定的，工件坐标系是可变的，G500 为基本坐标系，机床上电之后默认生效。如果能够得到各个坐标轴方向上编程的基准点与机床坐标系 MCS 的偏置值，则可以确定工件坐标系 WCS。NC 机床坐标系符合 DIN66217 标准，一般来说有线性轴 X/Y/Z 以及相应的旋转轴 A/B/C，如图 3-50 所示。

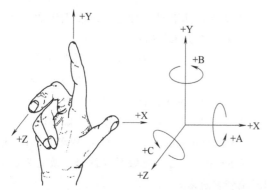

图 3-50　DIN66217 标准 NC 轴的定义

Z 轴与旋转轴平行或一致，对于钻床或铣床旋转轴上安装刀具，对于车床旋转轴上安装工件。Z 轴的正方向定义为从工件指向刀具方向，或者定义为旋转轴指向工件（对于车床）。

X 轴通常平行于工件装夹面，并且沿水平方向。Y 轴是由 X 轴和 Z 轴确定，并且遵循右手定则。

上述坐标系是假定工件不动，刀具相对工件作进给运动的方向。

机床坐标系是用来确定工件坐标系的基本坐标系，其坐标和运动方向根据机床的种类和结构而定，铣床、车床都有自己的坐标系。坐标系的原点也称机床原点，这个原点在机床一经设计和制造调整后，便被确定下来，它是固定的点。

为了正确地在机床工作时建立机床坐标系，通常在每个坐标轴的移动范围内设置一个机床参考点。机床参考点可以与机床零点重合，也可以不重合，通过机床参数指定该参考点到机床零点的距离。机床工作时，先进行回机床参考点的操作，就可以建立机床坐标系。

机床参考点的设置一般采用常开微动开关配合反馈元件的标记（基准）脉冲的方法确定。通常光栅尺 50mm 产生一个标记脉冲，或在光栅尺两端各有一个标记脉冲，而旋转编码器每转产生一个基准脉冲。CNC 回机床参考点时，先把机床工作台向常开微动开关靠近，压下开关之后，以慢速运动直到接收到第一个基准脉冲，这时的机床位置就是机床参考点的准确位置，确定了参考点的位置，也就确定了该轴坐标零点位置。找到所有的参考点，CNC 的机床坐标系就建立起来了。

机床参考点有两个作用，一个就是上述所说的建立机床坐标系；另一个就是消除由于漂移、变形等造成的误差。机床使用一段时间后，工作台会造成一些漂移，使加工有误差，回一次机床参考点，就可以使机床的工作台回到准确位置，消除误差。所以在机床加工前，要进行回机床参考点的操作。

在基本坐标系（BCS）中，几何轴组成互相垂直的坐标系，基本坐标系（BCS）由机床坐标系（MCS）经过运动学变换后得来。

编程时一般是在工件上的某一点作为程序原点，并以这个原点作为坐标系原点，建立一个新的坐标系，称为工件坐标系。工件坐标系一旦建立便一直有效，直到被新的工件坐标系所取代。

程序原点的选择要尽量满足编程简单、尺寸转换少、引起的加工误差小等条件。一般情况下，以坐标式尺寸标注零件，程序的原点应选择在尺寸标注的基准点。对称零件或以同心圆为主的零件，程序原点应选在对称中心线或圆心上，Z轴的程序原点通常选在工件的表面。

加工开始时要设定工件坐标系，工件坐标系的建立和选择可以由G92、G54～G59指令来确定。

在工件坐标系（WCS）中，所有的轴的坐标被编程（零件程序），它由几何轴和附加轴组成。附加轴组成坐标系，各附加轴之间没有几何关系。通过架构（FRAMES），WCS可以平移、旋转、缩放或镜像（TRANS，ROT，SCALE，MIRROR），多重平移、多重旋转等也是可以的。

• MCS：机床坐标系（MCS）由机床轴构成，机床轴可以是也可以不是相互垂直的，机床轴可以是直线轴或回转轴。

• BCS：在基本坐标系（BCS）中，几何轴组成相互垂直的坐标系。BCS由MCS经运动学变换后而得。

• BZS：基本零点系统是带有基本偏置的基本坐标系。

• SZS：可设定零点系统（SZS）是不带可编程架构的工件坐标系。工件零点由可设定构架G54～G599来定义。

在配置调整数控系统840D sl/828D时，会涉及各类轴，理解这些轴的特点也是配置及应用好系统的基础。

• 机床轴：机床轴是机床上所有实际存在的轴。

• 通道轴：被分配给某一通道的每个几何轴和附加轴都是该通道的通道轴，通常标识符：X、Y、Z、A、B、C、U、V。

• 几何轴：三个几何轴组成假想的直角坐标系，即基本坐标系（BCS），一般有X、Y、Z；工件坐标系中轴通过架构（平移、旋转、比例、镜像）可转换到BCS。

• 辅助轴：与几何轴相反，辅助轴之间没有几何关系，如转塔位置U、尾座V。

• 路径轴：确定路径和刀具的运动，路径轴的编程进给率有效，在NC程序中用FGROUP来确定路径轴。路径轴的主要特点是它们一起完成插补（一个通道内的所有路径轴有共同路径插补器）。一个通道内的所有路径轴具有共同的加速阶段、恒定的位移阶段和共同的减速阶段。

• 定位轴：定位轴的主要特点是它们分别完成插补（每个定位轴有它自己的轴插补器）。每个定位轴有它自己的进给速度和自己的加速特性曲线。典型定位轴由零件承载、卸载的加载器，刀库/转塔等，标识符：POS、POSA、POSP等。

• 同步轴：同步轴与路径轴一起完成插补（一个通道内的所有路径轴具有共同的路径插补器）。一个通道内的所有路径轴和同步轴具有共同的加速和减速阶段。

• 指令轴（运动同步轴）：由同步运动的指令生成指令轴，它们可以被定位、启动和停止，可与工件程序完全不同步。指令轴是独立的插补，每个指令轴有自己的轴插补和进给率。

• 连接轴：指与另一个 NCU 连接的实际存在的轴，它们的位置会受到这个 NCU 的控制，连接轴可以被动态分派给不同的 NCU 通道。

• PLC轴：通过特定功能用 PLC 对 PLC 轴进行移动，它们的运动可以与所有其它的轴不同步，移动运动的产生与路径和同步运动无关。

几何轴、同步轴和定位轴都是可以被编程的，根据被编程的移动指令，用进给率 F，使轴产生移动。同步轴与路径轴同步移动，并用同样的时间移动所有的路径轴。定位轴移动与所有其它轴异步，这些移动运动与路径和同步运动无关。由 PLC 控制 PLC 轴，并产生与其它所有轴不同步的运动，移动运动与路径和同步运动无关。

3.4.2 840D sl/840D 定义轴

在 840D sl/840D 系统中定义轴都是一致的，通过机床数据的设定来实现定义几何轴、附加轴、通道轴和机床轴，并决定每个轴的名称和类型。

机床轴是机床上实际存在的轴，它们定义为几何轴或附加轴。工件编程以几何轴为基础，直角坐标系 2 维或 3 维坐标。

840D sl 系统轴有三种类型：机床轴、几何轴、附加轴，轴的配置有三个层次：机床级（机床轴）、通道级（通道轴）以及编程级（几何轴、附加轴）。

（1）机床级

机床轴是机床上唯一真实的轴。

机床数据 MD 10000：AXCONF_MACHAX_NAME_TAB

每个机床轴，轴的名称定义在 MD 10000：AXCONF_MACHAX_NAME_TAB，可以定义为 X1、Y1、Z1、A1、C1 等，作用是：用于在机床坐标系下显示轴名；有些 G 指令必须用到机床轴，比如 G74 自动返回参考点，必须用机床轴名来编程，图 3-51 所示为机床级配置的例子。

车床X、Z、C轴/主轴

MD 10000	X1	Z1	C1		
下标	0	1	2	3	4

铣床 4轴+主轴/C轴

X1	Y1	Z1	A1	C1
0	1	2	3	4

铣床机床数据MD10000的配置
AXCONF_MACHAX_NAME_TAB[0]=X1
AXCONF_MACHAX_NAME_TAB[1]=Y1
AXCONF_MACHAX_NAME_TAB[2]=Z1
AXCONF_MACHAX_NAME_TAB[3]=A1
AXCONF_MACHAX_NAME_TAB[4]=C1

图 3-51 机床级配置的例子

（2）通道级

机床数据 MD 20070：AXCONF_MACHAX_USED [0...7]

机床轴通过机床数据分配到几何通道中，也就是设定对于此机床存在的轴序号，如图 3-52 所示。机床轴必须人为地划分到各个通道中，如果不在通道轴中对应机床轴，则默认轴不存在（不能够在机床轴中定义 00 表示轴不存在）。比如在 MD10000 [5] 中定义了轴 B1，而在 MD20070 [5] 中没有增加 6，则无法显示机床轴。

MD 20080：AXCONF_CHANAX_NAME_TAB [0...7]

机床数据定义通道中轴的名称，也就是设定通道内该机床编程用的轴名，如图 3-53 所示。

通道轴的名称用于编程中，另外用于工件坐标系中显示。

车床型				
1	2	3	0	0

铣床型				
1	2	3	4	5

图 3-52　机床数据 MD 20070 的设置

车床型				
X	Z	C		

铣床型				
X	Y	Z	A	C

图 3-53　机床数据 MD 20080 的设置

但是如果把通道轴中的名称 X、Y、Z、A、C 改成 X1、Y1、Z1、A1、C1，则在工件坐标系下只能显示：X、Y、Z、A1、C1，这是几何轴与非几何轴的差别，因为 X、Y、Z 几何轴有相互关系，几何轴的速度不能够单独控制，比如 G01 X100 Y100 F100，不能单独控制 X 的速度。而非几何轴则可以单独控制它的速度。

（3）编程级/几何级

MD 20060：AXCONF_GEOAX_NAME_TAB [0...2]

该机床数据定义了在编程时所有使用的几何轴名，如图 3-54 所示。只有 3 个轴，一般都默认为 X、Y、Z，而不修改它，否则在编程的时候增加麻烦，比如改成 X2、Y2、Z2，那么编程时必须写成 X2＝100 Y2＝100。

MD 20050：AXCONF_GEOAX_ASSIGN_TAB [0...2]

该机床数据定义激活使用的几何轴，如图 3-55 所示。设定机床所用几何轴序号，几何轴为组成笛卡儿坐标系的轴。

车床型				
X	Y①	Z		

铣床型				
X	Y	Z		

图 3-54　机床数据 MD 20060 的设置

① 要定义第二几何坐标系时会使用到 Y 轴。

车床型				
1	0	2		

铣床型				
1	2	3		

图 3-55　机床数据 MD 20050 的设置

系统最初始的状态没有显示工件坐标系的功能，如果要在面板上显示工件坐标系，可以在 OB1 中修改程序，增加网络段：

```
A   Q   3.5      //Q3.5 为 MCP 上 MCS/WCS 的 LED 显示灯
=   DB19.DBX0.7 // DB19.DBX0.7，在工件坐标系中显示实际值的接口信号
```

（4）轴数据的设置

在机床数据下选择轴数据软键（AXIS MD）进入轴数据的设置，MD30130 CTRLOUT_TYPE 将其设置为 1，系统将控制设定值实际输出到端口上。必须激活通信才能够正常地控制轴的启动，不激活通信会出现 300010 的报警号。

MD30130　→设定轴指令端口＝1，给定值类型

MD30240　→设定轴反馈端口＝1，编码器类型

如果这两个参数为"0"，并且驱动未激活，则该轴为仿真轴。在 840D 系统中，需要手动设置这两个参数，而在 840D sl 系统中，可以通过"轴分配"的功能让系统自动设置轴基本参数的值。

（5）定义旋转轴/主轴

要指定某个轴为主轴，是通过机床数据来定义的，如果将某一轴设定为主轴，则步骤如下：

• 先要将该轴定义为旋转轴

MD 30300：IS_ROT_AX ＝1（旋转轴）

MD 30310：ROT_IS_MODULO ＝1（模态旋转轴编程）

MD 30320：DISPLAY_IS_MODULO ＝1（显示参考角度 360）

- 然后将该轴定义为主轴

MD 35000：SPIND_ASSIGN_TO_MACHAX＝1（轴定义为第几主轴），"1"表示主轴名称为"S1"

MD35100＝4000（主轴最高转速）

MD35110[0]＝9000（主轴以旋转轴进给方式运行时的最高速度限制）

MD35110[1]＝9000（主轴第1挡的换挡临界速度，MD35010＝1才有效）

MD35130[0]＝9000（主轴以旋转轴进给方式运行时的最高速度限制）

MD35130[1]＝9000（主轴第1挡运行时的最高速度限制）

MD36200[0]＝9500（主轴以旋转轴进给方式运行时的最高速度限制）

MD36200[1]＝9500（主轴第1挡运行速度的报警限制）

MD35200[1]＝10（主轴第1挡运行的加速速度）

- NCK 复位。

启动后，在 MDA 下输 SXX M3 主轴即可转。所有关键参数配置完成以后，可让轴适当运行，可在 JOG 手轮、MDA 灯方式下改变轴运行速度，观察轴运行状态。有时个别轴的运行状态不正常时，排除硬件故障等原因后，则需对其进行优化。必要时检查 MD20700＝0，不返回参考点可以执行"NC Start"。

（6）驱动配置

利用 MMC103/PCU50 或 611D 启动工具中 SK "Drive config" 进行驱动配置，SK "Drive config" 位于操作区域 "start-up"，SK "machine data" 之下。槽位（slot）号是指每个功率单元的物理位置。若某些槽位不使用或功率单元不存在，它必须设为 "passive"。对每个使用的槽位，必须指定一个逻辑地址，依其决定驱动的地址（给定值/实际值的分配）。依据其铭牌选择功率单元，然后用 SK "OK" 来确认。

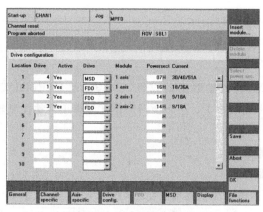

图 3-56　驱动配置的界面

配置驱动数据，由于驱动数据较多，对于 MMC100.2 必须借助 SIMODRIVE 611D 或 HMI 的 START-UP TOOL 软件，如图 3-56 所示为驱动配置的界面，需要对以下几种参数进行设定：

- Slot：槽号，设定驱动模块的位置，处在哪个槽位，840D 从 NCU 开始固定为 1、2、3、4、5 号槽，810D 从 CCU 上的测量系统接口为 1～6 号槽；

- Drive：驱动号，设定此轴的逻辑驱动号，也就是指定哪个槽的驱动模块分配给哪个轴使用；

- Active：设定是否激活此模块；

- Power Sect：通过 Select Power Sec 软键根据功率模块的电流值大小以及是否是双轴模块来选择功率模块。

配置完成并有效后，需存储一下（SAVE）→OK。

此时再做一次 NCK 复位，启动后显示 300701 报警，事实上在这里仅仅是做了驱动配置的功率部分，还没有选择电机并配置驱动控制参数。

这时原来为灰色的 FDD、MSD 或 Drive MD 变为黑色，可以选电机了，选择电机需要根据电机的订货号来决定，比如 1FK6042-6AF71-1AG0、1PH7101-2NF00-0BA0。

- 操作步骤如下：FDD→Motor Controller→Motor Selection→按电机铭牌选相应电机→OK→OK→Calculation，用 Drive＋或 Drive-切换做下一轴。
- MSD→Motor Controller→Motor Selection 按电动机铭牌选相应电机→OK→OK→Calculation→Boot File→Save BootFile→Save All，再做一次 NCK 复位。完成轴配置之后必须生成初始化文件。

至此，驱动配置完成，NCU/CCU 正面的 SF 红灯应灭掉。这里大量的 MD 都没有设置，这是因为在默认的情况下，其它的 MD 可以选择为初始的标准值，当标准值不适合时，就必须进行配置和调整。

3.5　840D sl 驱动配置

3.5.1　S120 驱动启动基本流程

840D sl 系统开机后自动检测驱动部件的固件系统，自动升级驱动系统固件，但是必须事先完成 PLC 的硬件配置，以保证驱动系统的固件与驱动控制系统（内置于 840D sl 系统内）完全一致，不需要用户作固件升级。

- 部件的 RDY 灯 0.5Hz 闪烁（慢闪）表示固件升级中。
- 部件的 RDY 灯 2Hz 闪烁（快闪）表示固件升级完毕。

固件升级完成：120406、201416、201007 报警，需要 NCU 和驱动系统断电重启。

S120 的启动按照图 3-57 所示的流程操作，对于带有 Drive-CLiQ 接口的组件，包括电机、电源模块、电动机模块、SMC 等所有组件，系统能够自动识别到其电子铭牌，建立拓扑通信，并且参数也可以读出。而对于不带 Drive-CLiQ 接口的组件，比如编码器、光栅、电机等，则需要手动设置和调整相应的参数。

3.5.2　S120 驱动固件升级与配置

在 SINAMICS 驱动首次启动时，会出现报警 120402，提示驱动系统需要首次调试配置，如图 3-58 所示。

在"驱动系统（Drive system）"的"驱动设备（Drive device）"操作界面中执行"恢复出厂设置"也可以重新配置驱动，启动首次驱动系统调试，如图 3-59 所示。

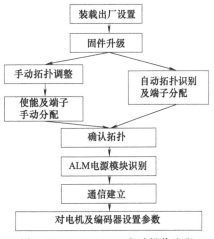

图 3-57　SINAMICS 启动操作流程

驱动系统拓扑及组件识别自动执行完成之后，驱动系统中的固件根据电子铭牌自动检测其兼容性，并自动升级。固件升级之后，控制系统需要断电重启，重启系统之后驱动系统组件将被识别，如图 3-60 所示。

在自动设备配置后，执行 NCK 复位完成之后，HMI 会检查还需要参数设置/调试哪些电源和驱动（SERVO），调试会通过对话框的形式引导至单独的、尚未调试的驱动对象。

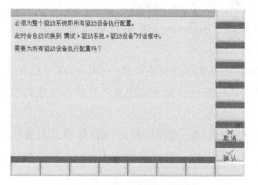

图 3-58　等待驱动系统调试

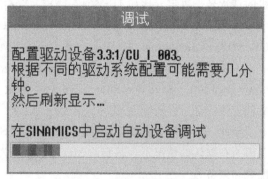

图 3-59　执行驱动首次调试

轴	驱动对象	组件	编号	固件版本	类型
	CU_I_3.3:1	Control_Unit_1	1	2685388	NCU710
X1	SERVO_3.3:2	Motor_Module_2	2	2685388	MM_2AXIS_DCA
X1	SERVO_3.3:2	SMI20_13	13	2685388	SMI20/DQI
Y1	SERVO_3.3:3	Motor_Module_3	3	2685388	MM_2AXIS_DCA
Y1	SERVO_3.3:3	SMI20_10	10	2685388	SMI20/DQI
Z1	SERVO_3.3:4	Motor_Module_4	4	2685388	MM_2AXIS_DCA
Z1	SERVO_3.3:4	SMI20_7	7	2685388	SMI20/DQI
	SERVO_3.3:5	Motor_Module_5	5	2685388	MM_2AXIS_DCA
	未分配	SM_16	16	4482322	SMC30

配置　DP3.SLAVE3:CU_I_3.3:1(1)

更改 ▷
详细资料
排序 ▷
显示选项

CU_I_3.3:1.Control_Unit_1(1)

配置　拓扑　PROFIBUS

图 3-60　自动识别驱动组件

例如，数控系统识别出电源未进行开机调试，因此需要进行开机调试，则选择菜单"开机调试"→"驱动系统"→"电源"，通过垂直软键"修改（Change）"开始进行电源模块的开机调试，如图 3-61 所示。在弹出的对话框中，可以给定目标的名称或者接受预设置，通过水平操作软键"继续（next）＞"运行驱动向导程序。在弹出的对话框中的预设是缺省值，可以通过"继续＞"接收，包括配置"ALM 已识别""其它数据""端子布线"以及"摘要信息"。配置完成之后需要对数据进行非易失性保存。

在电源调试后，HMI 会检查还需要调试哪些驱动，在只使用带 SMI 的电机时，不需对驱动进行调试。引导开机调试会在配备无 SMI（Sensor Module Integrated，集成型传感器模块）的 SINAMICS 驱动的调试过程中进行引导，对于无 SMI 电机，在参数设置/配置时会区分列表电机（西门子电机）以及第三方电机。

例如，通过 SMC 编码器转换模块配置带有列表电机和编码器的功率部件，则通过选择菜单"开机调试"→"驱动系统"→"驱动"，开始执行电机配置。系统识别出驱动目标未进行开机调试，因此需要进行重新开机调试，通过垂直操作软键"修改（change）"进行重新开机调试，如图 3-62 所示。

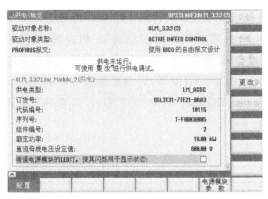 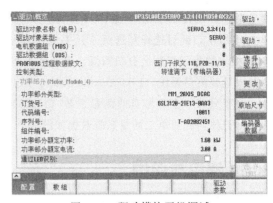

图 3-61 电源模块开机调试　　　　图 3-62 驱动模块开机调试

　　驱动向导程序识别电机模块，可以给定一个新的驱动目标名称或者接受预设置。通过水平操作软键"继续（next）＞"运行驱动向导程序，系统会自动识别 S120 电机模块的型号，进入如图 3-63 所示界面。此时选择复选框"开关电机模块的 LED，使其闪烁用于识别"，相应的电机模块的指示灯则会自动闪烁，表示当前配置的对象是该模块。

　　确认无误后，通过水平操作软键"继续（next）＞"运行驱动配置向导，选择正确的电机型号，也可以通过"输入电机数据"选项，手动输入电机数据。如果在设备配置过程中识别出连接的制动器，则系统自动激活制动控制。接下来需要配置编码器，对所选择的编码器开始进行识别（编码器 1）如图 3-64 所示。如果机床为半闭环系统，则中间那个"√"不选择。测量系统 1 和

 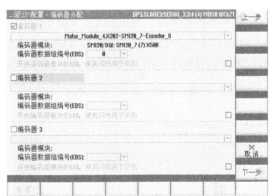

图 3-63 电机模块识别　　　　图 3-64 测量系统识别

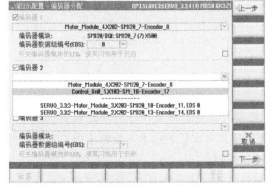

图 3-65 第二测量系统配置　　　　图 3-66 第二测量系统编码器数据输入

测量系统 2 的配置方法一致，只需要选择连接的模块或者 SMC，然后确定其信号方式，如图 3-65 所示。此时选择复选框"开关电机模块的 LED，使其闪烁用于识别"，相应的 SMC 或 SME 模块的指示灯则会自动闪烁，表示当前配置的对象是该模块。对于选择编码器、带距离编码的增量型测量系统（LB382C、LS487C、ROD880C、LOP、GOP 等），需要选择等距离零标记位，对于只有一个参考点的测量系统（LB382、LS487、ROD880、LP、GP 等），则选择不等距的零标记位，配置第二测量系统数据如图 3-66 所示。

3.6 授权与保护

3.6.1 授权分配

840D sl 控制系统上安装的系统软件和激活的选件，要求分配为此购买的硬件许可证。由系统软件许可证号和选件以及硬件序列号生成一个许可密钥。因此在数控系统的"Licenses"操作界面上在对话框中可以"查看"许可证信息，如图 3-67 所示。如果显示许可证密钥为"不完整"，则控制系统会显示 8081 等授权相关的报警。通过"缺少授权/选件"界面可以查看哪些选件授权缺失，如图 3-68 所示。

840D sl 数控系统的授权可以通过系统 CF 卡的硬件序列号，在西门子官方的许可证管理器网站上查询并获得许可证密钥，通过 HMI 操作界面手动将许可密钥输入到控制系统上。

在数控系统中，CF 体现了 SINUMERIK 控制系统的一致性，一般通过硬件序列号将许可证分配给一个控制系统。使用的 CF 卡除了包含系统和用户软件外，还包含用于控制系统相关 SI-NUMERK 软件产品许可证管理的系统和用户数据，也包括硬件序列号以及许可证信息和许可密钥。因此，当某个 NCU 发生故障时，CF 卡可插入备用 NCU，从而保留所有数据。

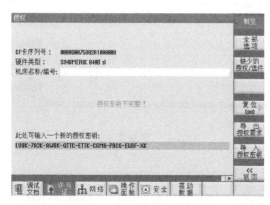
图 3-67　数控系统授权界面

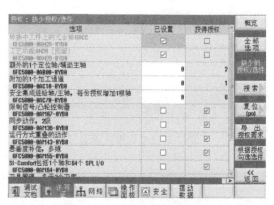
图 3-68　系统选件授权界面

3.6.2 循环保护

机床厂家可以使用循环保护对循环进行加密，之后将受保护的循环存储在控制系统中。在 NC 中可不受限制执行经过循环保护的循环，但是为了保护机床厂的技术，会阻止用户对所有受保护的循环进行查看，这样可以保护机床制造商的知识产权。

如果需要避免在其它机床上使用加密循环，可将循环与机床进行绑定，则需要使用机床数据 MD18030 $ MN_HW_SERIAL_NUMBER。在该机床数据中保存了 840D sl 数控系统启动中 CF

卡的唯一硬件序列号。如果需要将循环绑定至一台机床，则必须在循环的调用指令开头查询控制系统的具体序列号（MD18030 \$ MN_HW_SERIAL_NUMBER）。如果循环识别出了不匹配的序列号，则会在循环中输出报警并阻止之后的加工，由于循环的代码被加密，因此其与定义的硬件绑定。如果需要将循环绑定至定义的多台机床，必须在循环中输入每个硬件序列号，循环必须使用这些硬件序列号重新加密。

加密的循环只能在机床上在 NC 中通过上电解锁，数控系统维修技术人员在维修中现场无法解锁加密的循环文件。在维修中机床制造商必须提供未加密的循环，即使在西门子开发中也不可解锁加密的循环，此时也须由制造商提供未加密的循环用于排故。

需要进行保护的循环在外部 PC 上通过 SINUCOM Protector 程序进行加密，加密的循环会带上扩展名_CPF（Coded Program File）。_CPF 文件会被加载至 /_N_CST_DIR、/_N_CMA_DIR 或 /_N_CUS_DIR。在这些路径下可看到文件，并且可以跟普通未加密的零件程序（_MPF，_SPF）一样执行。为了执行加密了的_CPF 文件，在载入循环后需要进行上电。若未执行上电，则执行_CPF 文件会触发新的 NC 报警 15176：上电后才可执行程序。同 _SPF 或 _MPF 文件一样，可删除或卸载 _CPF 文件，如创建了备份归档文件，则会对所有加密的 _CPF 文件进行备份。

3.7 总结

第 3 天的学习结束之后，对于 840D sl/840D 能够完成 PLC 的硬件组态、启动基本 PLC 程序，包括 MCP 面板的调用、系统上电与使能；对于 NC 侧的启动，需要能够完成驱动的配置、电机的配置以及轴基本参数设置。通常测试台调试到这一步骤，可以实现电机的运行。其实，对于一台数控机床来说，调试工程师在硬件连接之后也是先启动 PLC 的组态、基本程序调用、编写或调用 MCP 程序、编写机床上电和轴使能的程序，接下来识别驱动并且把驱动分配到指定的轴。

第 3 天练习

1. 简要描述 840D sl 数控系统硬件组态步骤，项目必须具有至少一个 DP 从站以及一个 PN 设备。

2. 简要描述 840D sl 数控系统 PLC 基本程序启动的步骤以及各轴使能信号（机床使用 MCP483C PN，具有 6 个轴）。

3. 简要描述 840D sl 数控机床的轴定义及分配。

4. 简要描述如何屏蔽机床轴（假定数控系统为 840D）。

5. 在数控机床中通常如何屏蔽轴的第二测量系统。

6. 完成一台数控机床的基本启动，机床配置 NCU710. 3PN、 MCP483C PN 操作面板，系统版本为 4. 7，机床有 1 个主轴功能、 2 个旋转轴、 3 个进给轴。简要描述该机床的 NC 与 PLC 的启动步骤。

第 4 天

西门子840D sl/840D数控系统的功能调整及补偿优化

对于 840D sl/840D 的功能调整涉及相当广泛，在 Doc on CD 中的基本功能手册、扩展功能手册、特殊功能手册、安全集成功能手册、刀具管理功能手册以及同步动作功能手册，围绕的都是讲解如何调试数控系统的各种功能。很明显所有的功能手册加起来差不多有 5000 页之多，我们在短短的一个章节的学习中也无法尽述。因此，在本章中把数控系统功能中基础的、通用的功能加以介绍，让读者能够以此把数控机床中基本的功能调试出来，并且能够以此建立起自己的一个知识体系，可以有基础深入学习不同数控机床中专有的功能调试。

4.1 840D sl/840D 的基本参数设置与监控功能

4.1.1 给定值与设定值

840D sl/840D 需要配置给定值和实际值的逻辑驱动号，对每个轴/主轴都要定义一个给定值通道（MD 30110＝逻辑驱动号）和至少一个实际值通道（MD 30220［0］＝逻辑驱动号）以构成位置测量系统。一个第 2 位置测量系统（MD 30220［1］＝逻辑驱动号）可作为选项。对于驱动控制电机测量系统总是要使用的，通过机床数据来定义电机测量系统的连接。电机和电机测量系统的连接存在以下固定规则，即电机与其测量系统必须连接到同一模块。图 4-1 所示为给定值通道与实际值通道的配置框图。

• 给定值分配：MD 30110 CTRLOUT_MODULE_NR 给定值分配到驱动逻辑号（同样对模拟轴有效），例如 6 个轴连接到 CU，则设置为 1～6；另外 3 个轴连接至 NX10，则设置为 7～9。

• 给定值类型：MD 30130 CTRLOUT_TYPE：1—给定值输出；0—模拟。

• 测量系统数：MD 30200 NUM_ENCS：1——一个位置测量系统；2—两个位置测量系统；选择测量系统 1 或 2 是通过接口信号 DB31.DBX1.5/1.6 来实现的。

• 下标［n］：测量系统机床数据带有一个下标［0］或［1］。［0］值用于第 1 测量系统；［1］

值用于第2测量系统。

• 实际值分配：MD 30220 ENC_MODULE_NR [n] 实际值分配到驱动逻辑号（同样对模拟轴）。

• 实际值输入：MD 30230 ENC_INPUT_NR [0] 实际值输入到驱动模块（上部输入为1，下部输入为2）。

• 编码器类型：MD 30240 ENC_TYPE [n]：1—增量测量系统；4—绝对测量系统；0—模拟。

• 实际值极性：MD 32110 ENC_FEEDBACK_POL [n]：0/1—默认；−1—变极性。

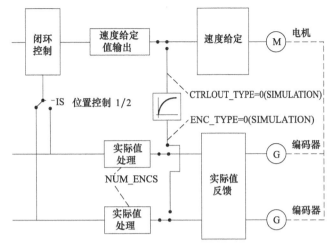

图 4-1 给定值通道与实际值通道的配置框图

• 运动方向：MD 32100 AX_MOTION_DIR：0/1—默认值；−1—反方向。

如果轴/主轴要在启动时保持暂时不激活状态，也就是我们通常所说的轴屏蔽功能，即设置该轴为虚拟轴，则 MD 30240：ENC_TYPE 和 MD 30130 CTRLOUT_TYPE 必须设置为"0"。当某个轴被屏蔽设置为虚拟轴时，也可以在 NC 中对该轴进行编程或手动运行该轴，轴的坐标值有显示并变化，但是实际的轴机械上并没有动作。

4.1.2 测量系统设定

在数控系统中，NCK 发出指令让机械移动一定的距离，比如 NCK 要求控制工作台走10mm，工作台是由电机通过丝杠来传动控制的，也就是丝杠的螺距为 10mm，如图 4-2 所示。NCK 是控制电机的旋转转数，从而实现控制要求。

图 4-2 数控系统控制示意图

如果传动装置的传动比是 1∶1 的，那么 NCK 发出指令让电机旋转 1 圈，丝杠也旋转 1 圈，工作台移动 10mm。如果传动装置的传动比不是 1∶1（比如是 1∶3 的），那么要让丝杠旋转 1圈，工作台移动 10mm，此时，电机就不能只旋转 1 圈，NCK 必须让电机旋转 3 圈，才能够正好实现控制要求。这就是测量系统的设定，也就是传动比的匹配，图 4-3 所示为测量系统设置的相关机床数据。

• 线性测量尺：MD 31000 ENC_IS_LINEAR [n]：1—用于位置实际值检测的编码器为线性的；0—用于位置实际值检测的编码器为旋转式。

• 直接位置测量系统：MD 31040 ENC_IS_DIRECT [n]：1—用于位置实际值检测编码器直接安装在机床上；0—用于位置实际值检测编码器安装在电机上。

• 编码器刻线数：MD 31020 ENC_RESOL [n]：旋转测量系统编码器每转的刻线数。电机

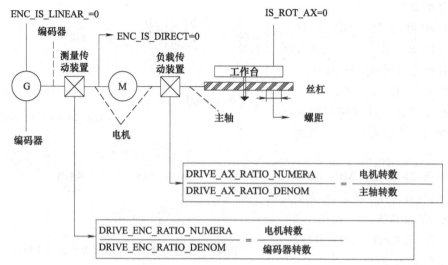

图 4-3　测量系统设置的相关 MD

测量系统的编码器为每转 2048。

- 栅格间距：MD 31010：ENC_GRID_POINT_DIST：线性测量系统的栅格间距，单位为 mm。

- 丝杠螺距：MD 31030 LEADSCREW_PITCH：丝杠螺距。

- 传动比电机/负载：传动比电机侧分子 MD31060 DRIVE_AX_RATIO_NUMERA [n]；传动比负载侧分母 MD 31050 DRIVE_AX_RATIO_DENOM [n]。

- 传动比电机/测量系统：测量系统分子 MD 31080 DRIVE_ENC_RATIO_NUMERA [n]；齿轮箱的分母 MD 31070 DRIVE_ENC_RATIO_DENOM [n]。

下标 [n]：测量系统机床数据带有一个下标 [0] 或 [1]。[0] 值用于第 1 测量系统；[1] 值用于第 2 测量系统，MD31050 和 MD31060 有 0～5 一共 6 个下标，其中下标为 [0] 代表主轴运行在轴模式有效的数据设置，下标 [1] ～ [5] 对应主轴 1～5 不同的齿轮挡位。对于主轴，下标 [0] 和 [1] 设置的值通常是一致的，如果是进给轴，通常只是下标 [0] 生效。

4.1.3　测量系统监控

系统的编码器监控功能，主要监测编码器的工作频率和零脉冲信号。

零点监控：通过 MD 36310：ENC_ZERO_MONITORING > 0，零点监控被激活。该数值是指允许丢失的脉冲数。出错时会引起报警显示 "25020 Axis [Name] Zero point monitoring"，并且使轴制动特性斜率（MD36610）停止。请注意：MD 36310 = 100 对编码器的硬件监控被取消。丢失零脉冲信号的原因有可能是 MD 36300：ENC_FREQ_LIMIT（编码器极限频率）设置过高，或编码器本身损坏或断线。

编码器切换允差：在切换过程中，位置实际值的差被监视，若这个差大于 MD 36500：ENC_CHANGE_TOL 中的值，便会输入报警 "25100 Axis %1 Measuring system switchover not possible" 且切换被禁止。

编码器极限频率：MD 36300：ENC_FREQ_LIMIT（编码器极限频率），用 MD36300 种的频率值作为监控值，若超出，则输出报警 "21610 Channel [Name] Axis [Name] Encoder frequency exceeded" 且轴被停止，便会失去机床和控制系统之间对参考点的位置同步性，因此也不可能进行正确的位置控制，这个状态将被报告给 PLC。只要接通编码器，编码器极限频率监控就一直生效，该功能适用于进给轴和主轴。机床与控制系统之间的位置不能同步，无法进行正确的位置控制，轴停止后必须重新返回参考点，才能够执行零件程序。

出现测量系统监控报警可以重点查看以下原因：

- MD36300 ENC_FREQ_LIMIT（编码器极限频率）设置得过高。
- 编码器电缆损坏。
- 编码器或编码器电子元件损坏。

4.1.4　速度监控

系统的速度监控包括零速监控、速度设定值监控和速度实际值监控，图 4-4 所示为速度监控的示意图。

有如下速度要定义：

- MD 32000：MAX_AX_VELO（轴的最高速度 G0）
- MD 32010：JOG_VELO_RAPID（JOG 方式下快速运行的速度）
- MD 32020：JOG_VELO（JOG 方式下的速度）

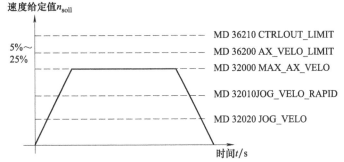

图 4-4　速度监控的示意图

零速监控：系统在程序段结束或者位置控制结束时监测轴的速度是否为零速（指轴进入了零速公差带），MD36040 规定了零速控制延迟时间，MD36030 设置了零速公差带。在零速监控延迟时间内，坐标轴没有到达规定的零速公差带，将会发生 25040 号报警，零速监控报警，产生的原因主要是：位置控制伺服增益过高或者零速公差 MD36030 设置太小。

速度给定值监控：MD 36210 CTRLOUT_LIMIT（以百分比表示的最大速度给定值），100% 表示对模拟接口 10V 对应的最大速度给定值。当极限超出时，报警 "25060 Axis ％1Speed set-point limitation" 被触发，轴停止。MD 36220 CTRLOUT_LIMIT_TIME（延迟时间，速度给定监控），该 MD 定义了速度给定值可以超过 MD36210 的值而触发监控之前所用的时间，达到此极限会引起轮廓误差。

出现速度给定值监控误差原因主要有：

- 存在测量回路或驱动故障。
- 设定值过高（加速度、速度、降低系数）。
- 工作区域中有障碍物（如接触到工作台）。
- 未对模拟主轴正确进行测速发电机调节或存在测量回路误差或驱动器误差。

实际速度监控：实际速度监控功能，监控实际速度是否超过在 MD36200 AX_VELO_LIMIT[n]（速度监控阈值）里给出的极限值。实际速度监控始终适用于进给轴和主轴。MD 36200 AX_VELO_LIMIT（实际速度监控的门限值），当门限值超出时，触发报警 "25030 Actual speed alarm limit" 同时轴被停止。

出现速度实际值监控误差，采取的措施有：

- 检查实际值。

- 检查位置控制方向。
- 检查 MD36200 AX_VELO_LIMIT（速度监控阈值）。
- 对于模拟主轴，检查速度给定值电缆。

4.1.5 极限监控

系统提供的极限监控有：工作区域的限制、软限位、硬件限位、急停开关以及机械极限位置，如图 4-5 所示。

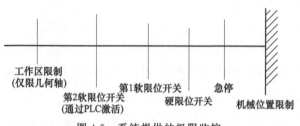

图 4-5　系统提供的极限监控

硬限位开关：对每个轴都可以实现通过 PLC 接口的监控（接口信号"硬限位开关负/正"DB31.DBX12.0 /12.1），当轴到达限位开关时就被停止。制动特性由 MD36600 设定。MD 36600：BRAKE_MODE_CHOICE（到达硬限位开关的制动特性），1—快速停且给定值为"0"；0—维持制动曲线；报警"21614 Channel［Name1］Axis［Name2］Hardware end switch［＋/－］"。图 4-6 介绍了一个简单的硬件限位测试实例。

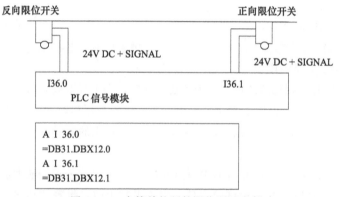

图 4-6　一个简单的硬件限位测试实例

软限位开关：MD 36100：POS_LIMIT_MINUS（第 1 软限位开关负）

MD 36110：POS_LIMIT_PLUS　（第 1 软限位开关正）

MD 36120：POS_LIMIT_MINUS2（第 2 软限位开关负）

MD 36130：POS_LIMIT_PLUS2　（第 2 软限位开关正）

软限位开关有效的选择由 PLC 实现（接口信号"第 2 软限位开关负/正"DB31.DBX12.2/DBX12.3）。

监控功能在实行了 PRESET 之后不再有效。报警"10620/10621/10720 Channel［Name1］Block［Nr.］Axis［Name2］erreicht/steht auf/programm. End　point is behind software end switch＋/－"。

加工区域限制——设定数据：对于几何轴，可通过设定数据设置并激活加工区域限制（操作区域"Parameter"，SK "Settingdata"，SK "working area limitation"）。监控功能在参考点返回之后生效。

加工区域限制——零件程序：对于几何轴，可通过 G25/G26 设置零件程序的加工区域限制。

报警 "10630/10631/10730 Channel [Name1] Block [Nr.] Axis [Name2] erreicht/steht auf/programmed endpoint is behind work field limitation. ＋/－"。

4.1.6　误差监控

在定位过程中，对于轴是否到达定位的区间（准确停止）以及一个轴是否在无运动指令时偏离出一定的允差范围（静止监控、夹紧误差）是有监控的，如图4-7所示。

（1）定位监控

定位监控是为了确保轴在预定的时间内到达指定点，在一个程序段运行结束后（到达给定值位置）启动 MD 36020 POSITIONING_TIME（精准停延迟）里设定的时间，并在这一时间运行结束后检查轴是否到达设定点允许的误差范围内，此误差在 MD 36010 STOP_LIMIT_FINE（精准停）中定义。定位监控始终在动作程序结束后生效（到达给定值位置）。定位监控适用于进给轴和一个位置控制的主轴。

在到达给定的位置时，经过此延时后，实际位置值必须达到"准确停止精调"的允差范围内。在此时间内，没有达到准确停止精调的允差范围，便输出一个报警"25080 Axis [Name] Positioning monitoring"。

出现定位误差原因/误差消除：

● 位置控制增益系数太小 →改变位置控制增益系数机床数据 MD32200 POSCTRL_GAIN（Kv 系数）。

● 定位窗口（精准停）、定位监控时间和位置控制增益彼此不匹配→修改机床数据：MD36010 STOP_LIMIT_FINE（精准停），MD36020 POSITIONING_TIME（精准停延迟时间），MD32200 POSCTRL_GAIN（Kv 系数）。

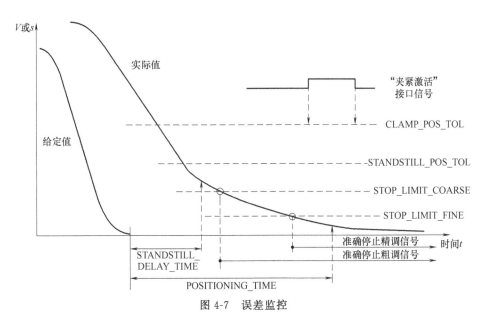

图 4-7　误差监控

准确停止粗调：MD 36000 STOP_LIMIT_COARSE，接口信号 "Position reached with exact hold coarse"（DB31，…，DBX60.6）。

准确停止精调：MD 36010 STOP_LIMIT_FINE，接口信号 "Position reached with exact hold fine"（DB31，…，DBX60.7）。

准确停止精调延时：MD 36020 POSITIONING_TIME。

（2）零速监控

零速监控是在结束一个运行程序段后（已到达位置给定值），也就是一个上使能但没有接收运行指令的轴，将监控在设定的延迟时间（MD36040 STANDSTILL_DELAY_TIME 零速监控的延迟时间）经过后，进给轴位置与设定位置的距离是否位于 MD36030 STANDSTILL_POS_TOL（零速公差）的范围之内，否则会引发一个报警信号。只要没有有效的新的进给指令，零速监控在"零速监控延迟时间"结束后始终有效，零速监控适用于进给轴和一个位置控制主轴。

静止误差：MD 36030 STANDSTILL_POS_TOL；一个停止的轴不能超过的位置误差，若超出此误差范围，则输出报警"25040 Axis [Name] Standstill monitoring"。

静止监控延时：MD 36040 STANDSTILL_DELAY_TIME；在到达给定的位置时，经过此延时之后，实际位置值达到"静止误差"的范围内。若位置误差没有达到上述范围内，则输出报警"25040 Axis [Name] Standstill monitoring"。

误差原因/误差消除：

· 位置控制增益过大（调节回路振荡）→改变控制器增益的机床数据 MD32200 POSCTRL_GAIN(Kv 系数)。

· 零速窗口过小→改变机床数据 MD36030 STANDSTILL_POS_TOL（零速公差）。

· 进给轴由于机械原因偏离自己的位置→排除故障。

夹紧监控：如果定位结束后需要将轴夹紧，可以用接口信号"夹紧监控运行"实现夹紧监控功能。夹紧监控很必要，因为在夹紧过程中，轴可能被压到离给定点距离超过零速公差的地方。在 MD36050 CLAMP_POS_TOL（用于接口信号"夹紧监控运行"的夹紧公差）里给出了偏离给定点的距离值。

（3）轮廓监控

轮廓监控功能的原理是测量的实际位置值和从 NC 位置给定值计算出的实际位置值进行比较。为了提前计算出跟随误差，应使用一个模型来模拟包括前馈控制的位置控制的动态特性。

为了使得监控系统在转速轻微变化时不作出响应（由于负载变化而导致的速度变化），允许使用公差带用于轮廓偏差范围。如果超出了 MD36400 CONTOUR_TOL（轮廓监控公差带）中定义的允许的实际值偏差，则输出报警，进给轴停止。轮廓监控适用于进给轴和位置控制的主轴，轴或主轴在位置控制模式运行下轮廓监控总是有效的。

如果轮廓误差过大，当超出允差带时，会触发报警"25050 Axis [Name] Contour monitoring"，同时轴会根据当前设定的制动斜度而制动。

轴没能够顺畅地运行，就有可能出现轮廓监控，出现轮廓监控报警时可以采取如下措施：

· 增加 MD36400 中定义的监控功能的公差范围值。

· 实际的"Kv 系数"必须和通过 MD32200 POSCTRL_GAIN（Kv 系数）设置的期望 Kv 系数一致。在模拟主轴上：检查 MD32260 RATED_VELO（给定电机转速）和 MD32250 RATED_OUTVAL（给定输出电压）。

· 检查转速控制器的优化。

· 检查轴的运行的灵活性（机械原因）。

· 检查用于运行的机床数据　（进给修调、加速度、最大速度等）。

4.2 参考点调整

4.2.1 参考点调整概要

参考点是确定机床坐标原点的基准，而且还是轴的软限位和各种误差补偿生效的条件。如果采用带绝对值编码器的伺服电机，机床的坐标原点是在机床调试时设定的。但是由于成本原因，大多数数控机床都采用带增量型编码器的伺服电机。编码器采用光电原理将角位置进行编码，在编码器输出的位置编码信息中，还有一个零脉冲信号，编码器每转产生一个零脉冲。

当伺服电机安装到机床床身时，伺服电机的位置确定，编码器零脉冲的角位置也就确定了。由于编码器每转产生一个零脉冲，在坐标轴的整个行程内有很多零脉冲，这些零脉冲之间的距离是相等的，而且每个零脉冲在机床坐标系统的位置是绝对确定的。为了确定坐标轴的原点，可以利用某一个零脉冲的位置作为基准，这个基准就是坐标轴的参考点。为了确定参考点的位置，通常在数控机床的坐标轴上配置一个参考点行程开关。数控机床在开机后，首先要寻找参考点行程开关，在找到参考点行程开关之后，再寻找与参考点行程开关距离最近的一个零脉冲作为该坐标的参考点，根据参考点就可以确定机床的原点了。所以利用编码器的零脉冲可以准确地定位机床坐标原点。

采用增量式编码器时，必须进行返回参考点的操作，数控系统才能够找到参考点，从而确定机床各轴的原点。使用绝对值编码器时，初始配置轴之后也要执行参考点调整操作，才能够实现机电系统同步。所以在数控机床上电之后第一个必要执行的操作就是返回机床各轴的参考点，图4-8所示为参考点配置的一个简单例子。

在840D sl/840D数控系统中，回参考点的方式可以有通道回参考点，即通道内的轴以规定的次序依次执行回参考点动作；也可以轴回参考点，即每个轴独立回参考点。执行回参考点操作时，可以带有参考点挡块，也可以没有参考点挡块。执行回参考点操作过程中，可以是点动形式，也可以是连续方式。可以通过机床数据来实现这些配置。

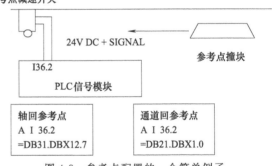

图4-8　参考点配置的一个简单例子

- MD 34110：REFP_CYCLE_NR 通道特定的回参考点。

  1~n——确定通道特定回参考点的各轴的启动顺序；

  0——该机床轴不能由通道指定回参考点功能启动；

  −1——"NC启动"可以不必要求本轴回参考点。

- MD 34200：ENC_REFP_MODE［n］参考点模式。

  0——绝对值编码器；

  1——带零脉冲的增量编码器；

  3——带距离编码的长度测量系统；

  5——用接近开关取代参考点撞块。

- MD 34000：REFP_CAM_IS_ACTIVE。

  1——有参考点撞块；

  0——无参考点撞块（利用零脉冲回参考点）。

- MD 20700：REFP_NC_START_LOCK。

  0——"NC 启动"可不必要求各轴回参考点。

- MD 11300：JOG_INC_MODE_LEVELTRIGGRD。

  1——JOG-INC 和回参考点功能以点动方式进行；

  0——JOG-INC 和回参考点功能以连续方式进行。

轴指定回参考点：轴指定回参考点由各机床轴的接口信号"移动键正/负"（DB31，…，DBX4.7/4.6）来启动。若要求几个机床轴按一定顺序回参考点可以有如下可能性：

- 由操作者决定其启动顺序；

- 由 PLC 程序决定各轴启动顺序。

通道指定回参考点：通道指定的回参考点由接口信号"激活回参考点"（DB21～30，DBX1.0）。控制器通过接口信号"回参考点有效"（DB21～30，DBX33.0）确认成功地启动。利用此功能本通道内的所有机床轴都可以回参考点。通过 MD 34110：REFP_CYCLE_NR（通道特定回参考点的轴顺序）可确定各机床的回参考点的顺序。当所有输入到 REFP_CYCLE_NR 的轴到达参考点时，接口信号"所有要求的轴到达参考点"（DB21～30，DBX36.2）被置位。轴特定的回参考点与通道特定的回参考点互不排斥。

减速挡块：线性轴的回参考点通常需要安装减速挡块，它有以下用途：

- 接近零脉冲时（同步脉冲）选择进给方向；

- 在需要时选择零脉冲。

位置测量系统：以下位置测量系统可以安装在电机或机床上：

- 增量式旋转测量系统；

- 绝对式旋转测量系统。

BERO：可以使用 BERO（感应接近开关）作为编码器用于同步脉冲（代替位置编码器零脉冲，优先用于旋转轴、主轴）。

4.2.2 增量式编码器参考点调整

以电机带有增量式编码器、具有标记零脉冲、机床轴带有参考点挡块为例说明半闭环系统回参考点的操作。使用增量测量系统回参考点时，其过程可以分为如下三个阶段：

- 运行到减速挡块；

- 与零脉冲同步；

- 寻找参考点。

（1）寻找参考点减速挡块时的特性

- 进给率修调和进给停止生效；

- 机床轴可以停止/启动；

- 必须在 MD34030 REFP_MAX_CAM_DIST 中定义的进给范围内到达减速挡块，否则输出相应的报警；

- 机床轴必须在到达挡块时停顿，否则输出相应的报警。

（2）零脉冲同步时的特点

- 进给修调不生效，使用100％进给率修调，如果进给率修调为0％，移动即被取消；
- 进给停止生效，进给轴将停止并显示相应报警；
- 不能使用NC停止/启动键使进给轴停止/启动；
- MD34060 REFP_MAX_MARKER_DIST 监控零脉冲有效。

（3）寻找参考点时的特性

- 进给率修调和进给停止生效；
- 进给轴可以随NC一起停止/启动；
- 如果参考点偏移量小于进给轴从参考点运行速度到静止状态的制动路径，将从反方向回参考点。

回参考点动作可以有参考点挡块、无参考点挡块，同步零脉冲也分为参考点挡块信号的上升沿或下降沿同步零脉冲。如表4-1、表4-2所示为有/无参考点挡块回参考点。

表4-1　有参考点挡块回参考点

回参考点方式	同步脉冲 （零脉冲，接近开关BERO）	运行顺序
带参考减速挡块（MD34000 REFP_CAM_IS_ACTIVE=1）	同步脉冲在减速挡块之前，参考点坐标在同步脉冲之前 ＝无反向： （MD34050 REFP_SEARCH_MARKER_REVERSE=0）	
	同步脉冲在减速挡块上，参考点坐标在之后＝反向时： （MD34050 REFP_SEARCH_MARKER_REVERSE=1）	

注：V_C—参考点返回速度（MD34020 REFP_VELO_SEARCH_CAM）；

V_M—参考点关断速度（MD34040 REFP_VELO_SEARCH_MARKER）；

V_P—参考点逼近速度（MD34070 REFP_VELO_POS）；

R_V—参考点偏移（MD34080 REFP_MOVE_DIST＋MD34090 REFP_MOVE_DIST_CORR）；

R_K—参考点坐标（MD34100 REFP_SET_POS）。

参考点减速挡块必须保证一个最短的长度，才能够正常完成回参考点的操作。例如，同步脉冲在减速挡块之前，参考点在同步脉冲前使用挡块下降沿寻找同步零脉冲。减速挡块必须足够长，使得用"寻找减速挡块速度"寻找减速挡块时可以在挡块上结束制动过程（在挡块上停动），并且在用"寻找接近开关信号速度"在反方向运行时又再次离开挡块（恒定速度）。计算挡块的最短长度时请使用其中较大的速度按下列公式计算：

$$最小长度=\frac{（回参考点开始速度或者结束速度）^2}{2×轴加速度（MD32300:MAX\_AX\_ACCEL）}$$

如果机床轴不能在减速挡块上停止（接口信号"回参考点减速挡块"已经复位），则发出报警20001。如果减速挡块过短，并且在阶段1机床轴制动时运行超出减速挡块，则会出现20001报警。如果减速挡块很长，可以达到进给轴的运行范围界限，这也就避免选一个不允许的回参考点起点（在挡块之后）。

表 4-2　无参考点挡块回参考点

回参考点方式	同步脉冲 （零脉冲,接近开关 BERO）	运行顺序
不带参考减速挡块（MD34000 REFP_CAM_IS_ACTIVE=0）	参考点在同步脉冲之后	

注：V_C—参考点返回速度（MD34020 REFP_VELO_SEARCH_CAM）；

V_M—参考点关断速度（MD34040 REFP_VELO_SEARCH_MARKER）；

V_P—参考点逼近速度（MD34070 REFP_VELO_POS）；

R_V—参考点偏移（MD34080 REFP_MOVE_DIST＋MD34090 REFP_MOVE_DIST_CORR）；

R_K—参考点坐标（MD34100 REFP_SET_POS）。

减速挡块必须精确调节。以下几点对识别减速挡块的时间性能（接口信号"参考点运行延迟"）具有影响：

- 减速挡块开关的精度；
- 减速挡块开关的时间延迟（常闭接点）；
- PLC 输入端时间延迟；
- PLC 循环时间；
- 内部处理时间。

调节两个同步脉冲信号的中间沿（或零脉冲）以达到同步是最好的方法。过程如下：

- 设置 MD34080 REFP_MOVE_DIST ＝ MD34090 REFP_MOVE_DIST_CORR ＝ MD34100 REFP_SET_POS ＝ 0；
- 轴回参考点；
- 在 JOG 方式，在两个零脉冲之前使轴移动一半的路径，路径取决于主轴丝杠的螺距 S 和变速系数 n（例如：$S＝10mm/r$，$n＝1：1$，得出 5mm 路径）；
- 调节挡块开关，使它在此位置准确进行开关动作（接口信号"回参考点延迟"）；
- 或者，无需移动挡块开关，可以修改 MD34090 REFP_CAM_SHIFT 中的值。

如果减速挡块没有精确调节，则可能会计算一个错误的同步脉冲（零脉冲）。因此控制器接收一个错误的机床零点，并使进给轴运行到错误的位置。这样，软件限位开关就在错误的位置上生效，不能对机床进行保护。

4.2.3　绝对值编码器参考点调整

如果某个轴使用的是绝对值测量系统，则自动使用绝对值编码器回参考点。接收绝对值不发生轴运行，例如：绝对值测量系统上电时自动回参考点必须满足两个前提条件：

- 进给轴使用绝对值编码器控制位置；
- 绝对值编码器已校正（MD34210 ENC_REFP_STATE ＝ 2）。

进给轴带有绝对值编码器时，测量系统无需通过回参考点挡块进行同步，而采取校正的方式，则在系统调试过程中设定实际值被系统接受。

绝对值编码器回参考点，移动待校正的进给轴到达给定位置，然后设定实际值，其校正一般步骤：

• 设定 MD34200 ENC_REFP_MODE 和 MD34210 ENC_REFP_STATE 的值为 0，然后通过上电使能。参数 ENC_REFP_MODE＝0 表示进给轴的实际值曾经设定。

• 在 JOG 方式，手动使轴进给到已知的位置。位置进给的方向必须按照 MD34010 REFP_CAM_DIR_IS_MINUS（0＝正方向，1＝负方向）中的设定。

• 必须缓慢地移动到已知位置而且始终按照定义的方向，确保该位置不被驱动系统中的背隙抵消。

• 在 MD34100 REFP_SET_POS 输入需到达位置的实际值。该值可以是特定值（如固定停止），或者使用测量系统计算。

• 设定 MD34210 ENC_REFP_STATE 的值为 "1"，这可以使能 "校正" 功能。

• 按复位使能修改后的机床数据。

• 更换到 JOG-REF 方式。

• 按下第 2 步中使用的运行键将当前偏移值设定到 MD34090 REFP_MOVE_DIST_CORR 中，同时 MD34210 ENC_REFP_STATE 的值变为 "2"，即轴已校正（按下运行方向键后更新屏幕显示）。

• 如果按了相应的进给键，进给轴不能移动，MD34100 REFP_SET_POS 中输入的值将在进给轴实际位置中显示。

• 退出 JOG-REF 方式，轴校正完毕。

通过校正计算出机床零点和编码器零点之间的偏移量并将它存储在稳定的存储器中。通常，只需在初次开机调试时进行一次校正。然后系统知道该值并可以在任何时候通过编码器绝对值计算出绝对机床位置。可以通过设定 MD34210 ENC_REFP_STATE＝2 来标识该状态。偏移量保存在 MD34090 REFP_MOVE_DIST_CORR。

必须在出现以下情况时重复校正过程：

• 拆除/安装或更换编码器或内装有编码器的电机后；

• 电机（带有绝对值编码器）和负载变速换挡后；

• 通常，编码器和负载间的极限连接被断开且还未重新连接时。

系统不能发现需要重新校正的所有情况！如果系统发现某些情况，会设定机床数据 MD34210 的值为 0 或 1。系统能够识别以下情况：变速换挡，该变速挡在编码器和负载间具有不同的变速比。在其它情况下，用户自己必须覆盖机床数据 MD34210。

数据保存也同时保存 MD34210 ENC_REFP_STATE 的状态。通过载入该数据记录，表示进给轴已自动校正。如果数据记录来自其它机床（如串行调试机床时），当数据载入和使能后，必须进行校正。

4.2.4　带距离编码的测量系统回参考点

在一些数控机床中，通常会配置带距离编码的直线光栅尺，如图 4-9 所示，对于线性测量系统的参数化需设置下列数值：

• 机床零点和长度测量系统第一个参考标记位置之间的绝对偏移量：
  MD34090 REFP_MOVE_DIST_CORR（参考点偏移/绝对偏移）。

• 长度测量系统相对于机床坐标系的方向设置（相同或相反）：
  MD34320 ENC_INVERS（长度测量系统与机床系统方向相反）。

- 回参考点模式（设置值＝3）：

  MD 34200 ENC_REFP_MODE [n]。
- 两个参考标记位之间的距离：

  MD 34300 ENC_REFP_MARKER_DIST。
- 参考标记位差值增量：

  MD 34310：ENC_MARKER_INC。

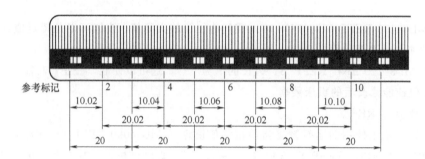

图 4-9　带距离编码的直线光栅尺

确定机床零点和机床轴第一个参考点位置之间的绝对偏移量时，建议如下操作：

- 将绝对偏移量数值设置为零：MD34090 REFP_MOVE_DIST_CORR ＝ 0。
- 执行返回参考点操作。
- 返回参考点运行应该在机床的某个位置执行，可在此位置使用如激活干涉测试仪等工具轻松测得机床轴相对于机床零点的准确位置。
- 通过操作面板获得机床轴的实时位置。
- 测量当前机床轴相对于机床零点的位置。
- 计算出绝对偏移量并输入 MD34090 中。

绝对偏移量的计算与测量系统相对于机床坐标系的方向（相同或相反）有关：

- 相同：所测得的位置 ＋ 显示的实时位置；
- 相反：所测得的位置－显示的实时位置。

得到绝对偏移量并填入 MD34090 后，必须重新启动机床轴的回参考点运行。

在带距离编码测量系统确认参考标记时，可选择两种模式回到参考点：

- 分析计算相邻两个参考标记：MD34200 ENC_REFP_MODE（回参考点模式）＝ 3，这种方式优点在于运行路径较短；
- 分析计算相邻四个参考标记：MD34200 ENC_REFP_MODE ＝ 8，这种方法优点在于可通过 NC 进行合理性检查，并且提高回参考点结果的安全性。

带距离编码测量系统确认参考标记时，返回参考点的时序过程分为 2 个阶段，如图 4-10 所示：

- 阶段 1：同步启动通过参考标记；
- 阶段 2：运行至固定目标点。

在有间距编码参考标记的测量系统中，返回参考点本来无需任何参考凸轮。出于功能性考虑，在通道专有返回参考点运行和使用零件程序返回参考点运行中（G74）须在机床轴的运行范围末端安装参考凸轮。

- 未触碰到参考凸轮的过程。

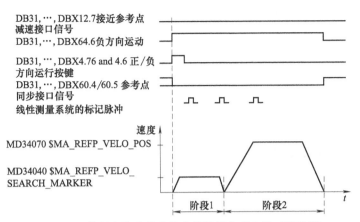

图 4-10　带距离编码的直线光栅尺回参考点的时序步骤

启动返回参考点运行后，机床轴即加速到已编程的参考点停止速度：MD34040 REFP_VE-LO_SEARCH_MARKER（参考点停止速度）运行完已编程的参考标记个数后，机床轴再次停止，其实时数值系统同步至 NC 获得的绝对位置。

- 在参考凸轮上启动的过程。

若启动返回参考点运行时机床轴位于参考凸轮上，则其将加速至已编程的参考点停止速度，运行方向与已编程的参考点运行方向相反：

MD34040 REFP_VELO_SEARCH_MARKER（参考点停止速度）；

MD34010 CAM_DIR_IS_MINUS（沿负方向返回参考点）。

如此可保证机床轴在未行驶完已编程的参考标记个数前不会撞上运行范围限制点。运行完已编程的参考标记个数后，机床轴再次停止，其实时数值系统同步至 NC 获得的绝对位置。

- 返回参考点途中触碰到参考凸轮的过程。

启动返回参考点运行后，机床轴即加速到已编程的参考点停止速度：MD34040 REFP_VE-LO_SEARCH_MARKER（参考点停止速度）机床轴在运行完已编程的参考标记个数前即触碰到了参考凸轮。此种情况下，机床轴会反向运行并沿相反的方向重新启动参考标记寻找过程。运行完已编程的参考标记个数后，机床轴再次停止，其实时数值系统同步至 NC 获得的绝对位置。

若 NC 在返回参考点运行过程中探测到两个相邻参考标记间的间距大于已编程参考标记间距的 2 倍，则会出现错误：MD34300 ENC_REFP_MARKER_DIST（参考标记距离）。

此种情况下，机床轴会以已编程的参考点停止速度（MD34040）的一半沿反方向运行并重新启动参考标记寻找过程。若又再次发现参考标记间距有误，则机床轴会停止并中断返回参考点运行过程（报警 20003 "测量系统" 故障）。

若在已编程的路段中未发现已编程的参考标记个数，机床轴会停止并中断返回参考点运行过程：MD34060 REFP_MAX_ MARKER_DIST（至参考标记的最长路段）。

第 1 阶段成功结束后，机床轴实时数值系统即完成同步。

若第 1 阶段未发生报警且成功完成，则自动启动第 2 阶段。机床轴在结束了返回参考点运行后将在第 2 阶段中运行至已定义的目标位置（参考点）。若需要缩短参考点的运行路径，也可阻止此过程进行：MD34330 STOP_AT_ABS_MARKER。

- 0——运行至目标位置；
- 1——不运行至目标位置。

运行至目标位置（通常情况），机床轴加速至已编程的参考点驶入速度并运行至已编程的目标点（参考点）：

- MD34070 REFP_VELO_SEARCH_CAM（回参考点驶入速度）；
- MD34100 REFP_SET_POS（参考点数值）。

机床轴已到达参考点。NC 发出相应的接口信号进行识别。

不运行至目标位置，机床轴现在已到达参考点，NC 发出相应的接口信号进行识别。

4.2.5　参考点调整常见故障处理

返回参考点类的故障，如表 4-3、表 4-4 所示，当出现数控机床返回参考点故障时，可以从以下几个方面入手。

① 先检查参考点减速挡块是否松动，参考点开关是否松动或者损坏；
② 检查反馈测量系统的电缆；
③ 检查脉冲编码器电源电压和输出信号；
④ 检查有关参考点的 MD 设置；
⑤ 检查有关参考点的接口信号。

表 4-3　不能返回参考点或找不到参考点故障检查表

序号	原因	检查及处理
1	没有参考点减速挡块信号	检查接口信号 DB3*.DBX12.7，确认减速挡块信号的正确输入。检查减速挡块以及连接电缆，并根据 PLC 程序检查信号的逻辑条件
2	操作方式选择不正确	诊断 DB2*.DBX1.0 的状态，检查操作方式是否处于返回参考点的工作状态
3	返回参考点轴的运动方向选择不正确	根据机床参数 MD34010 设置的返回参考点方向，正确选择轴的运动方向，确认轴方向信号连接是否正确，根据 PLC 程序检查信号的逻辑条件
4	返回参考点的起点不正确	返回参考点的起点距离参考点太近，从返回参考点的起点到参考点的距离至少相当于电机两转的移动量
5	脉冲编码器的电源连接不良	检查脉冲编码器的电源，其电压必须大于 4.75V，电源电压要求在 5.05～4.75V 之间，连接编码器电路上的压降不能超过 0.2V，否则应增大电源导线面积
6	脉冲编码器故障	利用示波器查看编码器信号，若有故障则更换脉冲编码器
7	减速开关故障	检查减速开关的工作情况，维修或者更换减速开关

表 4-4　参考点返回误差故障

序号	原因	检查及处理
1	减速挡块位置发生变化	检查减速挡块是否松动，固定减速挡块
2	减速开关位置发生变化	检查减速开关是否松动或损坏，固定减速开关，或维修或更换
3	零点脉冲信号受到干扰	检查反馈电缆屏蔽线连接是否正确，接地是否良好，布线是否合理，采取相应的措施，减小零点脉冲信号干扰
4	编码器的电源电压过低或波动	检查脉冲编码器的电源，其电压必须大于 4.75V，电源电压要求在 5.05～4.75V 之间
5	脉冲编码器的输出信号不良	利用示波器检查编码器信号，确认输出各相信号正常，否则更换编码器
6	电缆连接不良	检查电缆连接，确保连接可靠
7	接近参考点的速度太快	检查机床数据 MD34070 设置的速度，减小接近参考点的速度

以下列出一些常见的回参考点故障的案例：

① 如果在开机后，没有将工作台移出参考点减速区域之外，即开始了回参考点动作，则在

回参考点的过程中，将出现超程报警，造成了机床的越位。此时可以在退出超程保护后，手动移动工作台，移出参考点减速区后，重新回参考点。

如果减速开关有故障，将有可能导致减速开关挡块压上/松开后，信号均无变化。这样机床在回参考点时坐标轴无减速动作，将会出现超程报警。电机与丝杠间的相对连接位置发生了变化，导致参考点偏离了原来的位置，这也会引起该轴在回参考点时的超程报警。此时可以重新调整参考点。

② 回参考点动作正常，但参考点位置随机性大，每次定位都有不同的值。机床回参考点动作正常，证明机床回参考点功能有效。可以初步判定故障的原因是脉冲编码器"零脉冲"不良或丝杠与电机间的连接不良。可以在维修时脱开电机与丝杠间的联轴器，并通过手动压参考点减速挡块，进行回参考点试验，每次回参考点完成后，电机总是停在某一固定的角度上。这就可以说明脉冲编码器"零脉冲"无故障，问题的原因应在电机与丝杠的连接上。

③ 在批量加工零件时，某天加工的零件产生批量报废。分析及处理过程：经对工件进行测量，发现零件的全部尺寸相对位置都正确，但 X 轴的全部坐标值都相差了整整 10mm。分析原因，导致 X 轴尺寸整螺距偏移（该轴的螺距是 10mm）的原因是参考点位置偏移。

对于大部分系统，参考点一般设定于参考点减速挡块放开后的第一个编码器的"零脉冲"上；若参考点减速挡块放开时刻，编码器恰巧在零脉冲附近，由于减速开关动作的随机性误差，可能使参考点位置发生 1 个整螺距的偏移。这一故障在使用小螺距滚珠丝杠的场合特别容易发生。对于此类故障，只要重新调整参考点减速挡块位置，使得挡块放开点与"零脉冲"位置相差在半个螺距左右，机床即可恢复正常工作。

④ 在回参考点时出现参考点位置不稳定，参考点定位精度差的故障。可以先检查该机床在手动方式下工作是否正常，参考点减速速度、位置环增益设置是否正确，同时测量编码器+5V电压是否正常，回参考点的动作过程是否正确。最后进一步检查发现，该轴编码器连接电缆的屏蔽线，屏蔽线不良也会引起参考点定位不稳定，定位精度达不到机床要求。

如果使用光栅，要检查故障是否是由于光栅尺不良引起的。可以拆下光栅尺检查，看光栅内部是否被污染，如果污染，则重新清洗处理，并测试确认光栅输出信号恢复后，重新安装光栅尺。

⑤ 编码器的供电电压必须在+5V±0.2V 的范围内，当小于 4.75V 时，将会引起"零脉冲"的输出干扰。

编码器反馈的屏蔽线必须可靠连接，并尽可能使位置反馈电缆远离干扰源与动力线路。编码器本身的"零脉冲"输出必须正确，满足系统对零位脉冲的要求。参考点减速开关所使用的电源必须平稳，不允许有大的脉动。

⑥ 影响回参考点动作的主要因素有：

- 数控系统的操作方式，它必须选择回参考点（Ref）方式。
- "参考点减速"信号必须按要求输入。
- 位置检测装置"零脉冲"必须正确。

数控系统的参数设置必须正确。常见的故障是减速挡块位置调整不当和减速信号的故障，其次是位置检测元器件的"零脉冲"干扰、检测元器件的故障，以及机床参数的设定错误。

位置环增益设定不当，以及回参考点速度设定不当也都会引起回参考点的报警，尤其是在修改过参数或者初次配置机床轴时要注意。

4.3 ｜ 主轴运行

在前一天的学习中，我们知道如何定义主轴，但是定义完主轴之后还有相关的参数需要根据具体的机床以及应用场合进行调整。

4.3.1 主轴运行模式

对于主轴和进给轴，分别在 MDA 方式下编程测试所配置的轴的功能。

M03 S1000，此时会出现 25030 的报警，因为速度超过 MD36200 设置的限制（默认是31.94），此时修改下标为 0 的 MD36200 设置大于 1000，但是报警依然存在。

如果对进给轴，G0 X100 Y100 F800，修改下标为 0 的 MD36200 设置大于 800 就不会出现报警了。

这是因为进给轴电机用的是同步电机，其作用就是进给轴的作用；而主轴使用的是异步电机，通过机床数据被指定为主轴。主轴的工作模式有：旋转模式（默认）、换挡、定位（SPS＝270°）以及轴状态（G01 C270° F100），如图 4-11 所示。MD36200 的下标为 0，则主轴作为轴模式，位置环起作用；MD36200 的下标为 1～5 分别对应于主轴的不同挡位（对于进给轴没有定义）；换挡必须激活，如果不激活，则下标为 1 生效。把下标为 1 的 MD36200 修改大于 1000，此时不会再有 25030 报警，但是主轴速度只到达 500，因为 MD35130 给主轴速度设置了钳位，修改它就可以到达全速。

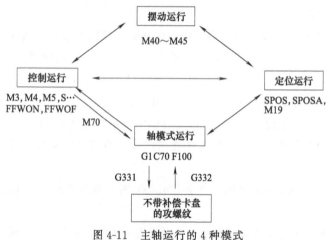

图 4-11　主轴运行的 4 种模式

主轴控制运行：主轴用于带动工件或刀具旋转以便完成切削过程。当给定主轴的旋转方向（M3，M4）和主轴转速（S…），主轴就在控制模式下旋转，即实际速度不是恒定的而是在给定值附近变化。

SPCON/SPCOF：若需要恒定的转速，就必须由 SPCON 指令来激活位置控制。该功能用 SPCOF 取消。当使用 SPCON 时，最高转速被自动限制到 90%。

定位运行：为了主轴定位，例如用于换刀，可使用指令 SPOS、SPOSA 和 M19。用于 M19 的定位数据输入到轴专用的设定数据 SD43240M19_SPOS MODE［n］（定位）和 SD43250：M19_SPOD MODE［n］（定位接近方式）。M19 在软件版本 5.3 以后才能使用。

例：　　SPOS＝90　　　　主轴 1 定位到 90°
　　　　SPOSA［2］＝30　主轴 2 定位到 30°
　　　　M19　　　　　　主轴 1 定位到 SD 43240

摆动运行：在摆动时，主轴电机不断地改变旋转方向（顺/逆时针）。这种摆动有利于实现齿轮级的变换。摆动功能可以通过机床数据、PLC 程序或 FC18 来实现。

轴模式运行：对于某些特定的任务（例如在车床上作端面加工），可以把主轴变为轴模式，在零件程序中以轴的地址编程（如 C）。若轴模式运行被激活且该回转轴回过参考点，则所有轴应有的功能都可以利用。

4.3.2　齿轮级与主轴换挡

一个主轴可以设置 5 个变速挡，如果主轴直接与电机相连（1∶1），或者主轴到电机的传动比已经固定不变，则机床数据 MD35010 GEAR_STEP_CHANGE_ENABLE（使能变速换挡）必须置零。

变速挡的预置可以由以下方法进行：

- 通过零件程序（M41～M45）；
- 通过编程的主轴速度自动进行（M40）。

用 M40 自动进行变速换挡时主轴必须位于主轴控制方式下并有 S 指令。否则不能执行变速换挡，并发出报警 22000"不能换挡"。图 4-12 所示为带有变速挡选择的变速换挡。

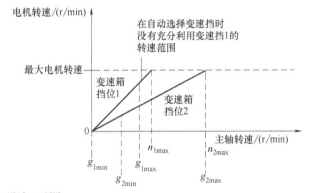

通过MD预设：
n_{1max} ——第1变速挡的最大主轴转速
g_{1min} ——第1变速挡的最小主轴转速
用于自动变速换挡选择
g_{1max} ——第1变速挡的最大主轴转速
用于自动变速换挡选择
n_{2max} ——第2变速挡的最大主轴转速
g_{2min} ——第2变速挡的最小主轴转速
用于自动变速换挡选择
g_{2max} ——第2变速挡的最大主轴转速
用于自动变速换挡选择

图 4-12　带有变速挡选择的变速换挡

在零件程序中用 M41～M45 预先确定变速挡。如果从当前的变速挡转换到 M41～M45 所确定的变速挡，则设置接口信号"变速换挡"和信号"给定变速挡 A 到 C"。这样，编程的主轴转速（S 功能）就与给定的变速挡相关。如果所编程的主轴转速大于变速挡的最大转速，则主轴转速只能是变速挡的最大转速，并设置接口信号"限制给定转速"。如果所编程的转速小于该变速挡的最小转速，则将转速提高到该最小转速。在此对信号"提高额定转速"进行设置。

通过零件程序中的 M40 指令，控制器可以自动确定变速挡。此时控制器确定编程的主轴转速（S 功能）可能位于哪一个变速挡上。如果所确定的变速挡不是当前的变速挡，也就是说，当前的变速挡要进行换挡，则设置接口信号"变速换挡"和"设定变速挡 A 到 C"。

控制器在自动选择变速挡时按照如下过程进行：编程的主轴转速首先与当前变速挡的最小值和最大值进行比较。如果比较结果为正，则不给出新的变速挡。如果比较结果为负，则从变速挡 1 到变速挡 5 逐节进行比较，直到结果为正。若在变速挡 5 时比较结果仍为否定，则不进行变速换挡。主轴转速限制为当前变速挡的最大转速，或者提高到当前变速挡的最小转速，并设置接口信号"限制给定转速"或"提高给定转速"。

MD35110、MD35120 用于主轴自动换挡使用，MD35010 用于激活换挡。自动换挡，NCK 根据 S 值判断换挡是否符合要求，根据 MD35110，系统获知处在哪个挡位，并且系统要让 PLC 知道换哪个挡位。这都需要利用到接口信号：DB31. DBX82.0~82.2，比如 PLC 读到 010 则知道要换到第 2 挡，告诉 NCK 要换到哪个挡位需要利用到接口信号：DB31. DBX16.0 ~ 16.2，DB31. DBX16.3 输入给 NC，新的挡位有效。

MD35110 [n] 在此 MD（GEAR_STEP_MAX_VELO）中设定用于自动换挡（M40）的本齿轮级的最高转速。

MD35120 [n] 在此 MD（GEAR_STEP_MIN_VELO）中设定用于自动换挡（M40）的本齿轮级的最低转速。

MD35130 [n] 在此 MD（GEAR_STEP_MAX_VELO_LIMIT）中设定本挡最高速度极限，在本挡中此速度不能被超过。

MD35140 [n] 在此 MD（GEAR_STEP_MIN_VELO_LIMIT）中设定本挡最低速度极限，编程中即使有较小的 S 值也不会低于此值。

图 4-13 所示为主轴自动变换挡位转速范围的说明。

图 4-13 主轴自动变换挡位转速范围说明

只有在主轴停止时才能切换新的变速挡。如果要求变速换挡，则在控制系统内部停止主轴。如果通过 M40 预设新的变速挡，或者通过 M41~M45 预置主轴转速，则设置接口信号"设定变速挡 A 到 C"和信号"变速换挡"。根据设置接口信号"摆动速度"所发生的时间，主轴按照摆动方式运行的加速度，或者按照速度控制方式/位置控制方式加速度制动到停止。

通过 M40 和 S 指令，或者通过 M41~M45 使变速换挡之后，不执行零件程序中的下一个程序段（此时就如同设置了接口信号"禁止读入"一样）。当主轴停止时（接口信号"进给轴/主轴停止"），就通过接口信号"摆动速度"接通摆动方式运行。在换上新的变速挡后，由 PLC 用户设置接口信号"实际变速挡"和接口信号"已经完成变速换挡"。变速挡转换结束（主轴运行方式选定为"摆动运行"），并且转换到新的实际变速挡参数程序段上。主轴按新的变速挡高速旋转到最后编程的主轴转速（只要 M3 或 M4 有效）。当 PLC 用户必须对信号"变速换挡"进行复位时，信号"已经完成变速换挡"通过 NCK 进行复位。零件程序中的下一个程序段可以开始运行。典型的变速换挡的时序过程如图 4-14 所示。

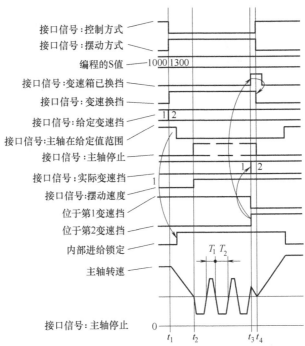

t_1 — 通过编程：S1300，NCK识别新的变速挡
（第2变速挡），设置信号：变速换挡并锁定
下一零件程序段的处理。
t_2 — 主轴停止，开始摆动（摆动由NCK实现）。
接口信号：摆动转速最迟在t_2时设置。
t_3 — 确定新的变速挡。PLC用户将新的实际
变速挡传送到NCK并设置接口信号，已经完成变速换挡。
t_4 — NCK接收接口信号 返回变速挡位，结束摆动方式，
释放下一个用于加工的零件程序段并使主轴加速到新的
S值(S1300)。

图 4-14　典型的变速换挡的时序过程

5 个变速挡中每个变速挡均有一个参数组。相应的参数组由接口信号"实际变速挡 A 到 C"激活，它们按表 4-5 规则分配。

表 4-5　接口信号与挡位对应关系

索引 n	PLC 接口编码 CBA	数据程序段的数据
0	—	进给轴运行的数据
1	000 001	变速挡 1 的数据
2	010	变速挡 2 的数据
3	011	变速挡 3 的数据
4	100	变速挡 4 的数据
5	101	变速挡 5 的数据

通过主轴监控和当前有效的功能（G94、G95、G96、G33、G331、G332 等）确定允许的主轴转速范围。

主轴最高速：主轴最高速被设定于 MD 35100：SPIND_VELO_LIMIT 中。NCK 把主轴速度限制为此值。MD 36200：AX_VELO_LIMIT［1…5］取决于齿轮箱级的主轴速度可以被监控。若

速度超出，则产生报警"25030 axis［Number］actual speed alarm limit"，图 4-15 为主轴监控运行。

编程的主轴：通过功能 G25 S…和 G26 S…可以在零件程序中设定主轴转速最小值和最大值。

速度限制：此限制在所有工作方式下都有效。

主轴设定数据：在"参数"操作区域用 SK "Setting data"、SK "Spindle data"，用户或启动人员可以决定设置进一步的主轴速度限制。当输入的主轴转速为 0 时，主轴在所有工作方式下都会停止而且没有错误信息显示。

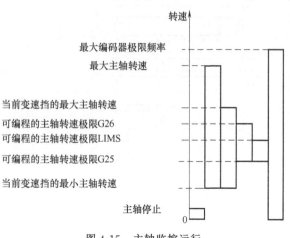

图 4-15　主轴监控运行

轴/主轴静止：若速度低于 MD 36060：STANDSTILL_VELO_TOL 中的设定速度，则接口信号"轴/主轴静止"会有指示。利用设定 MD 35510：SPIND_STOPPED_AT_IPO_START 进给被使能，例如 M5 之后。

主轴在给定的范围内：若主轴转速误差在 MD 35150：SPIND_DES_VELO_TOL 中设置的允差范围内，则接口信号"Spindle in setpoint range"有输出。

根据 MD 35500：SPIND_ON_SPEED_AT_IPO_START 进给被使能。

如果主轴处于位控模式，则监控功能：轮廓误差 MD36400、静止误差 MD36030 和准确到位 MD36000、MD36010 有效。

4.3.3　主轴测量系统调整

主轴通常也配置有测量系统，带有标记零脉冲，如果主轴要运行在位置环控制模式（定位模式、轴模式），那么需要进行测量系统的调整，如图 4-16 所示。

MD 34060＝360 到达参考点脉冲的最大距离（REFP_MAX_MARKER_DIST［n］），测量出补偿值输入到 MD 34090：参考点偏置（REFP_MOVE_DIST_CORR），此值必须在 NCK 复位后才生效。

控制器启动之后，主轴可按如下方法进行同步：

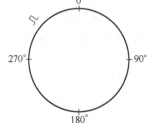

图 4-16　主轴电机的测量系统调整

• 利用主轴转速（S 值）和转动方向（M3 或 M4）启动主轴转动，主轴利用测量系统的下一个零脉冲或下一个 Bero 信号自行同步。

• 利用 SPOS、M19 或 SPOSA 让主轴从静止或从运动中进行定位。主轴利用测量系统的下一个零脉冲或下一个 Bero 信号自行同步。随后定位到编程的位置。

• 在 JOG 工作方式下，利用方向键使主轴在速度控制方式下转过一次零脉冲位置。

零脉冲调整：在做主轴同步时，零脉冲的位置被定义为实际位置＝0。若此位置与实际要求的零位不对应，则要通过机床数据来纠正。

方法 1：作为预调整，设 MD 34060＝360 到参考点脉冲的最大距离（REFP_MAX_MARKER_DIST［n］），测量系统的补偿值输入到 MD 34090：参考点偏置（REFP_MOVE_DIST_

CORR）当中。此值只有当 NCK 复位后才生效。

方法 2：

SPOS＝0

G1 G91 C1

此后主轴便处于轴运行模式下，并且可以通过接近参考点的方法进行调整。

4.4　840D sl/840D 误差补偿

机床在对工件进行加工的过程中，由于测量系统和力的传递过程中会产生误差和机床自身磨损或装配工艺问题的影响，使得加工工件的轮廓偏离理想的几何曲线，导致加工工件产品质量的下降。特别是在加工大型的工件时，由于温度和机械力的影响使得加工精度损失更为严重。因而在机床出厂前，需要进行一定的误差补偿。螺距误差补偿和反向间隙补偿是两种最常见的补偿方式，还有温度补偿、垂直度补偿也比较常见。

4.4.1　螺距误差补偿

螺距误差的补偿是按坐标轴来进行的，轴的补偿曲线如图 4-17 所示，激活误差补偿需设定以下相关机床参数：

（1）轴最大误差补偿点数

根据该机床的特点，轴的螺距误差参数补偿点数由机床数据 MD 38000 来确定，比如 X 轴设置为 50 个补偿点，即 MD 38000[0 AX1]＝50；Z 轴螺距误差补偿点数为 100，即 MD 38000 [0 AX2]＝100。参数设定好后，系统自动产生相应轴的补偿文件，补偿文件存放在目录/NC-AC-TIVE-DATA/Meas-System-err-comp 下。可以修改每轴的补偿点数。如果改变 MD38000，系统会在下一次上电时重新对内存进行分配，建议在修改该参数之前，备份已存在的零件加工程序、R 参数和刀具参数及驱动数据。

（2）　MD32700 螺距误差补偿使能

MD32700＝0 螺距补偿不生效，允许修改补偿文件；

MD32700＝1 螺距补偿生效，不允许修改补偿文件。

当设定完参数，把补偿文件传入系统后，只有当该轴返回参考点后才生效。

编辑螺距补偿文件的方法有两种：

• 将数控系统产生的补偿文件传出，在计算机上编辑并输入补偿值，再将补偿文件传入数控系统。

• 将补偿文件格式改为加工程序，对该程序进行补偿值编辑，再运行加工程序即可将补偿值写入数控系统。

（3）编辑螺距补偿的操作步骤

测量形成一个表，以固定的步距来全行程测量（因为这是一个特殊的 MD，最好不是每次补偿都修改点数，然后进行备份/还原），以后每次以固定的点数来测量就可以了。

• 修改 MD 38000 参数：根据补偿的最大点数决定，特殊的 MD，修改之后要进行列备份，然后 NCK reset，再系列还原。螺纹文件在 NC_Active_data 中，此时这个文件夹下面有各轴的测量系统螺距补偿文件。可以利用分区备份的方法，把文件备份出来，在外部修改编辑补偿文件。

• 编辑补偿文件，并输入补偿值（见补偿值）。

• 设定 MD32700＝0，将修改过的补偿文件通过数据恢复的方法传入系统或作为零件程序执行一次。

• 设定 MD32700＝1，轴回参考点后，新补偿值生效。

• 可以在 Service 中查看补偿是否生效。

螺距补偿文件格式及部分测量参数：

```
% _N_AX_EEC_INI
CHANDATA (1)
$ AA_ENC_COMP [0, 0, AX1] = 0 //对应于最小位置上的误差值
$ AA_ENC_COMP [0, 1, AX1] = 0.001 //对应于最小位置+ 1 个间隔上的误差值
$ AA_ENC_COMP [0, 2, AX1] = 0.006 //对应于最小位置+ 2 个间隔上的误差值
……
$ AA_ENC_COMP [0, 11, AX1] = 0.019 //对应于最小位置+ 11 个间隔上的误差值
$ AA_ENC_COMP_STEP [0, AX1] = 90 //测量间隔（mm）
$ AA_ENC_COMP_MIN [0, AX1] = 576.471 //最小位置（绝对）
$ AA_ENC_COMP_MAX [0, AX1] = 1566.471 //最大位置（绝对）
$ AA_ENC_COMP_IS_MODULO [0, AX1] = 0 //用于旋转轴，旋转轴是模态的，直线轴不是模态的
M17 //X 轴补偿表结束
```

表 4-6 所示为某机床轴的螺距误差补偿实例。

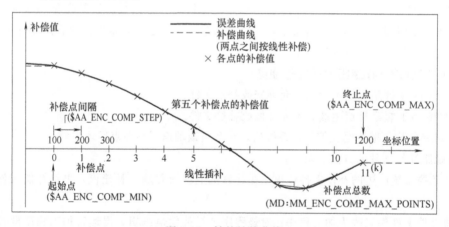

图 4-17　轴的补偿曲线

表 4-6　某机床轴的螺距误差补偿实例

项目	方法一： • 系统自动生成补偿文件 • 补偿文件传入 PC 计算机 • 在 PC 机上编辑并输入补偿值 • 将补偿文件再传入系统中	方法二： • 系统自动生成补偿文件 • 将补偿文件格式改为加工程序 • 通过 840D 的 PCU 输入补偿值 • 运行该零件程序即可将补偿值送入系统中
文件头	%_N_AXIS 3_EEC_INI	%_N_BUCHANG_MPF; $ PATH =/_N_MPF_DIR
Point[0]	$ AA_ENC_COMP[0,0,AX3]=0.024	$ AA_ENC_COMP[0,0,AX3]=0.024

Point[1]	$ AA_ENC_COMP[0,1,AX3]=0.020	$ AA_ENC_COMP[0,1,AX3]=0.020
Point[2]	$ AA_ENC_COMP[0,2,AX3]=0.015	$ AA_ENC_COMP[0,2,AX3]=0.015
Point[3]	$ AA_ENC_COMP[0,3,AX3]=0.014	$ AA_ENC_COMP[0,3,AX3]=0.014
Point[4]	$ AA_ENC_COMP[0,4,AX3]=0.011	$ AA_ENC_COMP[0,4,AX3]=0.011
Point[5]	$ AA_ENC_COMP[0,5,AX3]=0.009	$ AA_ENC_COMP[0,5,AX3]=0.009
Point[6]	$ AA_ENC_COMP[0,6,AX3]=0.004	$ AA_ENC_COMP[0,6,AX3]=0.004
Point[7]	$ AA_ENC_COMP[0,7,AX3]=−0.010	$ AA_ENC_COMP[0,7,AX3]=−0.010
Point[8]	$ AA_ENC_COMP[0,8,AX3]=−0.013	$ AA_ENC_COMP[0,8,AX3]=−0.013
Point[9]	$ AA_ENC_COMP[0,9,AX3]=−0.015	$ AA_ENC_COMP[0,9,AX3]=−0.015
Point[10]	$ AA_ENC_COMP[0,10,AX3]=−0.009	$ AA_ENC_COMP[0,10,AX3]=−0.009
Point[11]	$ AA_ENC_COMP[0,11,AX3]=−0.004	$ AA_ENC_COMP[0,11,AX3]=−0.004
Step(mm)	$ AA_ENC_COMP_STEP[0,AX3]=100.0	$ AA_ENC_COMP_STEP[0,AX3]=100.0
Start point	$ AA_ENC_COMP_MIN[0,AX3]=100.0	$ AA_ENC_COMP_MIN[0,AX3]=100.0
End point	$ AA_ENC_COMP_MAX[0,AX3]=1200.0	$ AA_ENC_COMP_MAX[0,AX3]=1200.0
Reserved	$ AA_ENC_COMP_IS_MODULO[0,AX3]=0	$ AA_ENC_COMP_IS_MODULO[0,AX3]=0
end of file	M17	M02

4.4.2　反向间隙补偿

反向间隙补偿：由于机械在运行过程中，机械磨损厉害，螺距补偿已经不能满足加工精度的要求。特别如机床在反向运行过程中误差过大时，设计人员要考虑反向间隙补偿。

反向间隙是由于坐标轴或主轴运动方向改变时产生的误差，比如坐标轴在换向时，伺服电机已经按照系统指令旋转了一定的角度，而实际上工作台并没有移动，实际位置与显示位置就出现了偏差，这就是反向间隙误差。

反向间隙补偿值输入到机床中的参数号为 MD32450，例如设计中补偿数据为 BACKLASH[1]＝0.01，只有在数控机床返回参考点才能生效。在屏幕上轴位置显示窗口显示的实际值未包含反向间隙补偿值，是一个理想的坐标位置。在系统的"诊断"区域坐标轴服务项目中，可以看到当前的实际值，包括了反向间隙补偿值与螺距误差补偿值。

反向间隙补偿值的正负与测量元件的安装位置有关，以脉冲编码器为例，如果编码器的运动先于工作台的运动，系统在反向时，通过脉冲编码器获得的位置将大于工作台移动的实际位置，此时必须给定正的补偿值，反之则输入负的补偿值。

如果数控机床存在第二测量系统，则必须对第二测量系统单独进行补偿。

测量反向间隙的步骤如下：

- 返回参考点；
- 用进给速度使机床移动到测量点，G01 X100 F2000；
- 安装百分表，将刻度对 0，如图 4-18 所示；

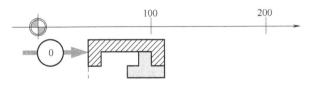

图 4-18　安装百分表且刻度对 0

- 用进给速度移动轴，使轴沿相同的方向移动，比如到 X200，如图 4-19 所示；

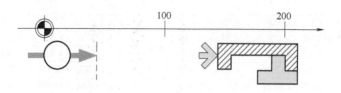

图 4-19　移动轴到 X200

- 用进给速度返回到测量点 X100；
- 读取百分表的刻度值，如图 4-20 所示；

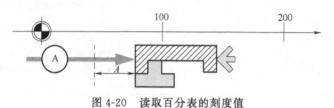

图 4-20　读取百分表的刻度值

- 得到反向间隙的补偿量 A，设定在参数 MD32450 中。

4.4.3　垂度补偿

　　下垂误差产生的原因：某些数控机床的一个或两个轴伸出时，一头处于悬空状态，这样由于坐标轴的自重，会产生下垂现象。例如立卧镗铣床的卧轴伸出较长时，由于立轴头的重量，使卧轴产生一定的下垂变形，影响到机床的加工精度。垂度就是指坐标轴由于部件的自身重量而引起的弯曲变形，如图 4-21 所示。也就是说，一个轴（基准轴）由于自身的重量造成下垂，相对于另一个轴（补偿轴）的绝对位置产生了变化。

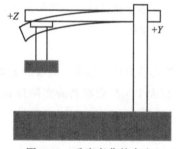

图 4-21　垂度弯曲的产生

　　如图 4-21 所示，部件向 Z 轴正方向移动越远，Z 轴横臂弯曲越大，越影响到 Y 轴负方向的坐标位置。利用系统的垂度补偿功能，补偿坐标轴的下垂引起的位置误差，当 Z 轴执行指令移动时，系统会在一个插补周期内计算 Y 轴上相应的补偿值。垂度补偿与螺距补偿不同，螺距补偿是对单个的轴进行补偿，坐标轴之间的补偿相互独立，互不影响；而垂度补偿是"坐标轴间的补偿"，为了补偿一个坐标轴的垂度，将会影响到另外的坐标轴。通常把变形坐标轴称为"基准轴"，如图 4-21 中的 Z 轴；受影响的轴称为"补偿轴"，如图 4-21 中的 Y 轴。把一个基础轴和一个补偿轴定义为一种补偿关系，基础轴作为输入，由此轴决定补偿点（插补点）的位置，补偿轴作为输出，计算得到的补偿值加到它的位置调节器中。具有两个以上坐标轴的数控机床，由于一个坐标轴的垂度可能影响到其它几个坐标轴，需要为基础轴定义几个补偿关系。基础轴与补偿轴的补偿关系称为垂度补偿表，由系统规定的系统变量组成，以补偿文件的形式存入内存中，文件头为％_N_NC_CEC_INI。

　　为了编制垂度补偿表，应当定义作为输入的基础轴和作为输出的补偿轴，确定基础轴的坐标范围，也就是补偿位置的起点和终点。确定两补偿点之间的距离，以便计算垂度补偿点数。还要给出基础轴的补偿方向，如有必要还可以引入补偿加权因子或补偿的模功能。

　　810D/840D 数控系统中垂度误差补偿功能的关键机床数据 MD/SD 以及系统变量的说明：

- MD18342：补偿表的最大补偿点数，每个补偿表最大为 2000 插补补偿点数。
- MD32710：激活补偿表。
- MD32720：下垂补偿表在某点的补偿值总和的极限值，840DE（出口型）为 1mm；840D（非出口型）为 10mm。也就是说系统对垂度补偿值进行监控，若计算的总垂度补偿值大于 MD32720 中设定的极限值，则产生 20124 的报警"补偿值太高"，但程序不会被中断，此时以设定的最大值作为补偿值。系统还对补偿值的变化进行监控，限制补偿值的改变，当发生 20125 报警时，说明当前补偿值的变化太快，超过了 MD32730 设定的垂度补偿值最大变化量。
- SD41300：SD41300＝1 下垂补偿赋值表有效。
- SD41310：下垂补偿赋值表的加权因子。由于这两个数据可以通过零件程序或 PLC 程序修改，所以一个轴由于各种因素造成的不同条件下的不同补偿值可通过修改这两个数据来调整补偿值。

西门子 840D sl/840D 数控系统的补偿功能，其补偿数据不是用机床数据描述，而是以系统变量，通过零件程序形式或通用启动文件（_INI 文件）形式来表达。描述如下：

- ＄AN_CEC [t，N]：插补点 N 的补偿值，即基准轴的每个插补点对应于补偿轴的补偿值变量参数。
- ＄AN_CEC_INPUT_AXIS [t]：定义基准轴的名称。
- ＄AN_CEC_OUTPUT_AXIS [t]：定义对应补偿值的轴名称。
- ＄AN_CEC_STEP [t]：基准轴两补偿点之间的距离。
- ＄AN_CEC_MIN [t]：基准轴补偿起始位置。
- ＄AN_CEC_MAX [t]：基准轴补偿终止位置。
- ＄AN_CEC_DIRECTION [t]：定义基准轴补偿方向。其中：
  - ＄AN_CEC_DIRECTION [t] ＝0：补偿值在基准轴的两个方向有效；
  - ＄AN_CEC_DIRECTION [t] ＝1：补偿值只在基准轴的正方向有效，基准轴的负方向无补偿值。
  - ＄AN_CEC_DIRECTION [t] ＝－1：补偿值只在基准轴的负方向有效，基准轴的正方向无补偿值。
- ＄AN_CEC_IS_MODULO [t]：基准轴的补偿带模功能。
- ＄AN_CEC_MULT_BY_TABLE [t]：基准轴的补偿表的相乘表，这个功能允许任一补偿表可与另一补偿表或该表自身相乘。

图 4-22 是一个补偿的实例，Z 轴的位置变化，影响 Y 轴的实际坐标位置，Z 轴作为基础轴，Y 轴作为补偿轴，测得的补偿值填入补偿表中，垂度补偿必须返回参考点才能有效。

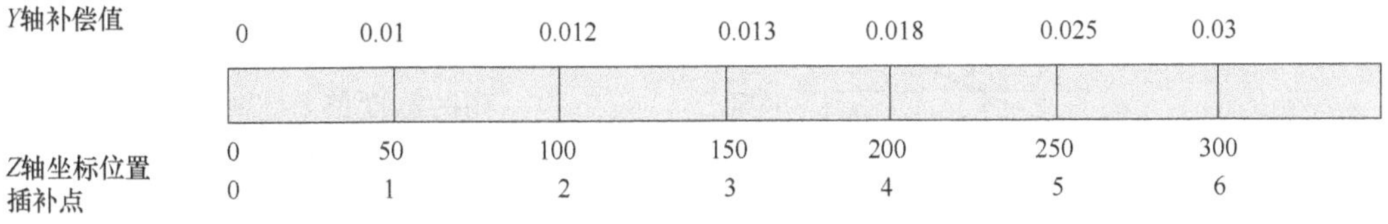

Y轴补偿值	0	0.01	0.012	0.013	0.018	0.025	0.03
Z轴坐标位置	0	50	100	150	200	250	300
插补点	0	1	2	3	4	5	6

图 4-22　垂度补偿的实例

```
％_N_NC_CEC_INI                    ;垂度补偿文件头
CHANDATA(1)
```

```
$ AN_CEC[0,0]= 0.0              ;补偿点 0 的 Y 轴补偿值

$ AN_CEC[0,1]= 0.010            ;补偿点 1 的 Y 轴补偿值

$ AN_CEC[0,2]= 0.012

$ AN_CEC[0,3]= 0.013

$ AN_CEC[0,4]= 0.018

$ AN_CEC[0,5]= 0.025

$ AN_CEC[0,6]= 0.030

$ AN_CEC_INPUT_AXIS[0]= Z1      ;定义基准轴

$ AN_CEC_OUTPUT_AXIS[0]= Y1     ;定义补偿轴

$ AN_CEC_STEP[0]= 50            ;定义补偿步距

$ AN_CEC_MIN[0]= 0              ;定义补偿起点

$ AN_CEC_MAX[0]= 300            ;定义补偿终点

$ AN_CEC_DIRECTION[0]= 1        ;定义补偿方向,正向补偿生效,负向无补偿

$ AN_CEC_MULT_BY_TABLE[0]= 0    ;定义补偿相乘表

$ AN_CEC_IS_MODULO[0]= 0        ;定义补偿表模功能
M17
```

4.4.4　温度补偿

金属材料具有"热胀冷缩"的性质,该特性在物理学上通常用热胀系数描述。数控机床的床身、立柱、拖板等导轨基础件和滚珠丝杠等传动部件都是由金属材料制成,由于机床驱动电机的发热、运动部件摩擦发热以及环境温度等的变化,均会对机床运动轴位置产生附加误差,这将直接影响机床的定位精度,从而影响工件的加工精度。对于在普通车间环境条件下使用的数控机床尤其是行程比较长的落地式镗床,热胀系数的影响更不容忽视。以行程 5m 的 X 轴来说,金属材料的热胀系数为 10×10^{-6} [$10\mu m/(m \cdot ℃)$],理论上温度每上升 $1℃$,$5m$ 的行程的 X 轴就"胀长" $50\mu m$,日温差和冬夏季节温差的影响便可想而知。因此高精度机床要求在规定的恒温条件下制造或使用,普通条件下使用的数控机床为保证较高的定位精度和加工精度,须使用"温度补偿"选件功能消除误差。

对每一个轴来说,轴的定位误差随温度变化会附加一定偏差,对每一给定温度可以得出随温度变化的误差曲线。这些曲线是记录当温度变化时在不同的位置点测量到的实际位置变化而得到的,如图 4-23 所示。

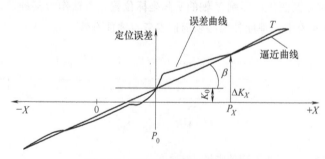

图 4-23　不同温度下的误差曲线

840D sl/840D 数控系统温度补偿功能的工作过程:补偿值的确定是在插补周期中完成的,将测量得到的温度偏差(补偿)值送至 NC 插补单元参与插补运算修正轴的运动。若温度补偿值为正值就控制轴负向移动,否则就正向移动。

由于近似出来的温度误差直线只在当前的温度下生效,所以当温度发生变化的时候就必须向 NCK 传递新的误差直线。为了能够正确地补偿温度造成的误差,这是非常必要的。依据下述公式,补偿值 K_x 可以由当前的位置

实际值 P_X 和温度值 T 计算出来：

$$K_X = K_0(T) + \tan\beta(T) \times (P_X - P_0)$$

其中，K_X 为轴在位置 P_X 的温度补偿值；K_0 为轴的与位置无关的温度补偿值（由于热膨胀造成的参考点偏移）；P_X 为轴实际位置值；P_0 为轴参考点位置值；$\tan\beta$ 为与位置相关的温度补偿的系数（即近似误差直线的坡度）。

可以在设定数据中通过定义以下参数来描述这条误差曲线：

- SD 43900：TEMP_COMP_ABS_VALUE：与位置无关的温度补偿值 K_0；
- SD 43920：TEMP_COMP_REF_POSITION：与位置相关的温度补偿值的参考位置 P_0；
- SD 43910：TEMP_COMP_SLOPE：与位置相关的温度补偿值的曲线角度 $\tan\beta$。

为使温度补偿生效，必须满足下列条件：

- 选件激活。
- 选择补偿类型（MD 32750：TEMP_COMP_TYPE），如表4-7所示。
- 设定相应的补偿类型的参数。
- 轴返回参考点（IS "Referenced/synchronized 1 或 2" DB31…48，DBX60.4 或 60.5＝1）。

对于所有的操作方式，对应于当前实际位置的温度补偿值被添加到指令值中，机床轴运动到补偿后的位置。一旦参考点丢失，例如编码器超过极限频率（IS "Referenced/synchronized 1 或 2" ＝ 0），补偿随即取消。

当温度 T 变化时，基于温度 T 的参数（K_0，$\tan\beta$，P_0）也会发生变化，因此，可以通过 PLC 中的变量服务功能 FB3（PUT）"写 NC 变量" 来更新这些参数。

机床设计者可以建立轴位置与温度值的对应关系，并通过 PLC 的用户程序来据此计算出相应的参数。

表 4-7　温度补偿类型与参数设置

MD 32750：TEMP_COMP_TYPE	含义	相关参数
0	温度未补偿激活	—
1	位置不相关温度补偿激活	SD 43900：TEMP_COMP_ABS_VALUE
2	位置相关温度补偿激活	SD 43920：TEMP_COMP_REF_POSITION SD 43910：TEMP_COMP_SLOPE
3	位置不相关与相关温度补偿激活	SD 43900：TEMP_COMP_ABS_VALUE SD 43920：TEMP_COMP_REF_POSITION SD 43910：TEMP_COMP_SLOPE

4.5　840D sl/840D 驱动优化基础

4.5.1　基本概念

驱动优化的最主要目的就是让机电系统的匹配达到最佳，以获得最优的稳态性能和动态性能。在数控机床中，机电系统的不匹配通常会引起机床振动、加工零件的表面过切、表面质量不良等问题，尤其是磨具加工中，对伺服驱动的优化几乎是必需的。

驱动系统包括3个反馈回路，即位置回路、速度回路以及电流回路，其组成框图如图4-24所示。最内环回路的反应速度最快，中间环节的反应速度必须高于最外环，如果没有遵守此原则，将会造成振动或反应不良。通常驱动器的设计可确保电流回路具备良好的反应性能，而用户只需调整位置回路与速度回路。

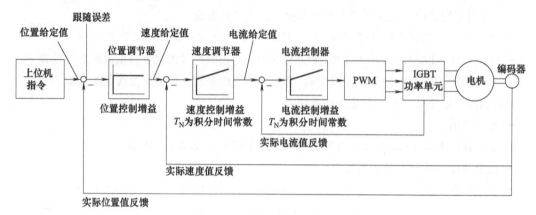

图4-24 伺服系统组成框图

一般而言，位置回路的反应不能高于速度回路的反应。因此，若要增加位置回路的增益，必须先增加速度回路增益。如果只增加位置回路的增益，振动将会造成速度指令及定位时间增加，而非减少。

如果位置回路反应比速度回路反应还快，由于速度回路反应较慢，位置回路输出的速度指令无法跟上位置回路，因此就无法达到平滑的线性加速或减速，而且位置回路会继续累计偏差，增加速度指令。这样，会导致电机超速，位置回路会尝试减少速度指令输出量。但是，速度回路反应会变得很差，电机将赶不上速度指令。速度指令会如图4-25所示振动。如果发生这种情形，就必须减少位置回路增益或增加速度回路增益，以防速度指令振动。

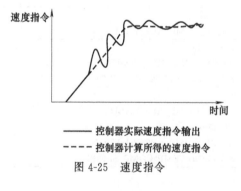

—— 控制器实际速度指令输出
- - - - 控制器计算所得的速度指令

图4-25 速度指令

位置回路增益不可超过机械系统的自然频率，否则会产生较大的振荡。例如，机械系统若是连接机器人，由于机器的机械构造采用降低波动的齿轮，而机械系统的自然频率为10~20Hz，因此其刚性很低。此时可将位置回路增益设定为10~20s^{-1}。

需要快速响应时，不仅要确保采用的伺服系统（控制器、伺服驱动器、电机以及编码器）的反应，而且也必须确保机械系统具备高刚性。

(1) Bode图

Bode图是频率响应分析的常用工具，在驱动优化中是很常用的，必须能够对它进行理解和分析。

如图4-26所示，信号1为正弦输入信号，幅值为1；信号2为正弦输出信号，幅值为0.7，输出信号比输入信号滞后45°相位角。

从中可计算出增益值：输出幅值/输入幅值=0.7/1=0.7，如果以dB来表示，则：

$$20 \times \lg(0.7/1) = -3.1 \ (dB)$$

图 4-26 可以解释为，输入信号为频率 $0.16\,\mathrm{Hz}$、幅值为 1 的正弦信号，经过控制系统后，输出信号衰减为幅值 0.7、相位滞后 $45°$ 的正弦信号，这就是控制系统对输入信号的响应。

如果在输入端输入不同频率的信号，同样会得到相应的输出信号，即幅值比和相位差，这些幅值比和相位差在一张图中描述，就是 Bode 图，如图 4-27 所示。

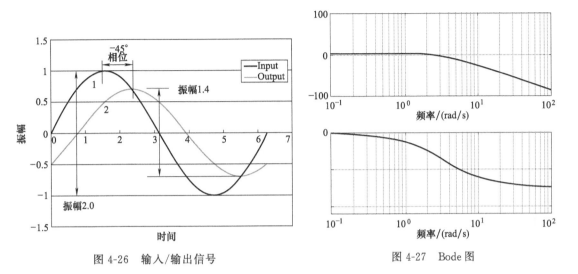

图 4-26 输入/输出信号　　　　　图 4-27 Bode 图

可以看出，对于机床的进给轴，我们总是希望输出与输入的比值为 1，即实际值完全等同于设定值（电流、速度以及位置），且相位差为 0，即没有超前或滞后。因此通常我们在调试时，希望 Bode 图中幅频曲线尽量在 0dB 线上，同时希望频带越宽越好。

（2）阻尼、频率响应与阶跃响应

对于一个振荡过程，起决定性作用的变量之一是其频率 f。

特征角频率：$\omega_0 = \dfrac{1}{T}$。

谐振角频率：在这个角频率时，频率响应特性达到最大值，$\omega_r = \omega_0 \sqrt{1-2D^2}$。阻尼因数越小，谐振角频率就越接近特征角频率。

固有角频率：是对时间域中瞬态响应特性的一个判断依据，$\omega_d = \omega_0 \sqrt{1-D^2}$。

当阻尼因数越来越小时，特征角频率、谐振角频率和固有角频率这 3 个值会越来越接近，而在实际中，阻尼因数都非常小，因此在机械传递环节中常常采用"固有频率"作为特性量。起振瞬态过程中超调量的高度取决于阻尼因数。图 4-28 所示为阻尼、频率响应与阶跃响应的关系。

（3）带有耦合连接负载的电机（双质量振动器）

在进给传动系统中的机械环节，可以描述为通过具有有限刚性的弹性连接件串联起来的质量，同时有一个阻尼起作用。在一个完整的进给传动系统中，有很多振动器是串联起来的，比如用联轴器把电机和负载连接起来。

根据弹簧系数以及电机和负载的质量，可以得出特征角频率（共振角频率）和零点特征角频率 f_T。由图 4-29 可以看出：在幅值响应特性方面，幅值在极点位置增大，在零点位置减小；在相位响应特性方面，在极点处出现反相移，在零点处出现正相移。如果电机由于转矩冲击而形成自由振荡，就会产生固有频率的振荡。由于阻尼很小，所以固有频率也约等于共振角频率。

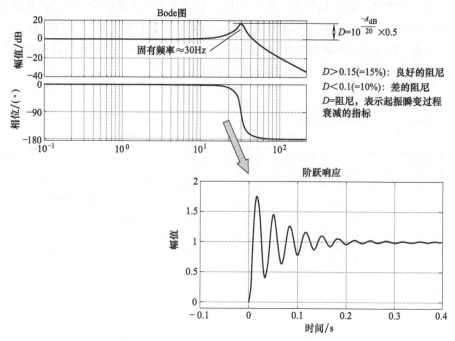

图 4-28   阻尼、频率响应与阶跃响应的关系

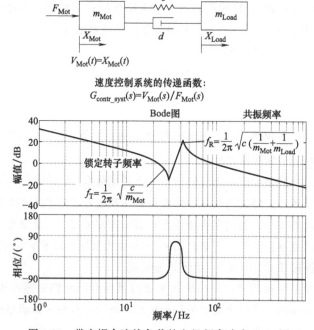

图 4-29   带有耦合连接负载的电机频率响应 Bode 图

4.5.2   机械建模分析

　　为了对伺服驱动进行优化,驱动一定是带负载的。如果电机空载(不连接机械)进行优化,所得的结果是没有实际意义和价值的。为了能够更好地进行优化,必须对伺服驱动所连接的机械进行分析,下面以最常见的机床为例进行分析。

一台数控机床的结构通常采用铸铁的床身，运动部件如工作台（或称为溜板）由导轨通过带滚动体的支承部件支撑。伺服电机通过联轴器与滚珠丝杠连接，伺服电机旋转动作通过滚珠丝杠和丝杠螺母转换为直线运动，推动工作台按照数控指令运动。图 4-30 所示为数控机床的传动系统结构。

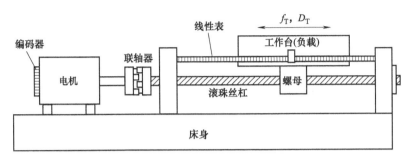

图 4-30　数控机床传动系统结构

在理想状态下，即所有的机械部件都是刚性的，而且无传动误差，伺服电机的推力可以直接作用到工作台上，工作台带动工件与高速旋转的主轴产生切削运动。但是实际情况是，传动系统存在各种误差，如丝杠的反向间隙、导轨支承与导轨之间的间隙、滚珠丝杠的弹性变形、机床工作台的弹性变形。当伺服电机产生的转矩作用在丝杠上时，伺服电机的位置和速度的变化与工件的实际速度和位置的变化不是线性关系。特别是当伺服电机以各种不同的速度运行时，加速度的频率发生变化，由于机械系统的弹性存在使得实际的运动发生了变化，这种变化称为动态响应。其实从机械设计的角度分析，由于材料、制造和装配等原因，每台机床的固有频率（或称为最低自然频率）是不同的。

由图 4-30 可以看出，电机是固定于床身，同时也是产生振动的噪声源，对于机床振动的响应情况，主要是分析其噪声的响应。

机床及其相关的属性中最低自然频率是一个重要参数，也是描述机床动态响应的依据。机械的特性可以通过一个数学模型进行模拟。图 4-31 所示为一个简化的模型，在模型的左边是伺服电机，右边是负载，伺服电机与负载之间由弹簧连接。振动源为 X_{Mot}，响应为 X_{Load}，传动的阻尼系数为 d，弹性系数为 c。

举一个现实生活中的实例来描述弹性物体的运动。手持一个通过弹簧连接的负载，当手缓慢上下运动时，负载可以准确地跟随手的运动而运动。当手的上下运动速度加快后，负载进入共振条件，随着手上下运动频率的增加，负载不再跟随手的激励运动而运动，而且其运动状态与手的能量大小无关，如图 4-32 所示。

在数控机床中传动系统不是刚性的。金属床身在外力作用下的弹性变形、丝杠的扭曲变形、丝杠的反向间隙等因素使得传动系统成为其动力源——伺服电机的弹性负载。通过上述模型，可以看到一台机床同样具有弹性，其频率响应特性影响机床传动系统的动态特性，如图 4-33、图 4-34 所示。

负载响应的 Bode 图如图 4-35 所示，由图可以看出，当激励大约为 20 Hz 时负载出现了共振。

当激励频率增加到 35 Hz 时，负载难以响应高的激励的幅值变化，增加激励的能量也无助于改善负载的响应，而且能量将使得负载发生弹性变形，在这种条件下长时间运行还会损坏机床。

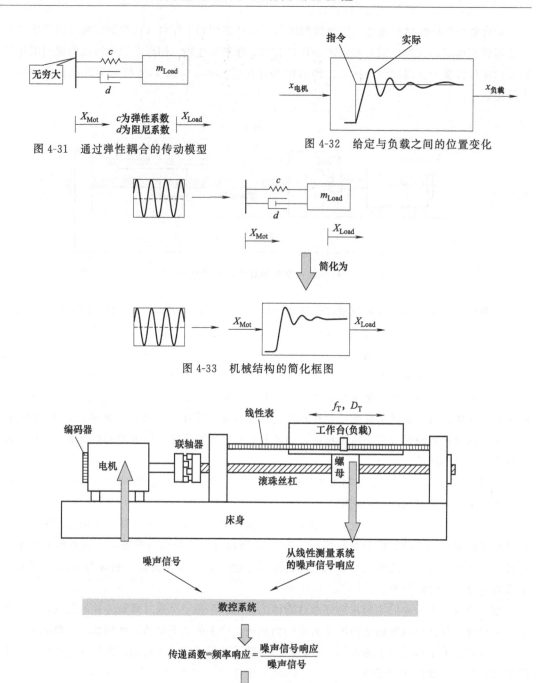

图 4-31 通过弹性耦合的传动模型

图 4-32 给定与负载之间的位置变化

图 4-33 机械结构的简化框图

图 4-34 机械模型的特性结构图

4.5.3 频率响应的测量点

数控系统在接收到运行命令后，将计算的位置指令发送给驱动系统，驱动系统控制伺服电机运动，通过丝杠推动工作台直线运动，如图 4-36 所示，机床传动系统的实际位置在加速或减速过程中与指令位置出现了偏差。这种偏差取决于负载的质量、传动系统的惯量以及机械的刚性。

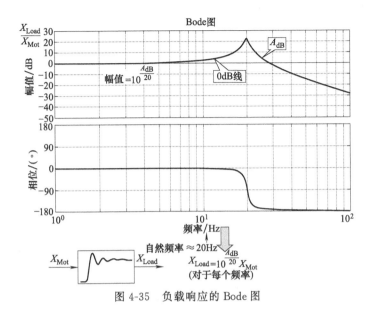

图 4-35　负载响应的 Bode 图

　　所谓驱动特性的优化，是指驱动器的参数与机械系统之间的匹配，使驱动系统达到尽可能高的动态响应，以确保数控系统插补执行的速度，提高切削的精度和降低表面粗糙度。图 4-37 描述的是一个驱动器的控制结构，驱动系统由电流环、速度环和位置环构成。数控系统发出速度指令给驱动器，驱动器根据给定值和实际值进行调节，并将控制指令以电流给定的形式送到电流控制器上。电流控制器根据电流给定和实际电流对电流环进行闭环控制，再通过大功率器件实现对伺服电机的控制。

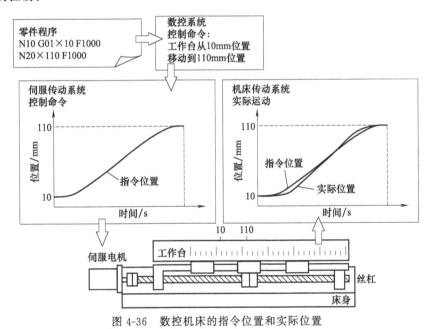

图 4-36　数控机床的指令位置和实际位置

　　如果将一个特定的噪声施加到驱动器的输入端，由于机床传动系统的负载质量、惯量以及刚性的不同，传动系统对于噪声的响应也是不同的。图 4-38 是一个噪声给定信号的示意图，通过分析传动系统对噪声给定信号的响应，就可以得到相应机械系统的特性，并且依据测试的结果对驱动系统的参数进行匹配。

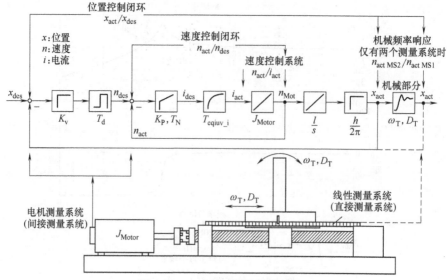

图 4-37 一个驱动器的控制结构

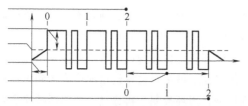

图 4-38 噪声给定信号示意图

传动系统的实际响应（实际速度）与驱动器噪声输入（实际电流）之间的关系就是驱动系统的传递函数，通过驱动器的实际响应（实际速度）与驱动器的噪声输入（实际电流）之间的比值，可以导出驱动器噪声响应的波特图，如图 4-39 所示。

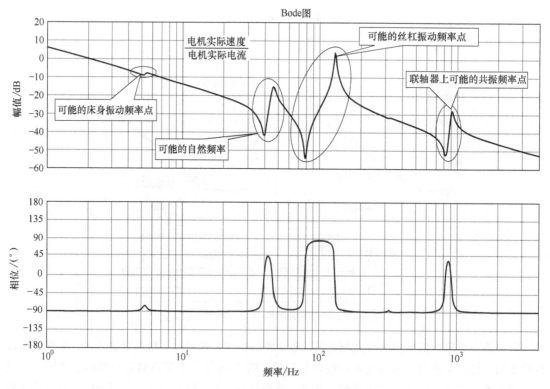

图 4-39 驱动器噪声响应的波特图

机械环节的频率响应 Bode 图如图 4-40 所示。速度环的优化，就是通过调整速度环的 K_P、T_N 值，使驱动器的参数与机械系统之间匹配，如图 4-41 所示。

由于不断提高 K_P 值，电机/负载传动环节出现振荡，此时可以通过设置带阻滤波器来衰减速度调节器的共振频率，如图 4-42 所示。

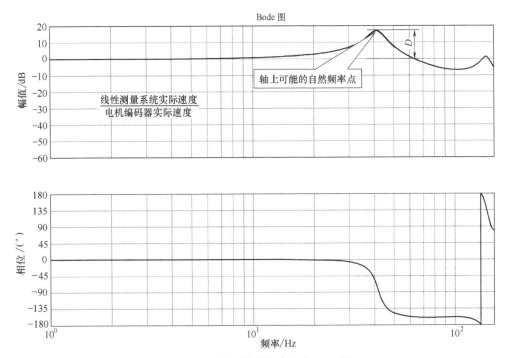

图 4-40 机械环节的频率响应 Bode 图

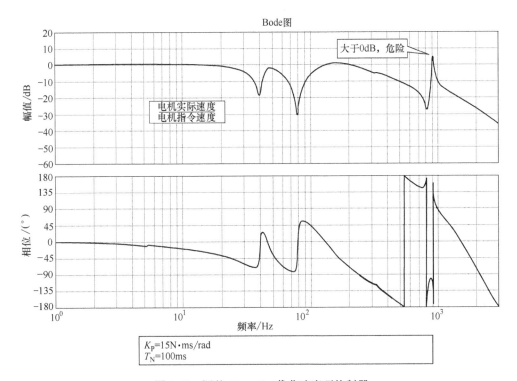

图 4-41 调整 K_P、T_N 优化速度环控制器

　　常规的 PI 调节器在抗干扰响应特性方面优势并不明显，因此采用参考模型 PI 调节器，其频率响应 Bode 图如图 4-43 所示。

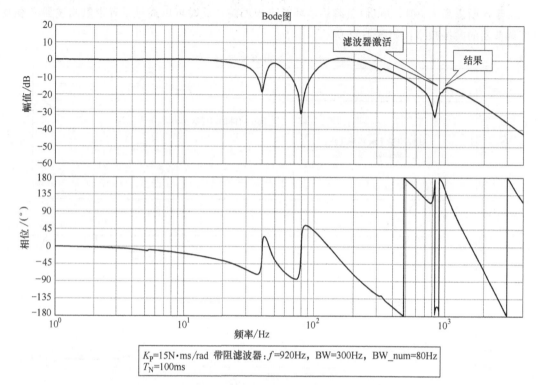

K_P=15N·ms/rad　带阻滤波器：f=920Hz，BW=300Hz，BW_num=80Hz
T_N=100ms

图 4-42　设置带阻滤波器来衰减速度调节器的共振频率

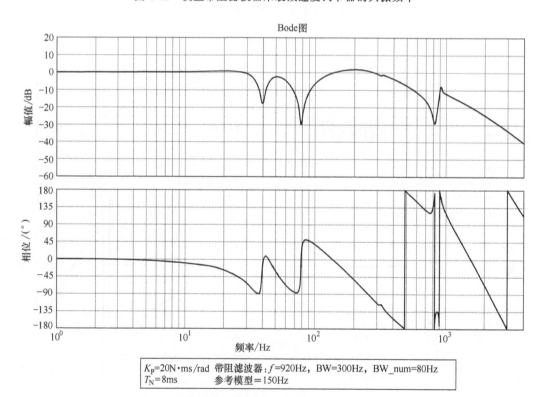

K_P=20N·ms/rad　带阻滤波器：f=920Hz，BW=300Hz，BW_num=80Hz
T_N=8ms　　　　　参考模型＝150Hz

图 4-43　参考模型 PI 调节器的 Bode 图

4.6　840D sl/840D 驱动优化说明

西门子伺服驱动能够满足数控机床高动态、高精度的伺服性能要求。为了保证机床出厂时达到最佳状态，在机床机械结构调整好之后，需要对系统及电机参数作一定的调整和优化，使电器参数与机械结构相匹配，使机床的性能达到最佳。但是系统的优化是建立在机械装配性能之上的，只有机械装配达到一定水平，系统优化才能达到最好的效果。

以西门子系统 840D sl 为例，驱动的优化是在 HMI 操作界面来实现的。其它的驱动优化，虽然实现的软件或者界面不同，但是实现的方法和原理都是相同的。可利用驱动器的工具软件进行自动优化。自动优化是由驱动系统在负载状态下自动测试和分析速度控制器的控制频率特性，并自动确定比例增益和复位时间。通常自动优化设定的比例增益为适中的值。如果自动优化的结果不理想，或者在机床特殊应用要求时，如模具加工需要更高的驱动器特性，则需要进行手工优化。优化的工具是驱动器的测量功能，有些数控系统已将测量功能集成到数控系统中，而有些数控系统则需借助配套的软件工具。手工优化的过程是确定驱动器速度控制的比例增益和复位时间，然后根据测量的结果设定滤波器以消除驱动系统的共振点，驱动优化的项目如表 4-8 所示。

表 4-8　驱动优化的项目

测试环路及测试内容	说明	测试时工作方式
电流环		
频率响应	优化电流环的增益	Jog 手动方式
速度环		
频率响应	（频域测试)优化速度环增益、积分时间和电流设定点滤波器	Jog 手动方式
设定点阶跃响应	（时域测试)分析速度控制器的响应,检查速度环增益的设定	Jog 手动方式
干扰阶跃响应	（时域测试)分析速度控制器对干扰的响应,检查速度环积分时间的设定	Jog 手动方式
速度控制系统	（频域测试)从电机轴看机械的开环频率响应,确定共振频率	Jog 手动方式
机械频率响应	（频域测试)测量机械固有频率(必须有直接测量系统)	Jog 手动方式
自动优化	自动优化设定速度环增益、积分时间和电流设定点滤波器	Jog 手动方式
位置环		
频率响应	（频域测试)确定位置环增益	Jog 手动方式
圆测试	确定有插补关系各轴之间的动态性能是否匹配	MDA 自动
Servo Trace	确定加速度、前馈等	MDA 自动

4.6.1　速度环的优化说明

速度控制器优化的第一步是优化速度控制器的比例增益。通过将速度控制器的复位时间调整到 500ms 的控制，使得驱动器中的积分部件实际上处于无效的状态。这时逐步增加比例增益，直到出现共振点，其表现是伺服电机出现啸叫声。将这时的增益乘以 0.5，作为首次测量的初始值。由傅里叶分析的结果以波特图的形式按照幅值和相位显示出来。以波特图形式定量描述优化的目的，就是使频率特性的幅值在 0dB 处保持尽可能宽的范围。

图 4-44 所示为一个速度控制器控制频率特性的傅里叶分析结果。由图中看出，在低频区幅值保持在 0dB。随着频率的提高，相位向着负方向移动，当相位角超过 180° 后，波特图中的曲线

中断，曲线在＋180°～－180°跳动。

以下调整在优化过程中是正确的：

① 使控制频率特性的幅值在 0dB 位置保持尽可能宽的范围；

② 如果频率特性曲线不能超过 0dB，可提高增益；

③ 如果频率特性曲线超过 0dB，可适当降低增益；

④ 允许幅值增高 1～3dB。

在确定了比例增益后，就可以优化速度控制器的积分部件。减小速度控制器的复位时间，直到频率特性中的幅值开始超过 0dB 线。通常允许 3dB 以内的幅值增加。如果可能，速度控制器的复位时间应保证小于 20ms。

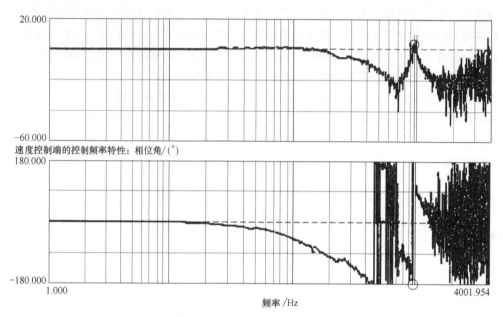

图 4-44　速度控制器控制频率特性的傅里叶分析结果

电流给定滤波器用来衰减速度控制器中的共振频率。这些滤波器只用来衰减超出运行范围的共振点。运行范围是相位不超出－180°以内的频率范围，这个频率范围应为 200～300Hz。带阻滤波器用于消除在速度控制器运行范围外超出 0dB 线的针状尖波，这种尖波可能导致驱动链中明显的啸叫声，如图 4-45 所示。

如果该尖波与某个固定频率无关，而是频率随着不同的条件漂移，这时使用低通滤波器是较好的解决方案，如图 4-46 所示。

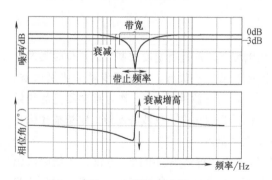

图 4-45　带阻滤波器

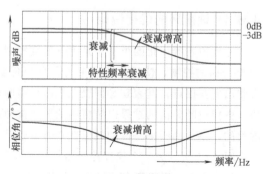

图 4-46　低通滤波器

由于机械特性的差异使得驱动特性优化的内在关系十分复杂，因而没有一个简单的处理方法来简化驱动器参数优化的过程。驱动器的优化需要借助于机床制造厂技术人员较丰富的实践经验。

4.6.2 位置环的优化说明

数控机床的结构因其用途各异而不同。铣床有卧式和立式之分，立式铣床中又有升降台式和动柱式。考虑到传动系统的内部结构，有的机床采用滑动式导轨，有的机床采用配备滚动支承的导轨。由于各个坐标轴具有不同的机械特性、质量、摩擦、阻尼、刚性等，导致各个轴的位置跟随误差可能不同。由于各个坐标轴传动系统的跟随特性不同，使得坐标轴合成的轨迹发生畸变。在相同位置控制器参数的情况下，位置跟随误差与轨迹的速度相关，速度越快，位置跟随误差越大。比如数控系统执行一个圆弧指令，由于合成圆弧轨迹的 2 个坐标轴的位置跟随误差不同，某个轴的位置跟随误差较大，使得实际轨迹呈椭圆。另外，由于机械特性的原因使得某坐标在极低速时出现爬行，导致实际的轨迹在圆弧过象限处出现过象限误差等。

由于位置跟随误差导致的圆弧轨迹问题，可以通过在机械设计时尽可能减小坐标轴之间机械特性（如质量、惯性、摩擦等）的差别来减小，也可以通过调整轴的位置控制增益来平衡各个坐标轴之间的位置跟随误差。位置跟随误差的大小与该坐标的位置控制器增益有关，位置控制器增益越高，位置跟随误差越小。调试位置控制器增益的前提条件是速度控制具有较高的增益。如果驱动系统的速度控制器特性软，即速度跟随误差大，直接调试位置控制器增益可能不能减小位置跟随误差。因此，速度控制器的优化是驱动器特性调试的基础。如果不能首先对驱动器的速度控制器进行优化设定，则直接对位置控制特性进行调试就是徒劳的。特别是对用于模具加工的数控机床，驱动系统的位置跟随特性影响程序的处理速度。

关于过象限误差的消除，可以采用数控系统的过象限补偿功能，但是补偿效果与形成过象限误差的机理有关。过象限误差源于传动系统过大的静摩擦因数。消除过象限误差的关键是对传动系统的机械部件进行调整，最大程度降低传动系统的静摩擦。如果传动系统没有一个良好的机械配合，只是靠数控系统的补偿功能是不可能彻底消除过象限误差的。利用数控系统的补偿功能消除过象限误差必须遵循下列步骤：第一，检查传动系统的机械并进行调整，如传动系统的装配；第二，对驱动器的速度控制器进行优化，提高驱动系统的增益，提高驱动系统的动态特性；第三，利用数控系统的摩擦补偿功能对过象限误差进行补偿。如果机械特性不好，最低自然频率很低，增益不能提高，驱动器的动态特性差，摩擦补偿的效果也不会太好。

在机械特性得到改善的前提下，通过驱动速度控制器的增益，可以有效地减小过象限误差。再利用数控系统的摩擦补偿功能对过象限误差进行补偿，可以取得较好的补偿效果。图 4-47 所示为某个数控机床的圆度测试结果，位置控制特性的优化利用圆度测试来检查各个坐标轴的动态特性。

位置控制器是数控系统最重要的控制环节，其中关键的参数是位置控制器

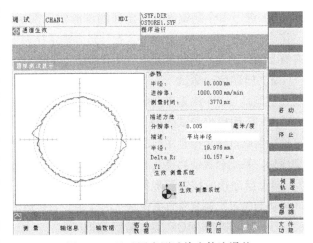

图 4-47 通过圆度测试检查轨迹误差

的增益。位置控制器增益与坐标轴的跟随误差成反比,增加位置控制器的增益可以减小传动系统的跟随误差。但是位置控制器的增益设定必须是在速度控制器的特性优化完成的前提下进行。假如速度控制器的特性很软,即使增大位置控制增益,实际的位置跟随误差也不会有明显的降低。位置控制器相关参数参见 MD32300 和 MD32200。

为了获得高的插补轮廓精度,应尽可能增大位置控制器的增益。位置控制器增益可以提高多少与位置控制器的调节周期(采样时间)及传动系统的最低自然频率有关。然而过大的位置控制器增益会导致过高的位置超调,甚至出现位置控制振动。

$$伺服增益 = \frac{速度}{跟随误差}$$

上述公式表明了位置控制器增益与速度和跟随误差之间的关系。当位置控制器增益一定时,坐标轴的速度越高,位置跟随误差就越大。在坐标轴的速度一定时,未知控制器增益越高,位置跟随误差越小。

4.6.3 自动伺服优化

在 HMI Operate 操作界面菜单"调试"菜单的"自动伺服优化"下可执行以下操作用于轴的自动优化,如图 4-48 所示。

在基本画面中可通过"选项"对自动伺服优化的一般特性进行控制,如图 4-49 所示。

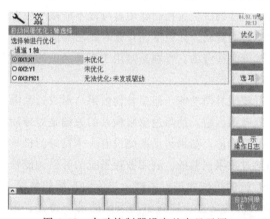

图 4-48 自动控制器设定基本显示图

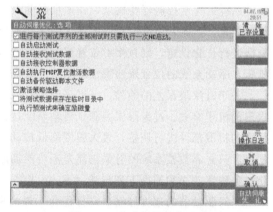

图 4-49 自动伺服优化选项

(1)进行每个测试序列的全部测试时候只需执行一次 NC 启动

该功能用于首次 NC 启动时,执行每个测量序列中的所有测量,可以自动启动测量序列中的所有重复测试功能,例如轴的正方向和负方向的运行。

(2)自动启动测试

该功能跳过每个测量序列的初始画面,并通过预设的测量参数直接启动测量步骤。

(3)自动接收测试数据

该功能跳过每个测量序列的结束画面,用于分析测量结果,必要时调整测量参数和重新启动测量序列,系统会自动切换至下一个优化步骤。

(4)自动接收控制器数据

该功能跳过"控制器数据概览"的显示,直接激活通过系统得到的控制器数据。

(5)自动执行 MCP 复位激活数据

该功能通过系统生成信号"操作面板复位",若取消激活了此选项,则会通过对话屏幕请求

"操作面板复位"。

（6）自动备份驱动脚本文件

该功能在加工轴优化结束后自动将驱动数据以 ACX 格式存储至 CF 卡。若取消激活了此选项，则会通过对话屏幕进行询问。

（7）激活策略选择

该功能用于选择速度控制器和位置控制器优化方案的对话屏幕。

（8）将测试数据保存至临时目录

该功能用于将记录的测量数据保存至临时目录。

（9）执行预测试来确定励磁量

该功能用于激活每个测量序列之前的附加测量，用于精确确定测量参数，在首次对直接驱动进行测量时建议采用。

自动伺服优化以分析测量为基础，测量需要运行轴，因此必须确保所有的轴都处于安全的位置，并且在必要的运行中不会发生碰撞。

执行自动优化操作步骤如下：

（1）选择轴

如图 4-50 所示，选择需要执行自动优化的轴，在"龙门轴组"中仅显示引导轴，并设置提示"龙门"，同步轴被隐藏，但是在选择引导轴时会被测量和优化。

（2）选择优化策略

选择优化策略对所选的轴执行优化操作，如图 4-51 所示。比如在典型方案中可测量转速闭环控制的机械距离，以及确定优化动态特性的增益与过滤器。然后将机床上的轴运行至安全位置进行优化。

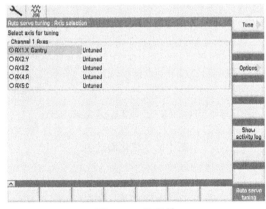

图 4-50　选择轴

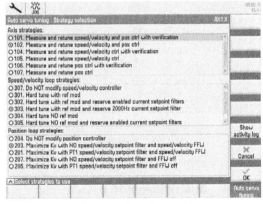

图 4-51　优化策略选择

（3）优化运行操作

启动优化操作之后，如图 4-52 所示，如果在输入必要数据后才能继续测量，则会通过输入要求提示信息，需要此操作是因为必须要触发特定的机床运行，比如测量需要进行"NC 启动"。可在自动伺服优化的任意步骤中中断优化进程。优化中断后将会恢复启动优化前闭环控制和驱动中的原始数据。

（4）测量运行

可以通过对话屏幕"测试配置"对建议参数进行修改，以控制测量数据的质量，如图 4-53 所示。

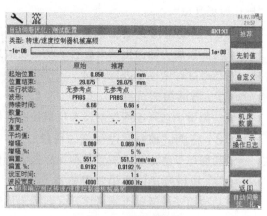

图 4-52　优化运行　　　　　　　　　　　　　　　图 4-53　测试配置

（5）测量结果

如果优化进程中对调节回路进行了特定的优化，则会显示"控制器数据概览"对话屏幕，如图 4-54 所示。

当使用"接收"接受转速闭环控制的设置时，驱动数据将会更新，并且优化策略会在下一步时执行位置闭环控制测量，如图 4-55 所示。在选择了位置闭环控制的最优值后，数据将会传输至 CNC 和驱动，并且策略会执行下一步骤的测试。

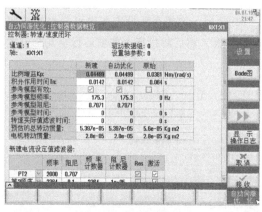

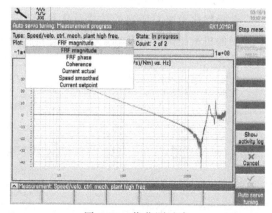

图 4-54　控制器数据　　　　　　　　　　　　　　图 4-55　优化测试中

4.6.4　速度控制环优化

测量速度控制回路时会对到电机测量系统的传输特性进行分析，根据所选择不同的测量基本设定会提供不同的测量参数列表，为了进行动态优化需要使用合适的过滤器参数设置。在一个固定频率上，如果一个窄的针状尖脉冲扩展到 0dB 线以上（上面的速度控制器频率工作范围），在传动上引起清楚的听得见的噪声，这种情况使用 band_stop 滤波。如果尖脉冲与固定频率无关，但依据各种条件移动，这种情况使用 low_pass 滤波能很好地解决这个问题。

傅里叶分析的结果被绘制成 Bode 图，一个 Bode 图再被细分成两个子图：振幅响应图和相位响应图。当优化系统时，努力保持振幅在 0dB 以上尽可能宽的范围内。在低频范围，相位应是 0°，沿负相位增加频率，如果相应角度超过 180°，图形被中断，例如从 -180°～+180° 跳转或从 +180°～-180° 跳转。图 4-56 所示是优化速度控制器的频率响应。优化时应注意如下要求：

① 振幅在 0dB 线以上的尽可能宽的范围；

② 如果振幅值没有在 0dB 线以上，增加 P 增益；

③ 如果振幅值在 0dB 线以上，减小 P 增益；

④ 增加一个很小的分贝数是允许的（最大 3dB）；

⑤ 尽量保持复位时间（积分时间常数）小于 20ms。

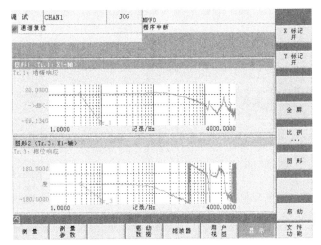

图 4-56　优化速度控制器的频率响应

4.6.5　位置环优化

位置环测量仅适用于有效位置测量系统的传输特性进行分析，主要用于确定 K_v（MD32200）的大小，该值越大越好。如有高于 0dB 线以上的尖峰曲线，可用速度设定点的滤波器将其过滤。必须注意的是，在所有频率范围内曲线不允许有超过 0dB 的部分。

位置环测试时，因为电流环和速度环在位置环以内，所以电流环和速度环的参数会影响到位置环特性。因此位置环的优化是基于速度环和电流环的，必须事先优化好内环，否则位置环的优化不存在任何意义。借助于"参考频率响应"确定位置环的增益，也就是伺服因子，如果需要则可以增加速度设定值滤波器以平滑动态响应，测试如图 4-57 所示。

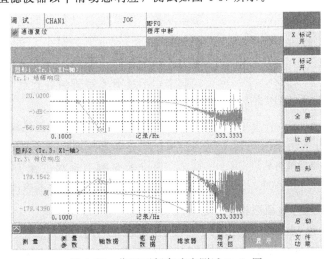

图 4-57　位置环频率响应测试 Bode 图

4.6.6　圆度测试测量

圆度测试用于设置并评价轴插补的动态性，以及用于利用摩擦补偿所达到的象限过渡处的轮廓精度，如图 4-58 所示。圆度测试需要在 MDA 或 AUTO 方式下，先让两个轴执行圆形插补，然后设定圆度测试的参数，需要确保运行的程序中的参数（半径和速度）一致。圆度测试主要检查两个指标，即圆度（Delta R）和平均圆半径（Mean radius），对于这两个指标，不同的机床有各自不同的要求。

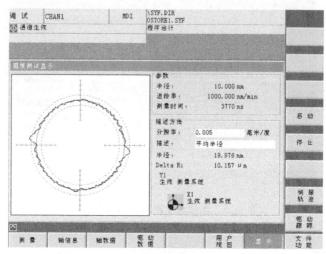

图 4-58　圆度测试

4.6.7　过象限误差补偿

摩擦主要作用于传动机构和导轨，机床轴应该特别注意静态摩擦，因为在轴启动的时候需要

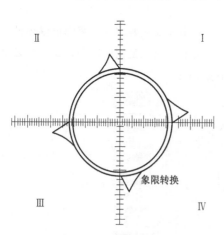

图 4-59　过象限误差示意图

的力比正常运行时候要大得多，这样在轴启动的时候就会产生更大的跟随误差。同样，在摩擦力改变方向的时候，机械的摩擦会引起很明显的轮廓误差，特别是圆的四个反向点（过象限）。在这里速度为零，导致静态摩擦。接着轴要以很低的速度反向，此时的速度环和电流环的设定值都很小，有时甚至不能克服静摩擦力，轴于是静止不动。接下来增大的设定值使轴运动起来，不过刚才短暂的静止已经对圆的轮廓产生不利影响。

将测量到的误差进行可视化放大如图 4-59 所示。

通过在过象限时增加速度脉冲就有可能补偿这一误差，即对动摩擦力和静摩擦力大小不同进行补偿。这样，在扭矩值很小时也可以完成设定运动。

840D/810D 对于摩擦/过象限误差补偿有两个版本：

- 传统的摩擦补偿 MD32490：FRICT_COMP_MODE＝1。
- 神经网络过象限补偿（840D 选件）MD32490：FRICT_COMP_MODE＝2。

传统摩擦补偿，机床调试人员必须手动地测量并优化参数。对于具有神经网络的摩擦补偿，在"学习阶段"，神经网络可以自动获取任何一对轴做整圆插补时的脉冲，并在"工作阶段"将这些脉冲应用于过象限时的补偿。以传统的过象限误差补偿为例介绍操作步骤：

- 在没有过象限误差补偿的情况下进行圆度测试，将 MD32500：FRICT_COMP_ENABLE 设置为 0，取消过象限误差补偿；
- 在 MDA 下运行测试圆度的程序：

  FFWOF

  ANF：G91 G64 G02 X0 Y0 I20 J0 F2000

  GOTOB ANF

- 执行圆度测试；
- 将 MD32500：FRICT_COMP_ENABLE 设置为 1，激活过象限误差补偿：

  MD32520：FRICT_COMP_CONST_MAX [n]，设置补偿值 [mm/min]

  MD32540：FRICT_COMP_CONST_TIME [n]，设置补偿时间常数 [s]

- 设置这两个参数可以从小到大逐步设置，直到圆度测试达到设计要求为止。

4.7　总结

第 4 天的学习之后应能够掌握数控系统 NC 参数的调整、机床通用功能的调试、数控系统补偿及优化功能，另外一个就是应能够查阅 Doc on CD。本章节中，基本上是一台数控车/铣机床的通用功能调试：轴/主轴设置、给定值和实际值通道设置、轴监控通道设置、参考点调整、限位设置以及轴的补偿和优化功能。接下来机床上的一些特殊功能，比如设定点、龙门功能、主从同步功能、刀具管理功能、机床工艺设定等，由于本书定位为基础综合的教程，不分别做详细的介绍，需要读者进一步研究和学习 Doc on CD 的内容。

第 4 天练习

1. 简要描述 840D 数控系统配置海德汉光栅尺 AE LB382C 的配置过程，以及相关基础数据的设置。

2. 简要描述设置和激活机床各个轴的软硬件限位。

3. 简要描述数控机床增量式编码器回参考点的步骤，并解释该过程中涉及到的机床数据和接口信号。

4. 在数控机床中主轴转速限制有哪些设置和实现方法？至少描述并解释 3 种方法。

5. 简要描述数控机床螺距误差补偿的方法和步骤。

6. 某数控机床加工过程中出现工件表面有振刀纹且圆度有点偏椭圆，请分析如何通过优化的方法来解决。

第 5 天

840D sl/840D数控系统的接口信号与故障诊断

接口信号实现了数控系统的 PLC 与 NCK 以及 PLC 与 HMI 之间的数据通信。在西门子的数控系统中，其接口信号相当庞大，功能也非常之多，如何灵活地使用这些接口信号，是应用好数控系统的基础。在第 5 天的学习中，将介绍如何理解数控系统中 PLC 接口信号以及常用接口信号的应用。

最后一天的学习比较侧重于总结，接口信号在前面章节的学习中也一直涉及，至于故障诊断方面，从第 1 天开始就是围绕着这个主题。整个 5 天的内容学习完成之后，不光需要知道故障诊断的一些工具，更应知道这些诊断工具的应用和故障的分析。数控机床的故障诊断就是通过故障现象和报警内容分析和找出故障原因，并着手解决它，解决的过程中可能需要涉及参数的调整、PLC 程序的监控等操作。

5.1 接口信号基本概念

PLC 与 NCK 之间是通过数据接口和功能接口进行的，PLC 与 NCK 之间的数据接口是数据块 DB，由基本数据块和用户数据块组成，控制信息和状态信息都在对应的 DB 中交换。基本数据块由西门子公司提供，程序在执行的过程中，NCK 通过基本数据块中规定的数据块接口与 PLC 交换信息。系统数据接口包括 MMC 数据接口、NC 数据接口、方式组数据接口、NC 通道数据接口、刀具管理接口以及进给轴/主轴驱动数据接口，在各个内部数据接口中，定义了系统与 PLC 的相关信息，用户程序只能按照数据块中规定的内容进行读写，而不能修改数据块中的内部数据接口定义。内部数据接口中定义的每个信号都有方向性，由 NCK 到 PLC 的信号，表示数控系统内部的状态，这些信号对于 PLC 是只读的；由 PLC 到 NCK 的信号，是 PLC 向数控系统发出的控制请求，由 NCK 对这些接口信号进行译码，得出系统所要执行的功能，如数控系统的控制方式、坐标轴的使能、进给倍率、手轮选择、点动控制等。用户数据块是应用程序与基本程序之间的数据接口，NCK 与 PLC 用户程序的信息，经过用户数据接口、内部数据接口和基本逻辑块进行交换。

熟悉 PLC 与 NC 之间的内部数据接口是非常重要的，对机床进行的某项操作是否生效，可以通过相应的数据接口查看对应位的状态。如工作方式信号有点动 JOG、手动数据输入 MDI、自动 AUTO、返回参考点 REF、再定位 REPOS 及示教 TEACH IN 方式等，都可以在数据接口中找到。

PLC 用户程序与 NCK 的数据交换分别通过不同的数据块 DB 进行，经常用到的是 NC 通道数据块和进给轴/主轴驱动数据块。PLC 与 NC 通道之间的数据接口为 DB21～DB30，DB21 对应通道 1，DB22 对应通道 2，以此类推。主要有轴控制和状态信号、MMC 程序控制选择信号、NC 通道状态信号、辅助功能/G 功能信号、刀具管理信号、NC 功能信号等。执行 OB1 组织块时，循环传送轴控制、状态信号和 MMC 的信号，并直接输入到通道的指定轴。

PLC 与进给轴/主轴驱动数据接口是 DB31～DB61，DB31 对应轴 1、DB32 对应轴 2，以此类推。主要有共享坐标轴/主轴信号、坐标轴/主轴控制信号以及驱动信号等。

PLC 与 MMC 之间的数据接口是数据块 DB19 和 DB2，DB19 与 MMC 的操作有关，DB2 与 PLC 状态信息有关，PLC 程序把操作信号直接从 MMC 送到接口数据块，由基本程序译码操作信号，以便响应操作者在 MMC 上执行的操作。

图 5-1 所示为 840D sl/840D 系统涉及的接口信号数据块结构原理图。

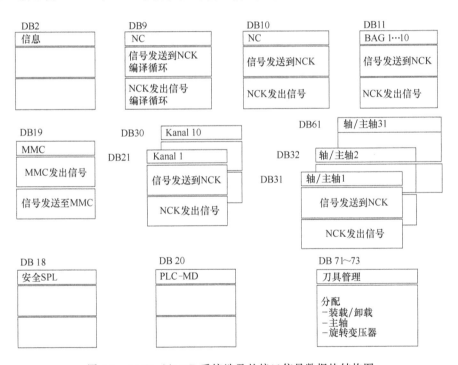

图 5-1　840D sl/840D 系统涉及的接口信号数据块结构图

机床控制面板是最典型的例子来说明 PLC 的输入输出信号是如何通过 NC/PLC 接口信号实现 MCP 面板上所定义的功能，从而对机床进行操作控制，并反映机床状态的。机床控制面板通常由基本程序块 FC19（铣床型面板）或 FC25（车床型面板）完成。在数控系统内部有一个标准的 IO 信号位存储区，来自机床控制面板的按键信号和键功能响应信号送到这个位存储区，该存储区由 OB100 中调用 FB1 的参数来定义。MCP 面板的按键信号主要包括工作方式、INC 方式、进给轴/主轴倍率调整、坐标轴及方向选择、钥匙开关及用户定义的功能键。按键功能响应信号是反馈的机床控制面板 LED 信号，LED 亮表明当前选择的操作有效。要区别 NC 定义的键信号和用户定义的键信号，通常由 FC19 或 FC25 把 NC 定义的键信号分配给方式组、NCK 和进给轴/主轴定义的接口。用户定义的键信号，需要设计用户 PLC 控制程序执行其功能。图 5-2 给出了机床控制面板 MCP 通过专用 FC 逻辑块与系统交换信息的情况，对于 840D sl/840D 系统的默认参数设置，输入信号地址范围 IB0～IB7，输出地址范围 QB0～QB7。

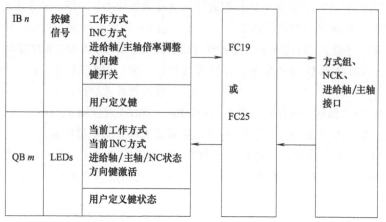

图 5-2   机床控制面板 MCP 通过专用 FC 逻辑块与系统交换信息

对于接口信号的理解，可以从以下几个方面：

- 接口信号指的是 PLC 基本程序提供的标准数据块；

- 接口信号是有方向性的，NCK→PLC（读）、PLC→NCK（写）、PLC→HMI（写）、HMI→PLC（读）；

- 接口信号按照数据块号分类，比如 DB21 是通道 1 的接口信号、DB31 是第 1 根轴的接口信号等；

- 接口信号按位、字节、字或双字进行预定义，其具体的功能也是预定义好的，比如 DB21.DBX6.0 为 "Feed rate inhibit" 功能。

5.2 | 常用接口信号的应用

5.2.1 MCP 地址的定义

840D sl/840D 系统集成了 PLC，MCP 已经占用了 IO 地址，根据 MCP 定义为车床或铣床，对其应用地址的意义也有所不同。IO 具体地址定义建议读者查询 Doc on CD 的 Lists 2nd Book，其中 "IBn＋0/QBn＋0" 中的 n 是由功能块 FB1 定义的 IO 点的起始地址，默认为 0，如操作方式按键 AUTO 的输入地址为 I0.0。

FB1 在 OB100 中被绝对调用。对第 1 机床控制面板信号地址的设定由 FB1 中的两个形参来完成，如图 5-3 所示。

- MCP1In：机床控制面板 1 的输入信号起始地址指针
- MCP1Out：机床控制面板 1 的输出信号起始地址指针

缺省的地址设定为 0，840D sl/840D 的按键信号的保存从输入字节 IB0 开始，LED 从输出字节 QB0 开始。

```
OB100 : 标题：

注释：


□ 程序段1 : 标题：
            CALL  FB     1 , DB7              RUN_UP / gp_par
            MCPNum          :=1
            MCP1In          :=P#I 0.0
            MCP1Out         :=P#Q 0.0
            MCP1StatSend    :=P#Q 8.0
            MCP1StatRec     :=P#Q 12.0
            MCP1BusAdr      :=192
            MCP1Timeout     :=
            MCP1Cycl        :=
            MCP2In          :=
            MCP2Out         :=
            MCP2StatSend    :=
            MCP2StatRec     :=
            MCP2BusAdr      :=
            MCP2Timeout     :=
            MCP2Cycl        :=
            MCPMPI          :=
            MCP1Stop        :=
            MCP2Stop        :=
```

图 5-3 调用 FB1 分配 MCP 面板的起始地址指针

5.2.2 PLC 信息/报警（DB 2）

一般情况下，840D sl/840D 的用户信息及报警是通过 DB2 中的各个位触发来实现的。我们所说的用户信息及报警，是机床制造商或者机床调试人员为了评估机床外部状态和报警所定义的提示信息或故障报警，通常代码为 51××××、60×××× 或 7××××× 开头，如图 5-4 所示，其中 51×××× 针对的是各个通道的信息/报警，60×××× 针对的是各个轴的信息/报警，7××××× 是用户区定义的信息/报警。DB2 接口信号与信息报警代码之间的对应关系建议读者查询 Doc on CD 的 Lists 2nd Book。

DB2	用于 PLC 消息的信号 (PLC→MMC)，/P3/							
字节	位7	位6	位5	位4	位3	位2	位1	位0
	通道 1							
0	510007	510006	510005	510004	510003	510002	510001	510000
	进给封锁(报警号：510000～510015)							
1	510015	510014	510013	510012	510011	510010	510009	510008
2	进给和读入封锁字节1(报警号：510100～510131)							
3	进给和读入封锁字节2(报警号：510108～510115)							

	用户区 0 字节 1～8							
180	700007	700006	700005	700004	700003	700002	700001	700000
...	用户区 0 (报警号：700000～700063)							
187	700063	700062	700061	700060	700059	700058	700057	700056
188~195	用户区 1 字节 1～8 (报警号：700100～700163)							
...								
372~379	用户区 24 字节 1～8 (报警号：702400～702463)							

图 5-4 用户报警与提示信息

用户信息及报警分为操作提示信息以及报警，如果触发的是操作提示信息，则当相应的位变0后，信息自动消失。如果触发的是报警，则报警事件消失之后还必须进行应答，报警应答键由调用FC10时Quit参数决定，如图5-5所示为某数控机床分配Quit接口参数为DB19.DBX20.2实参，则表示使用OP面板的报警清除按键来确认用户报警。提示信息通常显示为黑色，在接口信号表中定义为BM/OM；报警通常显示为红色，在接口信号表中定义为FM/EM，如图5-6所示。

日 程序段 2：标题：

```
CALL  FC    10                    AL_MSG                  -- Alarms & Messages
  ToUserIF:=TRUE
  Quit    :=DB19.DBX20.2          "MMC".E_Cancel          -- Cancel
```

图 5-5　某机床的报警确认信号

DB2	Signals for PLC messages (PLC → HMI)							
Byte (message type)	Bit 7	Bit 6	Bit 5	Bit 4	Bit 3	Bit 2	Bit 1	Bit 0
Channel 1								
0 (FM)	510007	510006	510005	510004	510003	510002	510001	510000
Feedrate inhibit (Alarm No.: 510000~510015)								
1 (BM)	510015	510014	510013	510012	510011	510010	510009	510008
2 (FM)	Feedrate and read in inhibit, byte 1 (Alarm No.: 510100~510107)							
3 (FM)	Feedrate and read in inhibit, byte 2 (Alarm No.: 510108~510115)							
4 (BM)	Feedrate and read in inhibit, byte 3 (Alarm No.: 510116~510123)							
5 (BM)	Feedrate and read in inhibit, byte 4 (Alarm No.: 510124~510131)							

图 5-6　DB2 接口信号代码分类

在DB2中决定了哪个位触发哪个信息/报警号，而且在DB2.DBB0～DB2.DBB179之间的位还可以对固定的通道和轴做出自动的故障反应，比如取消使能/读入封锁等系统功能，这部分接口信号所触发的信息/报警号称为带系统功能。例如，报警号510200～510207可以通过DB2.DBB6（禁止读入通道1）触发。

比如在一条自动化生产线中，有一个桁架机器人对10台数控机床实现自动上下料的功能。在数控机床的NC编程中，需要通过M代码来呼叫桁架机器人，桁架机器人接收到呼叫信号，开始运行到指定的机床位置，在桁架机器人运动过程中，数控机床不能有任何进给动作，否则容易发生装机等事故。这里我们可以提供一个解决思路：在数控机床调用M代码呼叫机器人的同时，也触发一个提示信息，让这个提示信息带有禁止读入使能的系统功能。当机器人取走工件或放置好工件离开之后，由桁架机器人发出一个完成信号给数控机床，数控机床接收到该完成信号之后，复位掉相应的提示信息，这样禁止读入功能释放，NC程序继续往下执行，程序如图5-7所示。需要说明的是，该程序并非完整的程序，没有考虑相应的安全互锁功能，仅仅是为了所描述的思路，而单独从项目程序中截取其中一小部分来说明的。该例子预先定义如下信息：

① 呼叫桁架机器人M代码，M61取工件，对应接口信号为DB21.DBX201.5；

② 桁架机器人启动运行信号由通信DP-DP Coupler发出，在数控机床侧使用DB210.DBX7.1；

③ 数控机床提示信息：510100（桁架机器人运动中），对应接口信号为 DB2.DBX2.0；

④ 桁架机器人完成信号 I40.0。

日 程序段 3：标题：

```
A    DB21.DBX    201.5        //M61 Code
S    DB210.DBX     7.1        //Robot CNC NC Start
S    DB2.DBX      2.0         //510100 MSG
A    I   40.0                 //Robot Done
R    DB2.DBX      2.0
```

图 5-7　触发 510100 信息提示

需要注意的是调用 FC10 之后，由于在 FC10 中对于通道、轴的封锁、读入使能封锁等功能也做了处理，如果机床的其它程序块中也处理了相应的封锁功能，这时候就有可能会不起作用，这就相当于是输出线圈的重复赋值，因此要通过程序调整注意避免这种情况出现。

5.2.3　PLC 用户信息/报警查找的方法

作为维修服务工程师，更多的时候是注重如何通过数控系统诊断界面的报警信息，然后再到 PLC 程序中查找报警的逻辑条件以及报警原因。这里我们通过几个简单的例子稍做介绍，同时要说明的是在本章节中仅仅是通过例子来说明 PLC 用户信息/报警常规的查找方法。对于一些复杂的机床程序，或者由指针编程访问 DB2 的变量的，那还需要借助于深厚的 PLC 编程调试功底，否则根本无法追根溯源地找出报警原因。

（1）直接编程

在诊断界面中查看相应的报警号，然后通过 Tool Box 工具光盘中的一个 PLCAlarm. txt 文本文件来查找该报警号对于 DB2 的位地址，PLCAlarm. txt 可以把它放在桌面上，当成一个查找报警号的小工具。比如有一台 H56 的

图 5-8　H56 卧式加工中心出现报警

卧式加工中心出现报警，如图 5-8 所示，现在需要通过 PLC 程序查找报警"600700：门不在后退位置，APC 轴被限制"的故障原因。

第一步：通过 STEP7 软件，通过 PLC 菜单指令"将站点上传到 PG"上传数控机床的 PLC 程序，如图 5-9 所示。

第二步：通过 PLCAlarm. txt 文本文件查找报警号 600700 所对应的 DB2 接口地址点，如图 5-10 所示。通过查找结果可以知道，报警号 600700 对应的接口信号点位为 DB2. DBX156.0。

第三步：在 STEP7 中，生成 PLC 程序块的参考数据，如图 5-11 所示。

第四步：在交叉参考表中，通过过滤设置功能查找 DB2 的变量，如图 5-12 所示，并查找 DB2. DBX156.0，如图 5-13 所示，从交叉参考表中可以看出 DB2. DBX156.0 在程序块 FC80 的网络段 32 中有编程为写的逻辑操作，双击网络段 32 可以定位到程序块中，从而查看程序逻辑，如图 5-14 所示。

在图 5-14 中可以看出，触发 DB2. DBX156.0 输出的外部输入信号 I35.7、I35.6、I37.4 以及 I37.5，可以根据机床的电气原理图找出这些输入点的功能定义，并监控程序查看这些输入点的状态，最后根据程序逻辑找出故障原因并排除它。

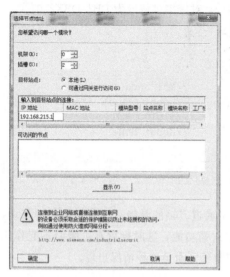

图 5-9 上传数控机床的 PLC 程序

图 5-10 查找报警号对应的接口点位

图 5-11 生成参考数据

图 5-12 设置交叉参考过滤器

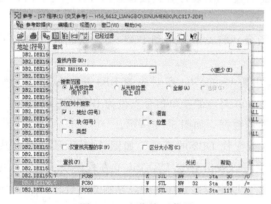

图 5-13 查找接口信号

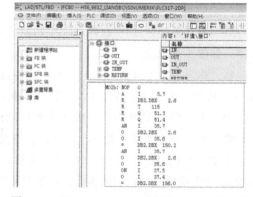

图 5-14 DB2.DBX156.0 对应的 PLC 程序逻辑

（2）预先打开 DB2

预先通过编程指令 OPN 打开 DB2，然后访问 DBX？.？，此时访问的都是 DB2.DBX？.？。这种编程 DB2 的方法，在 PLC 中称为传统方式方法数据块。这时候通过参考数据查找 DB2，只能看到 DB2 被打开编程，没有 DB2 里面具体的点位，如图 5-15 所示。其中，FC10 是标准库里面的程序块，因此可以不用查看 FC10 的程序，在 FC33 和 FC35 中都编写了 OPN 打开 DB2 数据块的程序，FC33 和 FC35 是机床制造商编写的程序，因此需要查看这两个程序块，如图 5-16 所示。

地址(符号)	块(符号)	类	语言	位置					位置				
⊟ DB 2	FC10	R	STL	NW	1	Sta	16	/OPN	NW	1	Sta	45	/OPN
				NW	1	Sta	77	/OPN	NW	1	Sta	108	/OPN
				NW	1	Sta	127	/OPN	NW	1	Sta	235	/OPN
				NW	1	Sta	273	/OPN					
	FC33 (FC33 Faults)	R	STL	NW	1	Sta	18	/OPN					
	FC35	R	LAD	NW	1			/OPN					

图 5-15 DB2 传统方式访问的交叉参考数据

由于预先执行 OPN DB2，则后续的程序网络段中的 DBX180.0、DBX180.1 以及 DBX180.2 就 是 DB2.DBX180.0、DB2.DBX180.1 以 及 DB2.DBX180.2，接下来的操作基本上与直接编程访问查找 PLC 信息/报警的方法是一样的。

（3）数据块转移访问 DB2

有些机床的用户报警不直接对 DB2 进行编程，机床制造商在写 PLC 程序的时候，预先通过 SFC20 把 DB2 映射到一个用户定义的数据块中，然后对用户定义的数据块编程，从而实现用户信息/报警的触发。比如 DMG 的一款 DMC65H 卧式加工中心就采用这种方式，可以通过这个案例来熟悉这种编程方式。

首先通过 SFC20 把用户定义的数据块

OPN DB 2

⊟ 程序段 2：标题：

```
   I44.2        T16              DBX180.0
  ──┤ ├────────┤/├──────────────( )──
```

⊟ 程序段 3：标题：

```
   I43.2                        DBX180.1
  ──┤/├────────────────────────( )──
```

⊟ 程序段 4：标题：

```
   I43.0                        DBX180.2
  ──┤/├────────────────────────( )──
```

图 5-16 传统方式访问 DB2 的编程逻辑

DB102 作为源数据区域，复制到 DB2 相应的目标数据区域中，如图 5-17 所示。

此时，需要通过阅读程序，把源数据区和目标数据区的关系理清楚，最好做出表格，如表 5-1 所示。

表 5-1 源数据区和目标数据区的对应关系

源数据区 DB102	目标数据区 DB2
DB102.DBX200.0 BYTE 16	DB2.DBX 0.0 BYTE 16
DB102.DBX272.0 BYTE 2	DB2.DBX 16.0 BYTE 2
DB102.DBX274.0 BYTE 6	DB2.DBX 144.0 BYTE 6
DB102.DBX280.0 BYTE 2	DB2.DBX 154.0 BYTE 2
DB102.DBX0.0 BYTE 200	DB2.DBX 180.0 BYTE 200
DB102.DBX216.0 BYTE5 6	DB2.DBX 380.0 BYTE 56

比如，机床上出现 700919 报警，通过 PLCAlarm.txt 文本文件可以查出对应的报警接口地址为 DB2.DBX 254.3，然后通过表 5-1 可以查出在 DB102.DBX0.0BYTE 200 范围内，通过计算可得出对应于 DB102.DBX74.3，通过参考数据可以找出 DB102.DBX74.3 在 PLC 程序中的应用位置，如图 5-18 所示。

```
日 程序段 44: 标题:
                CALL  "BLKMOV"                          SFC20              -- Copy Variables
                 SRCBLK :=P#DB102.DBX200.0 BYTE 16
                 RET_VAL:=#TEMP25                        #TEMP25
                 DSTBLK :=P#DB2.DBX0.0 BYTE 16
                CALL  "BLKMOV"                          SFC20              -- Copy Variables
                 SRCBLK :=DB102.STAT2216                 P#DB102.DBX272.0
                 RET_VAL:=#TEMP25                        #TEMP25
                 DSTBLK :="ALMSG_DB".C1.FdStop_3_5113xx  P#DB2.DBX16.0      -- Feed stop GEOaxis 3 A.no.511300-511315
                CALL  "BLKMOV"                          SFC20              -- Copy Variables
                 SRCBLK :=P#DB102.DBX274.0 BYTE 6
                 RET_VAL:=#TEMP25                        #TEMP25
                 DSTBLK :=P#DB2.DBX144.0 BYTE 6
                CALL  "BLKMOV"                          SFC20              -- Copy Variables
                 SRCBLK :=P#DB102.DBX280.0 BYTE 2
                 RET_VAL:=#TEMP25                        #TEMP25
                 DSTBLK :="ALMSG_DB"._6FdStop6006xx      P#DB2.DBX154.0     -- Feed stop axis/spindle 6
                CALL  "BLKMOV"                          SFC20              -- Copy Variables
                 SRCBLK :=P#DB102.DBX0.0 BYTE 200
                 RET_VAL:=#TEMP25                        #TEMP25
                 DSTBLK :=P#DB2.DBX180.0 BYTE 200
                L     B#16#FF
                L     DB4.DBB    48
                <>I
                JC    M002
                CALL  "BLKMOV"                          SFC20              -- Copy Variables
                 SRCBLK :=P#DB102.DBX216.0 BYTE 56
                 RET_VAL:=#TEMP25                        #TEMP25
                 DSTBLK :=P#DB2.DBX380.0 BYTE 56
        M002: NOP   0
                A     #TEMP46                            #TEMP46
                JCN   M003
                CALL  "BLKMOV"                          SFC20              -- Copy Variables
                 SRCBLK :=DB102.STAT1464                 P#DB102.DBX180.0
                 RET_VAL:=#TEMP25                        #TEMP25
                 DSTBLK :=P#DB2.DBX360.0 BYTE 2
                JU    M004
        M003: L     0
                T     DB2.DBW    360
        M004: NOP   0
```

图 5-17　SFC20 映射 DB2 变量区域

```
日 程序段 16: 标题:
                ON    M     344.2
                ON    #TEMP0                                              #TEMP0
                =     DB102.DBX    74.3
```

图 5-18　DB102.DBX74.3 应用位置

（4）间接寻址访问 DB2

有些进口的机床也常常会使用寄存器或存储器间接寻址的方式来访问 DB2 里面的各个位变量，并且编程评估用户报警也都是通过间接编程来实现的。这样通过交叉参考数据无法找出 DB2 里面各个点位具体的编程应用位置，因此上述方法在这里显得无所适从。遇到这种情况，一个是需要非常深厚的 PLC 编程调试的知识和经验，还要对机床本身有一定的诊断经验。通常这种情况对于一般工程师来说，从 PLC 程序来诊断机床外围信息/报警的方法基本上失效了，需要从报警信息本身出发，加上对机床工艺动作和功能的熟悉程度，才能够找出故障点并排除故障。

5.2.4　NC 接口信号 DB10 实现快速 IO 的应用

NC 接口信号 DB10 定义的是 NCK、PLC 以及 HMI 之间的接口信号交互，我们常见的比如急停相关的接口信号：DB10.DBX56.1、DB10.DBX56.2、DB10.DBX106.1；钥匙开关位置的接口信号：DB10.DBX56.4~ DB10.DBX56.7；NCK 准备好的接口信号：DB10.DBX108.7 以及驱动准备好接口信号：DB10.DBX108.6 等。此外，在 DB10 中还定义了大量的快速 IO 的接口信号。所谓快速 IO 就是由 NCK 系统变量来处理的输入输出信号，$A\_IN [n]$ 定义输入信号，

$A\_OUT [n]$ 定义输出信号，接口信号与 NC 系统变量对应关系可查询 Doc on CD 的 Lists 2nd Book 接口信号表。

比如，有一台机床要求在程序循环运行时，每当检测到外部给定的一个 PLC 触发信号，机床的检测轴（NC 控制的一个轴）以 50 的进给率移动 1mm。此时可以使用 NCK 的快速输入信号在 NC 程序里面做变量的判断，使用同步动作功能判断 $A\_IN [2]$、$A\_IN [3]$ 这两个信号状态为 1 时，检测轴分别向正方向或负方向以 50 的进给率移动 1mm，NC 侧的程序如下：

```
……
ID= 2 EVERY $ A_IN[2]= = 1 DO POS[JCM]= IC(1)FA[JCM]= 50
ID= 3 EVERY $ A_IN[3]= = 1 DO POS[JCM]= IC(- 1)FA[JCM]= 50
……
```

在 PLC 程序中，需要编写与 $A\_IN [2]$ 和 $A\_IN [3]$ 相对应的接口信号 DB10.DBX1.1 和 DB10.DBX1.2，PLC 侧的程序如下：

```
A    I       7.5            //JCM+ 手动动作信号
A    DB100.DBX    0.0       //JCM+ 自动动作信号
=    DB10.DBX    1.1

A    I       7.0            //JCM- 手动动作信号
A    DB100.DBX    0.1       //JCM- 自动动作信号
=    DB10.DBX    1.2
```

5.2.5 模式组信号（DB 11）的应用

840D sl/840D 数控系统支持最多 10 个模式组，所有模式组的接口信号被定义在 DB11 中，模式组信号分为 PLC→NCK 以及 NCK→PLC。在很多机床中使用西门子标准的 MCP 面板，因此会调用 PLC 基本库里面的标准程序 FC19、FC24 以及 FC25 等，这些程序块已经包含了方式组接口信号的处理，但是如果没有使用西门子标准 MCP 面板，通常就不能直接调用标准的库程序，而需要由用户自己编写机床控制的程序，这其中当然包含了模式组接口信号的处理。

比如某专用磨床使用用户按键及指示灯来实现机床模式组切换，处理自动模式（AUTO）如图 5-19 所示。使用 I100.3 对应的按键作为自动模式选择按键，Q100.3 对应的指示灯作为自动运行模式指示灯。

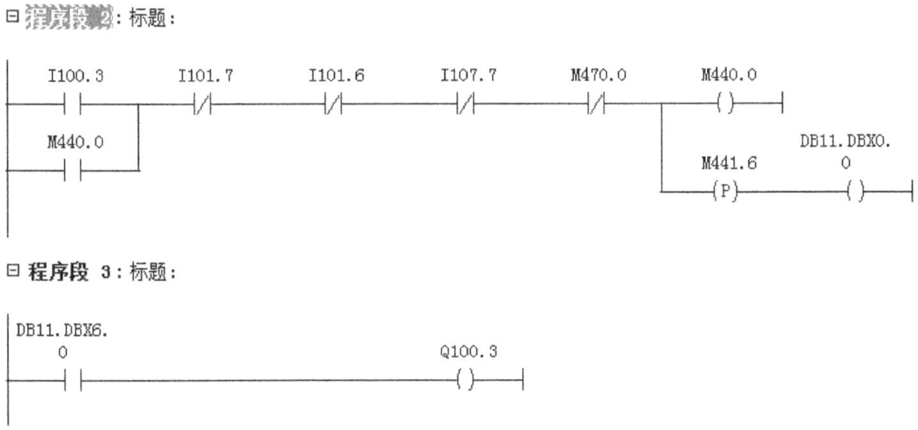

图 5-19 处理自动模式（AUTO）

使用 I101.7 对应的按键作为半自动模式（MDI）选择按键，Q101.3 对应的指示灯作为半自动运行模式（MDI）指示灯，如图 5-20 所示。

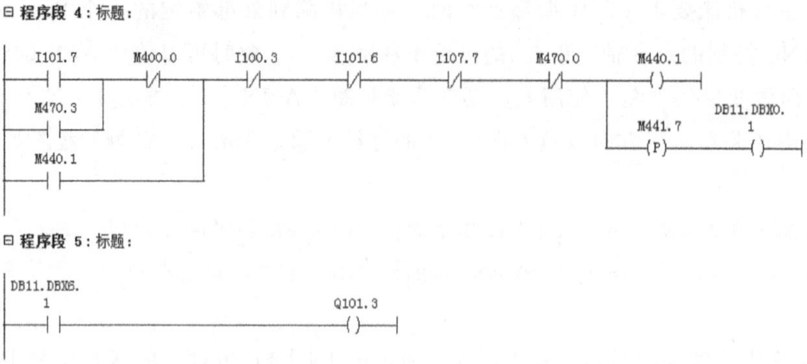

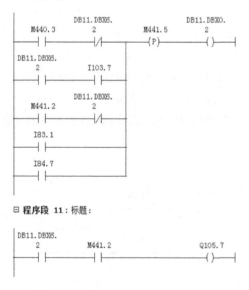

图 5-20　处理半自动模式（MDI）

处理手动运行模式（JOG）的信号条件比较多，把各种手动运行条件做或逻辑运算送给手动运行模式的接口信号 DB11.DBX0.2，Q105.7 对应的指示灯作为手动运行模式（JOG）指示灯，如图 5-21 所示。

当然在机床上处理不同运行模式的接口信号，需要根据机床的操作要求和工艺条件来编写和调试程序。比如由于机床都是采用绝对值编码器，机床调试好之后不需要进行回参考点操作，因此机床制造商没有把回参考点的运行模式激活条件编写到机床控制面板中，也就是说机床没有回参考点操作的按键。但是事实上在维修机床的过程中，有时候需要切换到回参考点操作模式，因此也可以对程序进行修改，在 OB1 中增加相应程序，如图 5-22 所示。

图 5-21　手动运行模式（JOG）处理

```
程序段    53：标题：
       A    I    107.6
       FP   M    107.7
       JCN  M007
       AN   Q    105.6
       =    Q    105.6
M007:  NOP  0
       AN   Q    105.6
       =    DB19.DBX   0.7
       A    I    104.3
       FP   M    107.6
       JCN  M008
       AN   Q    102.6
       =    Q    102.6
M008:  NOP  0
       A    Q    102.6
       =    DB11.DBX   1.2
```

图 5-22　激活回参考点模式

5.2.6　操作面板接口信号（DB 19）

操作面板的接口信号，用于实现 PLC 与人机界面 HMI 之间的数据通信。比如我们经常使用到的 MCS/WCS 切换显示的接口信号就是属于操作面板接口信号。

机床坐标系 MCS 和工件坐标系 WCS 的切换需要通过接口信号由用户激活，可以根据设计的需要，选择操作面板 MCS/WCS 切换软键，也可以通过机床控制面板上的 MCS/WCS 切换键。如果切换 MCS/WCS 显示用操作面板上的软键，此时仍可以在手动方式下选择非几何轴并移动。

- 操作面板 MCS/WCS 切换软键

```
A    Q        3.5
=    DB19. DBX    0. 7
```

- 机床控制面板上的 MCS/WCS 切换键

```
A    DB19. DBX  20. 7
JCN  M002
R    DBX    20. 7
AN   DBX     0. 7
=    DBX     0. 7
```

M002：NOP　1

或采用如下程序段实现：

```
AN   DB19. DBX  20. 7
JC   M001
AN   DB19. DBX    0. 7
=    DB19. DBX    0. 7
CLR
=    DBX    20. 7
```

M001：NOP　0

在操作面板接口信号中，DB19. DBX0.0、DB19. DBX0.1 以及 DB19. DBX0.2 这三个接口信号尤其需要注意。这三个接口信号有时候机床制造商会对它们进行编程，用于在出现某些特定的报警或机床故障时候进行封锁，目的是避免操作人员盲目操作导致机床更严重的故障。

- DB19. DBX0.0＝1 对应 OP 操作面板显示白屏。
- DB19. DBX0.1＝1 对应 OP 操作面板显示黑屏。
- DB19. DBX0.2＝1 对应 OP 操作面板所有按键被禁止无反应。

5.2.7　轴/主轴 PLC 使能

在 840D sl/840D 系统中，驱动系统使能信号分为 NCU 控制器的使能、电源模块的使能信号以及数据接口信号中为每个轴分配的使能信号。这三种使能信号分为外部使能信号和内部使能信号。外部使能信号是由 PLC 通过外部电路进行控制，如电源模块的使能信号、各轴驱动模块的使能信号。内部使能信号是由 PLC 程序产生，对应系统数据接口 DB31. DBX2.1～DB61. DBX2.1 和 DB31. DBX21.7～DB61. DBX21.7，前者为控制使能接口，后者为脉冲使能接口。系统在通电时给出脉冲使能信号，使电源模块和驱动模块的控制回路工作，待系统启动完成后，再进行控制使能，使系统处于准备状态。

轴或主轴需要运动，除了在外部硬件上的使能条件必须满足之外，PLC 软件的使能也必须满足，否则轴不能运行。轴/主轴 PLC 使能：

- 控制器使能：DB31，…DBX2.1。
- 脉冲使能：DB31，…DBX21.7。

- 位置测量系统 1/2：DB31，…DBX1.5 或 DB31，…DBX1.6。

控制器的使能信号"0→1"位控环闭合，信号"1→0"变化引起快速制动且位控环打开，实际值仍被记录而驱动的控制器使能被取消。控制器使能可以在控制器内部被复位，例如当位控系统处于各种故障时。

脉冲使能信号"1"，相关的驱动脉冲使能，若一个移动的轴的脉冲使能被取消，轴自由停车。

位置测量系统 1/2，用此信号选择位控器的测量系统，在电机测量系统和直接测量系统之间选择。

某机床的轴激活内部 PLC 控制器使能、PLC 脉冲使能以及测量系统激活的结构化编程，如图 5-23 所示。

```
⊟ 程序段 1: MMC Feedrate override for rapid traverse selected
        L     #Axis_USE              #Axis_USE
   BEG: T     #loopcounter           #loopcounter
        L     30
        +I
        T     #Axis_DB               #Axis_DB
        OPN   DB [#Axis_DB]          #Axis_DB
        A     "NC".E_NCKready        DB10.DBX104.7
        A     "NC".E_NCready         DB10.DBX108.7
        AN    "NC".E_EMSTOP          DB10.DBX106.1
        A     #Feed_start            #Feed_start
        OPN   DB [#Axis_DB]          #Axis_DB
        =     DBX    2.1
        SET
        =     DBX   21.7
        OPN   DB [#Axis_DB]          #Axis_DB
        AN    #Meas_No               #Meas_No
        =     DBX    1.5
        NOT
        =     DBX    1.6
        SET
        =     DBX    1.7
        SET
        =     "Chan1".A_RT_ORA       DB21.DBX6.6
        =     "Chan1".A_FD_ORA       DB21.DBX6.7
        =     "Chan1".E_MMC_FD_OR4RT_OR  DB21.DBX25.3
        L     #loopcounter           #loopcounter
        LOOP  BEG
```

图 5-23 激活 PLC 使能编程

如果轴/主轴要运动，下列接口信号不能被置位：

- 轴/主轴倍率调修开关：DB31，…DBB0 不能为 0%。
- 轴/主轴封锁：DB31，…DBX1.3。
- 跟随模式：DB31，…DBX1.4。
- 删除余程/主轴复位：DB31，…DBX2.2。
- 进给停止/主轴停止：DB31，…DBX4.3。
- 运行键失效：DB31，…DBX4.4。
- 斜坡函数发生器封锁：DB31，…DBX20.1。
- 读入使能封锁：DB21，…DBX6.1。
- 进给封锁：DB21，…DBX6.0。

轴封锁信号为"1"时，位置控制器无输出。因此不会有运动，仅是屏幕显示变化。此信号可以用于零件程序试运行。

跟随模式，位置给定值随时按照实际值进行纠正，静态和停止误差监控无效。

读入封锁，此信号只在自动和 MDA 方式下有效。信号"1"使零件程序的下一程序段不能传送到插补器。

进给封锁信号在所有工作方式下对一个通道有效。信号为"0"，轴可以按需要移动。当信号变为"1"时，轴沿轮廓制动，跟随误差减小，而位控系统保持有效。

5.2.8　辅助功能 M 代码的实现

辅助功能 M 功能，除了会在对应的接口信号 db21.dbx194.0 对应输出 1 个 OB1 扫描周期之外，还有 Change 信号，如图 5-24 所示。Change 信号最多 5 个，这就是说在同一个 block 段中，同时只能编程 5 个辅助功能，超过的话出现报警 12010：M 功能超出。

CNC 程序中的地址 M 表示辅助功能，也会称为机床辅助功能，但不是所有的辅助功能都与 CNC 机床操作有关，很多 M 功能只是与程序处理有关。除非控制器允许在同一程序段中使用多个 M 功能，否则将导致程序错误。编写特定辅助功能的比较实用的方法就是在包含刀具运动的程序段中编写。例如，可能需要在打开冷却液同时，将刀具移动到一个特定的位置，因为各指令间并没有冲突，所以可以写这样的程序段：N56 G00 X12.9854 Y9.474 M08，在这个程序段中，M08 激活的确切时间并

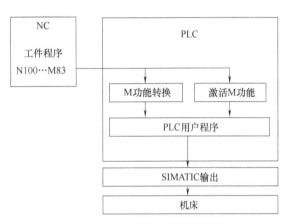

图 5-24　M 动态功能执行原理

不是非常重要的，但是有些情况下，时间的选择是非常关键的。一些 M 功能必须在特定的运动前或者运动后有效。例如这个复合运动——应用在同一程序段中的 Z 轴运动跟程序停止功能 M00，N156 G01 Z－12.9854 F20.0 M00 这种情况比较严重，且需要考虑如下可能的问题：当激活运动时，立即发生停止程序——在程序段开始 M00 生效；刀具在运行过程中发生程序停止——在运动过程中 M00 生效；当运动指令完成后，发生程序停止——在运动结束，程序段末尾 M00 生效。这就涉及控制器如何编译一个包含刀具运动和 M 辅助功能的程序段的问题，了解这一点是非常有用的。M 功能的实际启动可以分为：在程序段开头激活 M 功能（与刀具运动同步）；在程序段末尾激活 M 功能（当刀具运动完成时）。一般来说，M 功能不会在程序段执行过程中激活，这不符合逻辑。比如 M08 功能，冷却液将在运动开始时激活（同样的还有 M03/M04/M06/M07），M00 程序停止功能将在刀具运动完成以后激活（同样的还有 M01/M02/M05/M09/M30）。如果不确定辅助功能与刀具运动关系，那么在单独的程序段中写 M 功能。对于西门子 840D/810D 系统，如果用户或机床厂家自定义 M 功能，也需要考虑 M 功能输出到 PLC 的时间：通过 MD 22200：AUXFU_M_SYNC_TYPE 来定义。

- 0：动作前输出；
- 1：动作中输出；
- 2：动作后输出；
- 3：不输出。

以 M08/M09 为例说明 M 辅助功能的实现，在这里定义 M08 为冷却液开，M09 为冷却液关。刀具冷却可以通过机床控制面板上的操作键启动或停止冷却泵，也可以在自动方式下，通过辅助功能 M 启动或停止冷却泵。在数控机床的规定标准中，辅助功能 M07 为第二冷却启动，M08 为第一冷却启动，M09 为冷却停止。

数控机床上的刀具冷却控制比较简单，仅需要控制冷却泵的启动或停止即可，PLC 用户程序根据来自机床控制面板上的冷却启动或停止命令，或者是零件程序中的辅助功能 M07、M08、M09，启动或停止冷却泵。编写一个典型的刀具冷却 PLC 控制程序，既可以手动控制，也可以自动控制。

手动启动或停止冷却泵时，按下机床控制面板上的按键 I7.4 之后，SR 触发器 M143.2 置 1，SR 触发器 M143.0 置 1，I7.4 对应的指示灯 Q5.4 亮，用 Q43.4 直接驱动接触器，启动冷却泵。再次按下 I7.4，SR 触发器 M143.2 翻转复位，SR 触发器 M143.0 翻转复位，I7.4 对应的指示灯 Q5.4 灭，输出 Q43.4 为 0，接触器断开，冷却泵停止。

零件程序中的冷却泵启动和停止是通过系统接口信号实现的，当数控系统执行 M08 指令时，就把该指令信息传送到系统接口 DB21.DBX195.0，PLC 应用程序从该接口读出信息启动冷却泵，开启冷却液。当数控系统执行 M09 指令时，就把该指令信息传送到系统接口 DB21.DBX195.1，PLC 应用程序从该接口读出信息停止冷却泵，关闭冷却液。其中 I33.3 是急停信号，见如下程序段：

```
A       I       7.4
AN      M       143.2
=       M       143.1
A       M       143.1
S       M       143.2
AN      I       7.4
R       M       143.2
NOP     0
A(
A       I       37.7
A       M       143.1
AN      Q       5.4
O       "Chan1".MDyn[8]          //nck→plc interface for m08
)
S       M       143.0
A(
ON      I       37.7
O       "Chan1".MDyn[9]          //nck→plc interface for m08
O
A       Q       5.4
A       M       143.1
)
R       M       143.0
```

```
A       M       143.0
=       Q       33.0
=       Q       5.4
```

由于 M 动态的辅助功能执行之后，在 OB1 中只有一个扫描周期，另一方面 NC 程序都顺序地读入到 NC 插补器中，NC 执行 M 代码之后立即执行后续的 NC 程序段。而这时候外部的辅助功能还没执行到位，这将会引起机床不安全。所以要求在外部辅助功能执行到位之后，才接下去执行后续的 NC 程序段。这可以通过读入封锁的接口信号来实现，也可以通过 M 代码的解码来实现，这里以读入封锁接口信号来实现该功能，提供一个例子。

假设定义了辅助功能 M28，当 NC 执行辅助代码 M28 时，利用动态接口信号 DB21.DBX197.4 置位 Q36.1，同时置位 DB21.DBX6.1，NC 读入封锁起作用。

当 Q36.1 接通时，T23 经过 1s 时间延时后，其动合触点 T23 闭合，计数器 C23 开始递减运算，与此同时 T23 的动断触点是断开的，造成 T23 线圈断电，使 T23 的动合触点断开，C23 仅计数一次，而后 T23 线圈又接通，如此循环。当 C0 经过 1s×10＝10s 时间后，计数器 C23 输出为 0，输出 Q36.0 接通，同时复位 DB21.DBX6.1，读入封锁重新打开，NC 程序往下执行。

```
A       DB21.DBX    197.4
S       Q           32.1
S       DB21.DBX    6.1
A       Q           32.1
AN      Q           32.3
L       S5T# 2S
SD      T           23
NOP     0
NOP     0
NOP     0
A       T           23
=       Q           32.3
A       Q           32.3
CD      C           23
BLD     101
A       I           36.0
L       C# 20
S       C           23
A       I           36.1
R       C           23
NOP     0
NOP     0
NOP     0
AN      C           23
=       Q           32.0
O       Q           32.0
```

```
O    I            36.0
R    DB21.DBX     6.1
```

5.2.9 急停控制

急停控制用于数控机床安全控制，是数控机床不可缺少的安全保护功能。在控制电路的设计上，急停按钮必须采用常闭触点连接方式，这样有利于保证急停操作的正确性。假如采用常开触点连接方式，急停按钮与系统的连线由于某种原因断路，那么即使发生了急停事件，急停信号也不能正确地传输到系统的 PLC 接口，数控系统就无法及时对紧急情况做出处理。图 5-25 所示为急停控制的时序图。

设置急停按钮的目的是机床在出现紧急情况时能够迅速使运动部件制动，并在最短的时间内停止，以防止机床事故发生。如果有多个急停按钮，则所有的急停按钮信号串联在一起，任何一个按钮按下，都将产生急停动作。

810D/840D 系统中，急停指令通过 PLC 传给 NC，一旦 NC 接收到急停指令，就自动中断坐标轴和主轴运动。其它与系统相关的功能是否停止取决于 PLC 程序设计，如冷却液的关断等。810D/840D 系统的急停控制有时序要求，按下急停按钮后，首先中断零件程序执行，然后坐标轴和主轴以 MD36610 规定的时间制动停止。要设置合适的制动时间，否则以最大的制动电流快速制动，有可能损坏硬件。

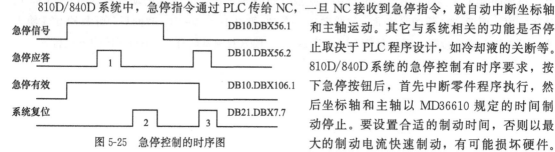

图 5-25 急停控制的时序图

当急停发生时，方式组准备信号 DB11.DBX6.3 复位，急停有效信号 DB10.DBX106.1 置位，产生 3000 号报警信息，经过 MD36620 规定的延迟时间，控制使能被取消。

图 5-25 是急停信号复位的时序关系，接口信号 DB10.DBX56.1 是急停信号，DB10.DBX56.2 是急停应答信号，DB10.DBX106.1 是急停有效信号，DB21.DBX7.7 是系统复位信号。急停应答信号在 1 位置时没有起作用，复位信号在位置 2 时没有起作用，只有在位置 3，急停应答信号有效和复位信号有效时，急停信号才能被复位。

图 5-26 中给出了数控机床的急停控制逻辑，急停按钮 I33.3 通过 PLC 向数控系统发出急停信号，经过数控系统或 PLC 用户程序处理后，通过 Q46.1 控制其它运动部件按照一定的顺序停止，I3.7 是复位信号。

系统急停常见故障是急停无效，这种情况无非两种情况：急停按钮损坏，急停线路短路现象，需要根据实际情况排除故障。

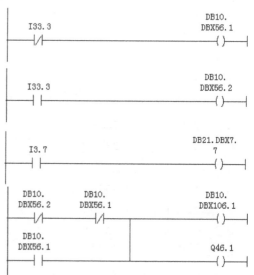

图 5-26 某数控机床的急停控制逻辑

5.3 编写用户 PLC 报警文本

（1）界面上创建报警文本

在 HMI 操作界面上可以直接创建报警文本，其操作步骤如下：

- 按下操作区域切换键，选择"调试"操作区域中的"HMI"界面；
- 在"HMI"界面中的垂直操作软键选择"报警文本"，如图5-27所示；
- 在跳出的对话框中选择第一项"制造商PLC报警文本（oem_alarms_plc）"，如图5-28所示；
- 按下"确认"且确认操作，出现图5-29所示操作界面。

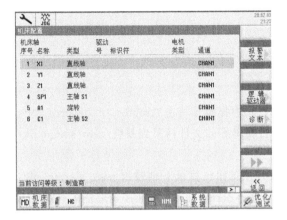

图5-27 PLC"报警文本"操作界面

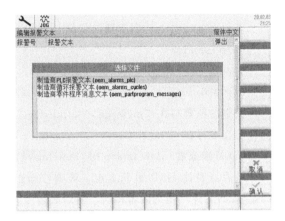

图5-28 选择制造商PLC报警文本选项

在PLC报警文本编辑界面中，有4列输入和选择项：

- 报警号：选择用户报警代码；
- 报警文本：输入报警文本；
- 颜色：报警文本颜色，有红色和黑色两种颜色可选；
- 弹出：报警文本显示的方式，No表示报警显示在报警显示区域，Yes表示以弹出窗口的形式显示报警。

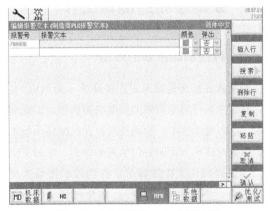

图5-29 PLC报警文本编辑界面

（2）计算机上编写报警文本

在计算机上编写报警文本时，先从/siemens/sinumerik/hmi/template/lng目录下拷贝名为"oem_alarms_deu.ts"的文件到计算机上，可以借助于WinSCP软件，或者使用U盘操作。然后将文件改名为oem_alarms_plc_chs.ts，其中文件名最后三个字母deu表示是德语报警，eng表示是英文报警，chs表示是中文报警。

打开oem_alarms_plc_chs.ts文件，打开该文件时一定要用支持中文编码的编辑器，如UltraEdit-32，若不支持则显示报警为乱码。可以先在屏幕上编写一个报警，然后再联机拷贝出报警文本并在计算机上添加其它报警。报警文件的格式如下：

```
< !DOCTYPE TS>
< TS>
< context>
< name> slaeconv< /name>
< message>
```

```
< source> 700000/PLC/PMC< /source>
< translation> 液压油油位低< /translation>
< /message>
< message>
< source> 700001/PLC/PMC< /source>
< translation> 润滑油油位低< /translation>
< /message>
< /context>
< /TS>
```

完整的报警写在＜message＞＜/message＞中间，其中报警号写在＜source＞＜/source＞中，而报警文本写在＜translation＞＜/translation＞中。将编辑好的文件拷贝到系统/oem/sinumerik/hmi/lng 目录或者/user/sinumerik/hmi/lng 目录下。

最后需要让 HMI 重新上电。需要注意的是系统会在相应目录下创建出 oem_alarms_plc_chs. qm 的文件，即文件名相同，但后缀名为 qm 的文件，若没有生成 qm 文件，报警文本肯定无法显示出来。

5.4 故障诊断的准备工作

5.4.1 数控机床维修的思路

通常数控机床是技术成分较高的一类机电一体化产品，其技术先进、结构复杂、价格也比较昂贵，同时在工厂的生产线上起着关键作用，因此对维修人员有较高的要求。需要技术人员对自动控制技术、电力电子技术、检测技术以及机械传动技术有比较深入的掌握。并且安装调试及维修人员还必须经过数控技术方面的专门学习和培训，掌握 CNC、伺服驱动及 PLC 的调试和维护技能。

当数控机床发生故障时，作为维护维修人员有必要先了解故障发生的信息、机床状态以及机床操作等，不能够贸然操作，以免故障进一步扩大。通常需要向操作人员询问出现故障时的信息，包括什么情况下出现故障：比如是上电过程中出现故障、加工过程中出现故障，还是突然断电出现的故障等；还必须向操作人员询问与机床操作相关的信息。

在确认通电对系统无危险的情况下，再通电观察，特别要注意确定故障信息，包括故障发生时报警号和报警内容，以及哪些报警指示灯提示报警信息。

维修工作中除了需要有较强的动手能力之外，还必须善于总结、分析，并且形成书面的记录，最好是能够把整理出来的文档编辑成小册子，相互之间便于交流和学习，表 5-2 所示为作者做现场服务制作的设备维修总结卡片格式，可供参考。重视总结积累，方法总结、归纳、形成书面记录，以提高自身水平与素质，同时也能够尽量地保障机床使用率。

在日常的维修工作中，排除故障的速度快慢，除了取决于维修人员对机床和数控系统的熟悉程度、运用技术资料的熟练程度之外，还跟维修工具的完备与否有很大的关系。必要的维修用器具有：万用表、数字转速表、示波器、相序表、常用的长度测量工具、电烙铁、吸锡器、螺丝刀、平头钳、尖嘴钳、斜口钳、剥线钳、大小活络扳手、各种尺寸的内六角扳手、剪刀、镊子、刷子、吹尘器、清洗盘、带鳄鱼钳连接线等。

跟数控系统的 PLC 程序调试维护相关的工具有：编程器（或计算机）、交叉网线、通信适配器、通信连接电缆、软件工具、CF卡、系统应急启动盘等。

表 5-2　设备维修总结卡片格式

	填写机床维修卡的归档文件名 （比如：840D sl/840D数控系统 DMG 加工中心机床故障维修标准）				
机床型号	DMC65H	机床序列号	No. 05-3503	设备用户	×××公司
版本信息	机床 HMI 及 NCU 版本信息			故障时间	年　月　日
故障现象	描述机床故障现象（比如机床加工时出现 25001 及 300504 报警）				
报警状态	描述报警界面的报警代码、机床出现报警故障的状态（比如机床上使能之后出现报警，或者机床自动运行时候出现报警等信息）				
原因分析	解释报警来源、分析报警原因				
维修步骤 （可附页）	详细描述诊断维修故障的过程和步骤，通过图片、NC 程序、PLC 程序、PLC 程序的监控状态以及机床状态描述等各种信息加以说明				
数据备份	NC、PLC、驱动等系列备份归档的文件名及描述 硬盘镜像、CF 卡镜像文件归档文件名及描述 文件最终归档存储介质				
使用工具	使用的诊断工具，比如 PG、通信线、启动盘等				
注意事项	提示操作人员或维修人员需要注意的事项				
编写		归档日期		技术主管审核勘误	

如果机床上电之后并没有出现报警，那么必须确认机床处于哪种工作状态和操作模式，甚至需要确定具体到故障发生在哪个程序段、执行哪条指令、机床在什么位置下、以什么速度运行、跟随误差多大等情况。

根据上述所掌握故障信息，明确故障的复杂程度并列出故障存在的全部疑点。在充分调查现场掌握第一手材料的基础上，把故障问题正确地列出来。分析故障时，维修人员不应局限于CNC部分，而是要 对机床强电、机械、液压、气动等方面都作详细的检查，并进行综合判断，制定出故障排除的方案，达到快速确诊和高效率排除故障的目的。无论是数控系统、强电部分，还是机械、液压、气动等，都有必要将可能引起故障的原因以及每一种可能解决的方法全部列出来，进行综合、判断和筛选；在对故障进行深入分析的基础上，预测故障原因并拟定检查的内容、步骤和方法，制定故障排除方案；根据预测的故障原因和预先确定的排除方案，用试验的方法验证，逐级定位故障部位，最终找出故障的真正发生源；故障排除后，应迅速恢复机床现场，并做好相关资料的整理，以便提高自己的业务水平和机床的后续维护、维修。

5.4.2　故障排除的原则

在检测故障过程中，维修人员应充分利用数控系统的自诊断功能，如系统的开机诊断、运行诊断、PLC 监控等功能，并且根据需要随时检测有关部分的工作状态和接口信息。同时还可以灵活应用数控系统故障检查的交换法、隔离法等。

　　维护维修人员碰到机床故障后，需要考虑出分析方案再动手。应先询问机床操作人员故障发生的过程及状态，阅读机床说明书、图样资料后，方可动手查找和处理故障。

　　对有故障的机床需要先在断电的静止状态下，通过观察测试分析，确认为非严重的循环性故障或非破坏性故障后，才能够给机床通电。在运行正常情况下，进行动态观察、检验和测试，查找故障。在查找故障的过程中，应先检查软件的工作是否仍正常，因为有些可能是软件的参数丢失或者是操作人员使用方式、操作方法不对而造成的报警或故障。

　　一般来讲，机械故障较易察觉，而数控系统故障的诊断则难度要大些。在数控机床的检修中，首先检查机械部分是否正常，行程开关是否灵活，气动、液压部分是否正常等。从经验看来，数控机床的故障中有很大部分是由机械动作失灵引起的。所以，在故障检修之前，首先逐一排除机械性的故障，往往可以达到事半功倍的效果。

　　840D sl/840D数控系统采用模块化结构，在现场出现故障，现场技术人员主要的任务是，判断故障点出在什么地方。通过备件更换迅速让机床正常工作，然后把坏了的部件进行检修，或送到专业的维修厂家。因此，在现场电气维修工作的重点不是在具体的模块电路上，而是在故障性质的诊断上。

　　然而外围电路比如冷却、液压、润滑、机械等这些部分的故障，需要能够有清晰的解决思路。

5.4.3　区分硬件与软件故障

　　模块故障：840D sl/840D数控系统高度集成化，一旦模块内部出现故障，用户一般很难自行维修。因为这需要具备比较强的电子电路分析能力以及长期硬件模块维修的经验积累。作者所在的"泰之科技"有一个专门从事数控设备硬件模块维修的部门，能够把模块故障定位到具体模块/芯片并加以维修测试。

　　连接电缆：机床数控系统各模块之间是通过专用的电缆连接的，当系统发生故障时，应该首先检查连接电缆，包括信号控制电缆和模块间的驱动总线及设备总线。

　　电源电压：系统对电源电压的额定值和变化范围都有严格要求，工作电压的波动超出一定范围，将会导致系统故障的发生。系统故障发生后，检查完电缆，接着就必须检查电源电压，包括380V的主电源电压、单相220V电压、电源模块输出的直流母线电压、控制电路的直流电源电压（24V、5V、±15V）。

　　工作状态显示异常：数控系统的面板显示器、状态指示灯、数码管，都能够把大部分故障显示出来，可以查询系统诊断手册分析故障原因。

　　在840D sl/840D的数控机床中，常见的软件故障，比如：

　　• 操作不当引起的软件故障：操作不当删除或更改了控制系统软件或机床数据，恢复备份的软件或机床数据。

　　• 干扰信号引起的软件故障：检查系统接地，排除干扰源。

　　• 后备电池电压过低：这将导致机床数据或PLC程序丢失，使系统不能正常工作。

　　• 零件程序错误或软件进入死循环，此时需要修改零件程序或重新启动系统。

　　在数控机床电气故障中，由于驱动系统是执行指令的最终环节，驱动系统的故障也占较大的比例。比如进给轴/主轴不执行指令，需要检查电源模块、驱动模块的端子使能信号，检查数据接口使能信号，检查NCK/PLC接口信号等。常用接口信号如下：

　　• 进给倍率调整开关：DB31.DBB0～DB61.DBB0；

- 主轴转速调整开关：DB31. DBB19～DB61. DBB19；
- 进给轴/主轴禁止使能：DB31. DBX1.3～DB61. DBX1.3；
- 进给轴/主轴停止：DB31. DBX4.3～DB61. DBX4.3；
- 移动键禁止使能：DB31. DBX4.4～DB61. DBX4.4；
- 硬件限位：DB31. DBX12.0～DB61. DBX12.0/ DB31. DBX12.1～DB61. DBX12.1。

5.5　资料与报警查阅

5.5.1　DOC on CD 介绍

西门子数控系统的资料可以说是"海量级"的，用户必须掌握一定的方法才能够快速找到自己的资料。西门子公司每年都会推出针对数控系统的一个资料光盘 DOC on CD。这个资料光盘包含了最终用户文档、机床制造商文档、驱动、电机、传感器、控制器等各种文档信息，一般来说无论是从事西门子数控维修还是工艺编程，具备这个光盘是非常有必要的。

这张资料光盘需要安装，在安装了 pdf 阅读器之后，把 DOC on CD 上所有的内容拷贝到电脑的本地硬盘上，直接安装 DOC on CD 就可以了。安装完成之后会在 pdf 阅读器上集成一个索引工具，如图 5-30 所示，借助于这个索引工具，查找资料就非常方便了。

图 5-30　DOC on CD 的索引工具

（1）　840D sl/828D User

主要包含的是面对机床最终用户的各种文档：简明操作指南，各种部件比如 HMI、HT 的操作指南，Shop Turn/Shop Mill 操作手册，诊断手册，编程手册，循环编程手册，系统变量手册等。

（2）　840D sl Manufacturer/ Service

主要包含的是面对机床制造商或机床服务工程师的各种文档：NCU 的配置，系统手册，部件操作手册，安装调试手册，基本功能手册，扩展功能手册，特殊功能手册等，机床数据/接口信号列表，驱动功能手册，刀具管理，安全集成，人机界面扩展等。

（3）　828D SW4. 4/SW2. 7 Manufacturer/ Service

828D SW4.4/SW2.7 诊断手册、参数手册、服务手册、功能手册、配置手册等。

（4）　SINAMICS S120 驱动

包括 SINAMICS S120 伺服驱动控制单元、功率单元、功能手册、配置手册等。

（5）　Synchronous motors/Asynchronous motors/Linear/Torque Motors

包括同步伺服电机、异步电机、主轴电机、直线电机以及力矩电机的技术手册。

（6）　SIMATIC

SIMATIC PLC 方面的技术手册及技术文档。

（7）　Info/ Training

产品信息，数控加工培训文档。

5.5.2   报警查阅

西门子数控系统报警有系统报警以及机床外围用户报警，报警分类如表5-3所示。系统通过报警或信息通知机床操作或者维修服务人员当前机床的状态，通过机床报警信息可以更加直接找出故障点。

表 5-3   报警分类

序号	报警号范围	报警分类
NCK 方面的报警信息		
1	000000～009999	通用报警
2	010000～019999	通道报警
3	020000～029999	轴/主轴报警
4	060000～064999	西门子循环报警
5	065000～069999	用户循环报警
6	070000～079999	OEM 与制造商循环编译报警
HMI 方面的报警信息		
1	100000～100999	基本系统报警
2	101000～101999	诊断区域报警
3	102000～102999	服务区域报警
4	103000～103999	加工区域报警
5	104000～104999	参数区域报警
6	105000～105999	编程区域报警
7	106000～106999	保留
8	107000～107999	OEM 区域报警
9	108000～108999	HiGragh 区域报警
10	109000～109999	分布式系统报警(M-N)
11	110000～110999	循环报警
12	111000～111999	Shop Mill、Shop Turn 报警
13	113000～113999	用户扩展接口(Easy Screen)报警
14	114000～114999	HT6 报警
15	119000～119999	OEM 报警
16	120000～129999	HMI Advanced 信息
17	130000～139999	OEM 信息
18	142000～142099	RCS 联机查看报警
19	149000～149999	ePS 服务报警
SINAMICS 驱动报警		
1	201000～203999	控制单元报警
2	204000～204999	保留
3	205000～205999	功率单元报警
4	206000～206999	电源模块报警
5	207000～207999	驱动器报警
6	208000～208999	选件板报警
7	209000～209999	保留
8	213000～213002	授权报警
9	230000～230999	Drive-CLiQ 组件功率模块报警
10	231000～231999	Drive-CLiQ 组件编码器 1 报警
11	232000～232999	Drive-CLiQ 组件编码器 2 报警
12	233000～233999	Drive-CLiQ 组件编码器 3 报警
13	234000～234999	保留
14	235000～235999	TM31 端子板报警
15	236000～236999	保留

续表

序号	报警号范围	报警分类
SINAMICS 驱动报警		
16	240000～240999	扩展控制单元 NX32 报警
17	241000～248999	保留
18	250000～250999	通信板报警
19	250500～259999	保留
PLC 用户报警		
1	400000～499999	通用 PLC 报警信息，系统报警
2	500000～599999	通道的 PLC 报警信息，用户配置
3	600000～609999	轴/主轴 PLC 报警信息，用户配置
4	700000～709999	PLC 机床外围报警信息，用户配置
5	800000～899999	PLC 顺序流程图报警信息，系统报警
6	810000～810009	PLC 系统报警

当机床故障排除之后，有报警信息需要通过确认响应操作才能消除报警。如图 5-31 所示为故障报警结构说明，通常有如表 5-4 所示方式消除报警。如果系统同时存在多个报警（如图 5-31 所示报警代码后面有向下箭头指示），可通过设置显示机床数据 9056 使其依次循环显示，如图 5-32 所示。

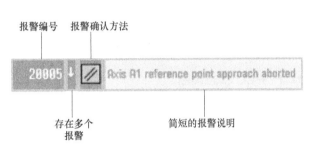

图 5-31　报警结构说明

表 5-4　报警消除响应方式

序号	响应图标	操作含义
1	◇	需要按"Cycle Starter"按键才能够继续操作，或者 MCP 上"RESET"按键
2	│	控制器需要断电重启或 NCK 复位操作
3	∥	MCP 面板上的"RESET"按键，同时会复位正在运行的 NC 加工程序
4	⊖	通过 NC 操作键盘上面的"Alarm Cancel"按键来响应从而消除报警，不会复位正在运行的 NC 加工程序

图 5-32　报警循环显示设置参数

有些报警是可以通过参数来屏蔽的，比如通过 MD11410 和 MD11415 可以屏蔽某些特定的报警，如图 5-33 所示。通过 OP 面板上的"SELECT"选择键可以打开机床数据的位编辑方式，机床数据的位设置有效则可以屏蔽相应的报警信息，比如屏蔽数控系统的电池/风扇报警，则可以设置 MD11415 的 bit1 和 bit2 两个位有效，如图 5-34 所示。

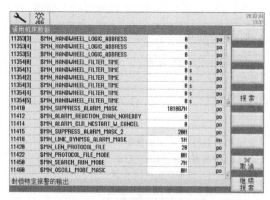
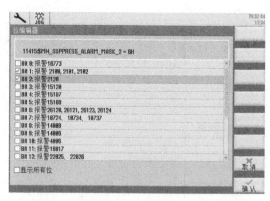

图 5-33　屏蔽报警的机床数据　　　　　图 5-34　通过 MD11415 屏蔽电池风扇报警

5.6 ┃ 840D sl/840D 的 PLC 故障诊断工具

5.6.1　PLC 状态诊断

要进行故障诊断功能，必须要取得相应的权限，从"启动"中输入密码，取得权限。日期和时间是报警显示的一部分，HMI Advance 操作界面可以通过"启动"菜单进入到"PLC"界面中设定日期和时钟。HMI Operate 操作界面则可以通过"调试"菜单进入到"HMI"界面中设定日期和时钟，如图 5-35 所示。

由于数控机床及其辅助系统的工作都与PLC 控制有关，而且数控系统的某些功能也是由 PLC 设置的，通过 NC 与 PLC 的接口或机床与 PLC 的接口可以监测到信号的状态。当

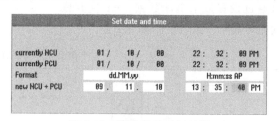

图 5-35　设置新的时间日期

机床发生故障时，如果与外部 IO 信号、PLC 变量或者接口信号有关，应首先根据故障现象检查PLC 的状态。在 HMI Advance 操作界面中需要进入"诊断"界面的"PLC 状态"界面，如图 5-36 所示，在 HMI Operate 操作界面则进入"诊断"界面的"NC/PLC 变量"表，如图 5-37所示。例如，某机床的 X 轴硬件限位＋故障报警，则需要根据电气图纸找出该限位开关对应的PLC 输入信号 I40.0 以及 X 轴正方向硬限位的接口信号 DB31.DBX12.1，检查 PLC 输入信号状态以及接口信号的状态。

利用"PLC 状态"或"NC/PLC 变量"表，可以监视和改变接口信号的状态。PLC 的诊断功能可以显示多种接口信号状态，包括：机床控制面板信号、机床外部开关输入信号、驱动使能信号、报警处理信号、NCK 与 PLC 数据接口信号（DB 数据块）、位存储器/定时器/计数器状态。进行 PLC 接口信号状态检查时，要检查的信号称为"操作数"，输入操作数，并按"输入确认"键，就可以在"值"中显示该操作数的状态，可以选择不同数据类型的格式（B/H/D/F）。

5.6.2　STEP7 重新布线

我们在维修机床的时候，会遇到在一个模块中确定了一个有故障的通道（输入或输出）。如果同一模块或者其它模块上的通道没有被全部占用，则有关的传感器或执行器可以重新连接到空

闲的通道上。可以通过模块接线实物、图纸和 PLC 程序找出富余的输出点，外部接线调换完成之后，需要在 PLC 所有的程序块中，用一个地址去替换另一个地址。重新布线的方式有符号优先和绝对地址优先，由于从 NCU 上上传的 PLC 程序本身也不带符号和注释信息，因此我们这里介绍绝对地址优先的方式进行重新布线。

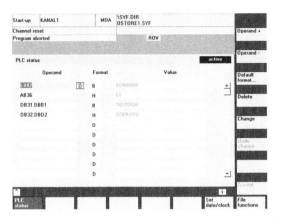

图 5-36 HMI Advance 操作界面的"PLC 状态"

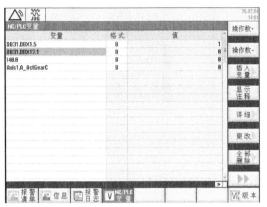

图 5-37 HMI Operate 操作界面的"NC/PLC 变量"表

步骤 1：从 NCU 上传站点到 PG，把 PLC 程序传到计算机上。

步骤 2：生成 PLC 程序块的参考数据，并检查 I/Q/M/C/T 内存分配表，如图 5-38 所示。

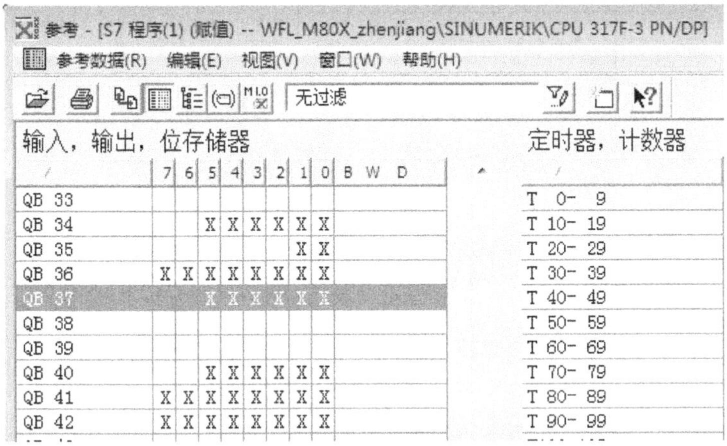

图 5-38 I/Q/M/C/T 内存分配表

步骤 3：在本例子中，Q37.0 通过重新布线替换到 Q37.7，从内存分配表中可以看到 Q37.7 上没有标识"X"，然后硬件模块上也没有接线，电气图纸中也没有定义，这说明 Q37.7 是一个富余可用的点。

步骤 4：在 SIMATIC 管理器中的"选项"菜单下，选择"重新布线"，如图 5-39 所示。

步骤 5：在重新布线窗口中输入旧的地址（被替换的地址）和新地址（重新布线的地址），如图 5-40 所示。输入地址都显示是黑色字体，点击"确定"则开始重新布线，如图 5-41 所示。如果显示是红色字体，则说明重新布线功能出错，需要重新启动 SIMATIC 管理器。

步骤 6：所有的程序块检查完成重新布线之后会跳出一个对话框，如图 5-42 所示。该对话框是重新布线完成之后的一个协议文本，通过这个文本可以找出在哪些程序块中重新布线替换了新的地址，如图 5-43 所示。

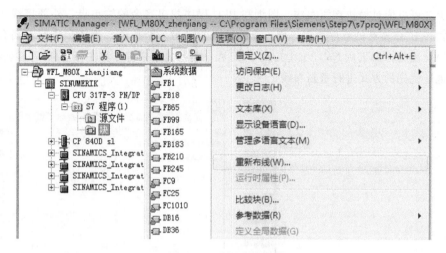

图 5-39　重新布线菜单

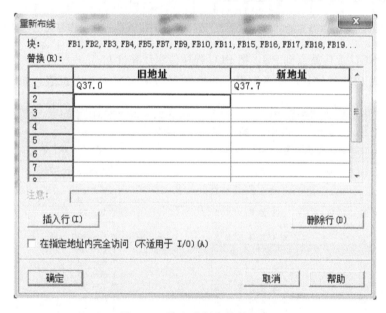

图 5-40　输入重新布线的地址

步骤 7：查看到替换了新地址的程序块，并选择这些程序块下载到 NCU 中，如本例中 FB195 替换了 2 处，其它程序块都没有替换，因此只要下载 FB195 到 NCU 中即可。

以上步骤 1～7 是完成绝对地址优先重新布线的整个步骤。

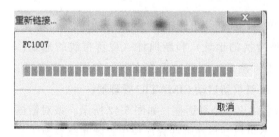

图 5-41　启动重新布线

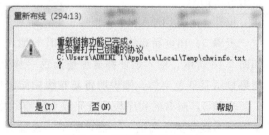

图 5-42　重新布线协议文本

5.6.3　STEP7变量表

　　STEP7的变量表是PLC程序调试和故障诊断中非常有用的工具，虽然在数控系统的NC/PLC变量表中可以实现变量的监控，但是修改变量功能有时候就显得力所不及了。比如图5-44所示的程序段中，需要把Q100.2的值一直修改为"1"状态有输出，而不管程序逻辑条件是否满足，这时候如果使用数控系统的"NC/PLC变量表"肯定实现不了，但是使用STEP7的变量表就可以实现。在数控系统"NC/PLC变量表"的"修改"功能，只能修改没有编程输出的变量。

图5-43　替换新地址的程序块

图5-44　编程输出的Q点

　　启用STEP7变量表最常用的方法是在SIMATIC管理器的PLC程序块文件夹中，选择空白处点击鼠标右键，"插入新对象"中选择插入"变量表"，如图5-45所示。新建变量表还可以根据所监控的变量指定一个名称，如图5-46所示。这样便于调试程序过程中对信号、变量的分类保存，也方便以后对这些变量的监控。

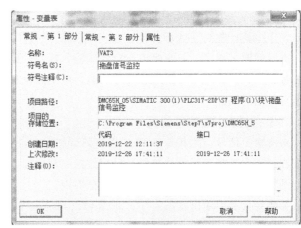

图5-45　插入变量表　　　　　　　　图5-46　定义新建变量表

　　需要注意的是，需要在变量表里面监控的变量必须手动输入变量的绝对地址或变量符号，变量表不支持直接插入符号表或数据块里面的变量。但是变量表支持插入一个连续的变量范围，比如从Q40.0开始连续8个BOOL型变量，首先在变量表中点击右键选择"插入变量范围"，如图5-47所示。在变量范围对话框中填写变量起始地址、变量个数以及变量的数据类型，如图5-48所示。

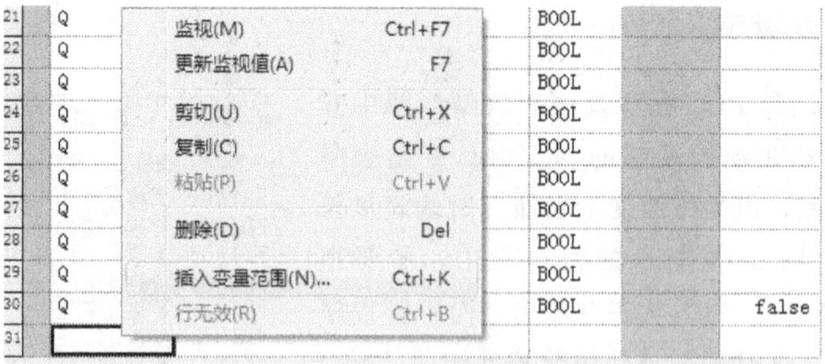

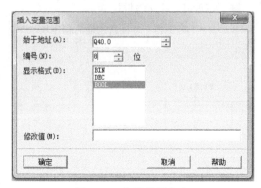

图 5-47　插入变量范围

图 5-48　变量范围定义

变量表除了进行变量监控之外，还可以实现变量修改的功能，常用的工具栏图标功能描述如图 5-49 所示。

利用变量表触发器设置不同的触发点可以方便地检查出故障发生的原因，触发器可以设置为循环扫描周期开始或循环扫描周期结束，如图 5-50 所示。

（1）测试输入端接线

采用监控变量功能，触发点设置为循环扫描周期开始，触发条件设置为每次循环扫描周期。

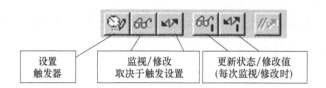

图 5-49　变量表的监控/修改工具图标

（2）模拟输入端状态

有时候调试程序，需要模拟一个外部输入信号，比如一个传感器信号，但是这个输入信号与实际过程无关。此时，采用修改变量功能，触发点设置为循环扫描周期开始；触发条件设置为每次循环扫描周期。

（3）区别过程/软件错误

对应输出信号，尤其是在 PLC 程序调试过程中，有时候需要区别过程/软件错误，比如执行器应在过程中被驱动而不被控制。采用监控变量功能，以监视相关输出，触发点设置为循环扫描周期结束，触发条件设置为每次循环扫描周期。

如果变量表中输出状态＝'1'，那么可以判定程序逻辑是正常的，外部输出没有动作则说明是外部过程错误。

如果变量表中输出状态＝'0'，那么程序逻辑有错误，比如输出线圈重复赋值。

（4）控制输出

如果我们在维修过程中，不管程序逻辑条件是否满足，希望直接控制某个输出 Q 点，比如图 5-44 的例子中，需要控制 Q100.2 有输出。此时可以使用修改变量表功能，触发点设置为循环扫描周期结束，触发条件设置为每次循环扫描周期。控制输出功能，就类似于 PLC 强制输出的

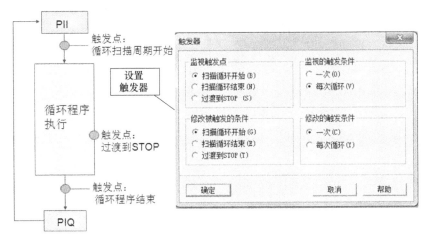

图 5-50　变量表触发器的设置

功能，在现场服务诊断故障时是一个非常好用的工具。

5.6.4　STEP7 参考数据

STEP7 的参考数据是根据所上传的离线程序块生成的，常用到的参考数据有交叉参考表、内存分配表以及程序结构。生成参考数据可以在 SIMATIC 管理器的选项菜单中启动，如图 5-51 所示，也可以在 PLC 块中点击鼠标右键选择参考数据选项，如图 5-52 所示。

生成的参考数据视图如图 5-53 所示，根据调试程序要求选择所需要的选项功能。交叉参考主要是程序中所有涉及的变量使用情况，如图 5-54 所示。在交叉参考表中包含变量的绝对地址/符号信息、变量使用的程序块、变量编程类型（读 R/写 W）、编程语言（LAD/STL/FBD）以及编程位置所处的网络段，如果变量地址前有"＋"号，则说明变量有多处使用到，需要把"＋"打开。双击变量编程的位置网络段，可以自动定位到相应的程序段中。

内存分配表主要是用于查看 PLC 编程的输入 I、输出 Q、M 存储区、计数器 C 和定时器 T 的使用情况，如图 5-55 所示。标识"X"表示变量在程序中以位的形式编程访问，B/W/D 下面的竖线表示在程序中变量访问宽度为字节/字/双字，对于定时器 T 和计数器 C 有阴影标识的说明在程序中使用到。

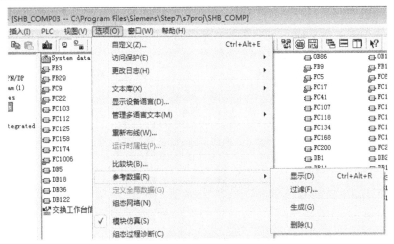

图 5-51　通过选项菜单生成参考数据

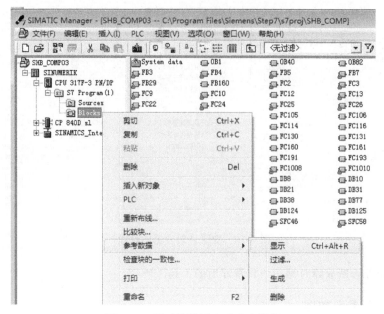

图 5-52　通过快捷键启动参考数据

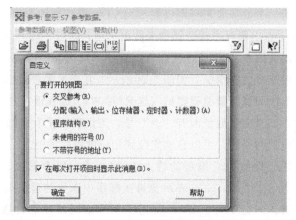

图 5-53　参考数据视图选项

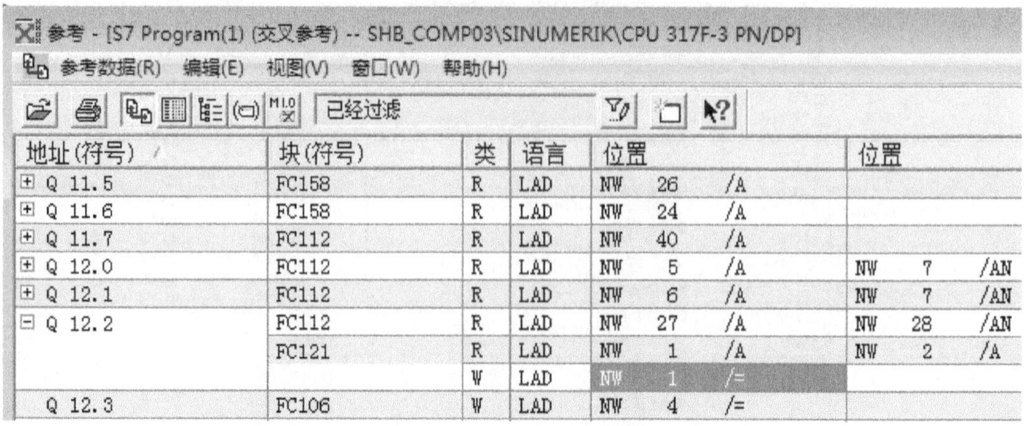

地址(符号)	块(符号)	类	语言	位置			位置		
⊞ Q 11.5	FC158	R	LAD	NW	26	/A			
⊞ Q 11.6	FC158	R	LAD	NW	24	/A			
⊞ Q 11.7	FC112	R	LAD	NW	40	/A			
⊞ Q 12.0	FC112	R	LAD	NW	5	/A	NW	7	/AN
⊞ Q 12.1	FC112	R	LAD	NW	6	/A	NW	7	/AN
⊟ Q 12.2	FC112	R	LAD	NW	27	/A	NW	28	/AN
	FC121	R	LAD	NW	1	/A	NW	2	/A
		W	LAD	NW	1	/=			
Q 12.3	FC106	W	LAD	NW	4	/=			

图 5-54　变量的交叉参考数据

参考 - [S7 Program(1) (赋值) -- SHB_COMP03\SINUMERIK\CPU 317F-3 PN/DP]

参考数据(R) 编辑(E) 视图(V) 窗口(W) 帮助(H)

无过滤

输入，输出，位存储器

	7	6	5	4	3	2	1	0	B	W	D
QB 98											
QB 99											
QB 100			X	X	X	X	X	X			
QB 101		X	X	X	X	X	X	X			
QB 102	X	X	X	X	X	X	X	X			
QB 103		X	X	X	X	X	X	X			
QB 104	X	X	X	X	X	X	X	X			
QB 105	X	X	X	X	X	X	X	X			
QB 106							X	X			
QB 107			X	X	X	X	X				
QB 108											
QB 109											
QB 110							X				

定时器，计数器

	0	1	2	3	4
C10-19	C10				
C 0- 9	C0	C1	C2		C4
T90-99	T90	T91	T92	T93	T94
T80-89	T80	T81	T82	T83	T84
T70-79	T70	T71	T72	T73	T74
T60-69	T60	T61	T62	T63	T64
T50-59	T50	T51	T52	T53	T54
T40-49	T40	T41	T42	T43	T44
T30-39	T30	T31	T32	T33	T34
T20-29	T20	T21	T22	T23	T24
T10-19	T10	T11	T12	T13	T14
T 0- 9	T0	T1	T2	T3	T4

图 5-55　内存分配表

程序结构视图中，可以查看 PLC 的各个程序块的调用关系以及数据块的访问关系，如图 5-56 所示，可以快速理清程序块之间的调用结构。

Block(symbol), Instance DB(symbol)	Local data	Language	Location		Local d
S7 Program					
OB1 (OB_Cycle) [maximum: 28]	[22]				[22]
FC15 (FC_Operating_Modes)	[22]	LAD	NW	1	[0]
FC16 (FC_Conveyor)	[22]	LAD	NW	2	[0]
FC17 (FC_Op/Flt_Mess)	[28]	LAD	NW	3	[6]
FC20 (FC_Fault)	[28]	LAD	NW	4	[0]
FB20 (FB_Faults), DB2 (DB_Instance_Fault2)	[28]	LAD	NW	5	[0]
FB20 (FB_Faults), DB3 (DB_Instance_Fault3)	[28]	LAD	NW	6	[0]
FC18 (FC_Count)	[24]	LAD	NW	4	[2]
DB18 (DB_Parts)	[24]	LAD	NW	1	[0]
OB35 (OB_Cyclic_Interrupt)	[42]				[42]
FC105 (FC_SCALE)	[62]	LAD	NW	2	[20]
OB100 (OB_Startup)	[0]				[0]
OB121 (OB_Prog_ERR)	[0]				[0]
FC1	[0]				[0]

图 5-56　程序结构选项视图

5.6.5 STEP7 程序块监控

程序块的监控是 PLC 程序调试和故障诊断过程中，最为常用的一个功能，在程序编辑窗口中点击"眼镜"图标监控程序状态，如图 5-57 所示。监控程序的前提条件是计算机与 NCU 通信联机正常。

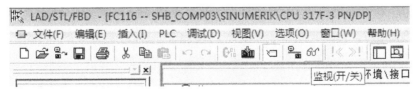

LAD/STL/FBD - [FC116 -- SHB_COMP03\SINUMERIK\CPU 317F-3 PN/DP]

文件(F) 编辑(E) 插入(I) PLC 调试(D) 视图(V) 选项(O) 窗口(W) 帮助(H)

监视(开/关) 环境\接口

图 5-57　监控程序的开关

比如机床上运行某个轴提示显示"读入使能封锁"，我们根据接口信号可以查出"读入使能封锁"信号为 DB21.DBX6.1，先通过交叉参考的过滤器设置查找 DB21 的变量使用交叉参考数据，如图 5-58 所示。

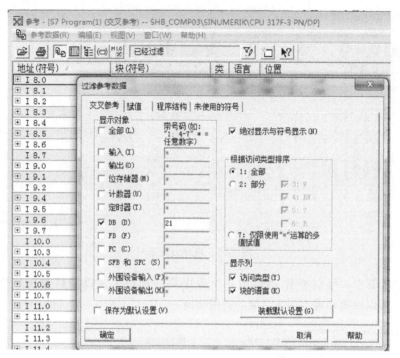

图 5-58　设置 DB21 参考数据过滤器

在所显示出来 DB21 变量的交叉参考数据中可以找到 DB21.DBX6.1 在 FC114 程序块的网络段 7 中有编程类型为写 W 的程序，如图 5-59 所示。双击编程位置，自动跳到相应的程序段中。点击程序块的监控图标可以看到"读入使能封锁"信号 DB21.DBX6.1＝1 被封锁的原因是由于 M540.0 条件满足，条件满足显示为绿色实线，条件不满足显示为蓝色虚线，如图 5-60 所示。

地址(符号)	块(符号)	类	语言	位置			位置		
DB21.DBB4	FC103	W	LAD	NW	4	/T			
DB21.DBB5	FC103	W	LAD	NW	7	/T			
DB21.DBD70	FC111	R	LAD	NW	100	/L	NW	101	/L
DB21.DBD100	FC130	R	LAD	NW	9	/L			
DB21.DBX0.4	FC104	W	LAD	NW	13	/=			
DB21.DBX0.6	FC104	W	LAD	NW	19	/=			
DB21.DBX2.0	FC104	W	LAD	NW	15	/=			
DB21.DBX6.0	FC100	W	LAD	NW	8	/=			
DB21.DBX6.1	FC114	W	LAD	NW	7	/=			
DB21.DBX6.2	FC106	R	LAD	NW	21	/AN			

图 5-59　DB21.DBX6.1 编程位置

在梯形图 LAD 编程中，程序块的监控看起来逻辑比较清晰明了。如果是语句表 STL 编程，监控程序时主要查看信号状态、逻辑运算结果、累加器等寄存器的信息，如图 5-61 所示。

5.6.6　程序块的比较

我们做现场服务涉及 PLC 程序故障诊断时，大部分情况都是先上传 PLC 程序，然后开始调

图 5-60 "读入使能封锁"被封锁的原因

试或诊断，这样计算机上的程序和 NCU 在线的程序是一致的。但是也不排除我们会使用原始带符号注释的 PLC 程序，或之前调试使用过的 PLC 程序。这时候我们可以先做一个 PLC 程序块的比较，检查一下 NCU 在线的程序与计算机上原有的程序是否一致，或有哪些差异。在 SIMATIC 管理器中，鼠标右键点击块文件夹，选择快捷菜单的"比较块"功能，如图 5-62 所示。

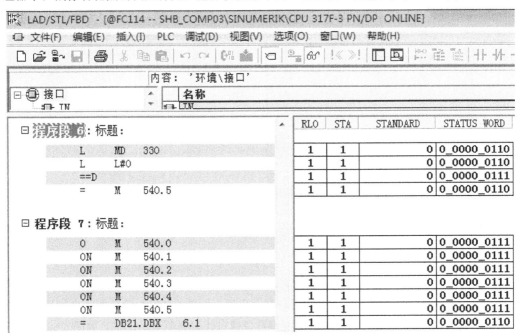

图 5-61 语句表程序的状态监控

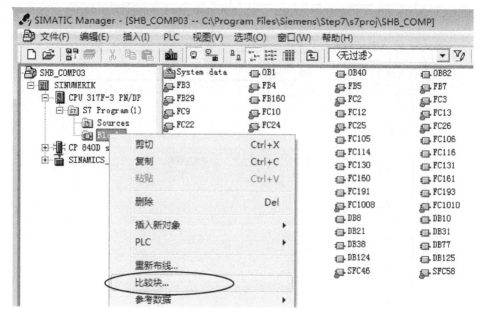

图 5-62　比较块功能

在"比较块"的对话窗口中，选择比较类型为"在线/离线"比较，在线就是 NCU 里面的程序块，离线就是 SIMATIC 管理器中当前打开的程序块，点击"比较"按键，如图 5-63 所示。比较结果如图 5-64 所示，比如"OB10 仅存在于路径 1"，路径 1 是离线的程序，则说明 OB10 在离线程序块中包含，而在 NCU 中不包含。"FC114 路径 1 包含较新的版本"，则说明 FC114 程序虽然 NCU 和离线程序都包含，但是两边的程序块是有差异的，离线程序块 FC114 最后修改过。点击"跳转到"按键可以同时打开离线和在线的 FC114 程序块，并定位在有不同的网络段上，如图 5-65 所示。"DB 时间标志完全相同"则说明数据块离线和在线都没有差异。

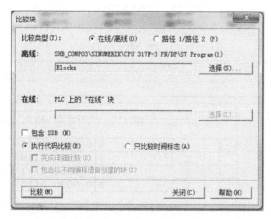

图 5-63　比较"在线/离线"程序块

图 5-64　程序块比较结果

5.6.7　地址定位

在程序编辑窗口中，查找地址变量时候经常会用到一个叫地址定位的功能，也就是"跳转到应用位置"，在编程的地址变量中点击鼠标右键可以通过快捷菜单调用出来，如图 5-66 所示。用"跳转到应用位置"功能可以比较快速地找出变量在整个程序中的使用情况，比如 5.6.5 小节中提

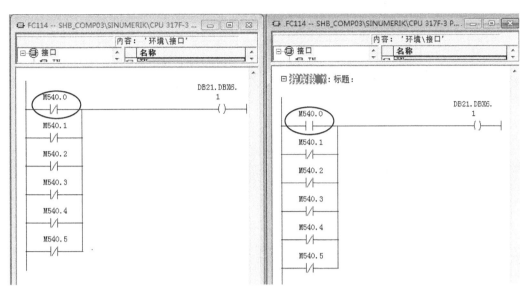

图 5-65 "跳转到"有差异的网络段

到的例子,当监控程序时查到由于 M540.0 条件满足导致"读入使能封锁"信号为 DB21.DBX6.1=1,从而 NC 程序不继续往下执行。由于 M540.0 是内部存储位,这个位条件满足,必须是有其它的条件给 M540.0 赋值输出。此时使用"跳转到应用位置"能够快速找出 M540.0 作为输出使用的编程位置,如图 5-67 所示,选择编程类型为写 W 的程序块,点击"跳转到"图标,则自动定位到所查询程序块的网络段中,如图 5-68 所示。

需要注意的是"跳转到应用位置"也可以定位局部变量,但是如果是局部变量,则只在当前的程序块中跳转,使用"本地应用程序<<"向程序块头跳转,使用"本地应用程序>>"向程序块尾跳转。

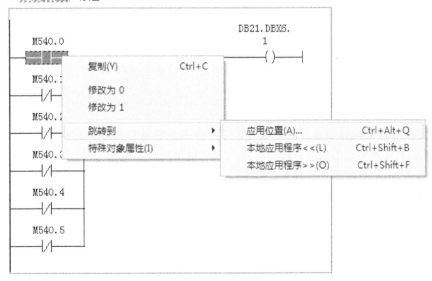

图 5-66 跳转到应用位置

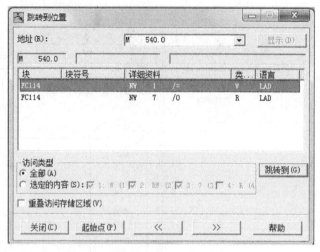

图 5-67　跳转到 M540.0 的编程位置

FC114：标题：

注释：

□ 程序段1：标题：

```
        ┌─────────┐                          M540.0
        │ CMP ==D │                          ─( )─
        │         │
  MD310─┤IN1      │
        │         │
   L#0─┤IN2      │
        └─────────┘
```

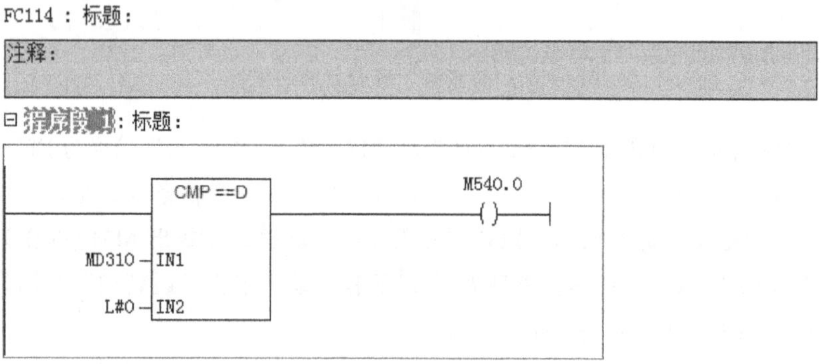

图 5-68　定位 M540.0 的编程位置

5.7 PLC 系统故障诊断

通常我们把数控机床的 PLC 系统故障定义为 NCU 上 SF 故障指示灯会亮起来，大部分情况下 NCU 的 STOP 灯也会亮起来导致 NCU 停机，同时数控系统 HMI 的诊断界面有 2000、2001 以及 810004 等报警信息。PLC 的系统故障可以通过 CPU 的诊断缓冲区和硬件诊断功能来排除。

5.7.1 通过 CPU 诊断缓冲区诊断故障

NCU 的 PLC 系统故障信息在故障缓冲区中可以查看，这些信息是排除 PLC 系统故障的关键。通过 PLC 块文件夹点击鼠标右键，选择 PLC 的模块信息可以进入到 CPU 的诊断缓冲区，如图 5-69 所示，也可以通过组合快捷键 "CTRL＋D" 进入。如果 CPU 有故障，那么在诊断缓冲区中可以查看故障原因，如图 5-70 所示。一般诊断缓冲区的信息需要前后几条信息结合起来看，比如图 5-70 所示例子中，第一条信息报告为 PLC 停机状态，第二条信息报告为 PLC 停机的原因是由于编程故障导致的，第三条信息报告为出现编程故障的原因是由于没有下载 DB 块导致的。这几条信息是有层级递进的，通过这几条信息，基本上可以定位出故障原因之所在，从而排除故障。通常诊断缓冲区中 "模式从 STARTUP 切换到 RUN" 之后的信息为历史信息，记录的是上一次启动 PLC 运行的信息。

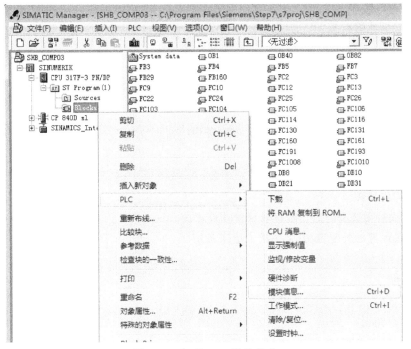

图 5-69　打开 PLC 模块信息

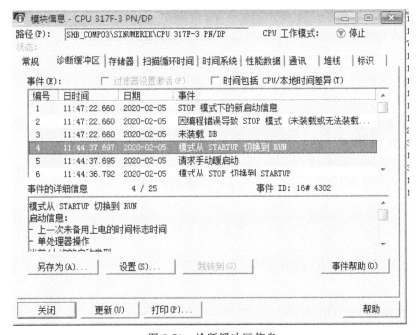

图 5-70　诊断缓冲区信息

　　通过"诊断缓冲区"的"另存为"功能，可以把事件信息作为文本文件保存到计算机中，我们可以通过这些诊断信息找出具体的故障原因。上述例子中主要信息如下：

事件 1 / 25：　事件 ID 16＃ 530D

STOP 模式下的新启动信息

阻止启动的对象：

- 存在 STOP 请求
- 需要冷启动或暖启动

启动信息:

- 上一次未备用上电的时间标志时间
- 单处理器操作

当前/上次的启动类型:

- 通过开关设置触发暖启动;上一次上电未备用

某些启动类型的容许性:

- 允许手动暖启动
- 允许自动暖启动

上电时自动启动类型的上一次有效操作或设置:

- 通过开关设置触发暖启动;上一次上电未备用

工作模式:STOP(内部)

进入的事件

11:47:22.660 2020-02-05

(编码:16# 530D FF04 C777 0041 0023 7723)

事件 2 / 25: 事件 ID 16# 4562

因编程错误导致 STOP 模式(未装载或无法装载 OB,或者无 FRB)

用户程序中的断点:循环程序(OB1)

优先等级: 1

OB 编号: 1

模块地址: 900

之前的工作模式:RUN

请求的工作模式:STOP(内部)

内部错误,进入的事件

11:47:22.660 2020-02-05

(编码:16# 4562 FF84 8870 0101 0001 0384)

事件 3 / 25: 事件 ID 16# 253A

未装载 DB

DB 编号: 150

OB 编号: 1

模块地址: 900

所需的 OB:编程错误 OB(OB121)

在当前工作模式下,OB 未找到、或被禁用、或无法启动

内部错误,进入的事件

11:47:22.660 2020-02-05

(编码:16# 253A FE79 887A 0096 0001 0384)

　　以上信息中,主要信息在于事件 3,这条信息中告诉用户故障原因是没有装载 DB150 到
NCU 的 PLC 中。这个故障是一个编程的同步错误,它出现的时候如果没有处理 OB121,也就
说 PLC 中没有 OB121 组织块存在,那么就会导致 PLC 进入停机模式。因此这个故障排除,需要

把 DB150 下载到 PLC 中，如果不希望同类的编程故障导致 PLC 进入停机模式，那么可以新建一个 OB121 的组织块装载到 NCU 的 PLC 中。

5.7.2　通过硬件诊断查找故障

如果机床配置了 DP/PN 从站或者其它带诊断功能的模块，这些模块出了故障，此时使用硬件诊断功能会带来更好的诊断效果。通过 PLC 块文件夹点击鼠标右键，选择 PLC 的硬件诊断，如图 5-71 所示。在"硬件诊断"的快速查看窗口中可以看到有故障的站点及其地址（本例中两个从站地址分别为 1 和 4），如图 5-72 所示，红色的斜杠表示从站有故障或无法找到从站。选择相应的站点并点击"模块信息"可以诊断该站点的故障信息，如图 5-73 所示。硬件诊断功能也可以在 PLC 的硬件组态窗口中通过切换到在线打开，如图 5-74 所示，选择有故障的站点或模块，双击鼠标也可以进入查看模块的故障诊断信息。

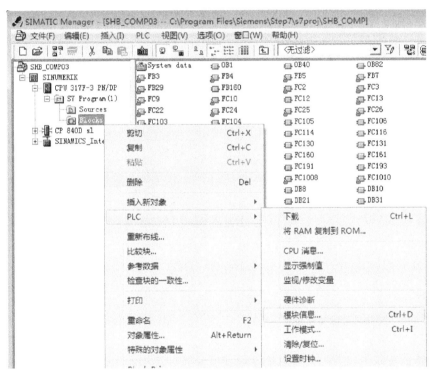

图 5-71　进入 PLC 的硬件诊断

5.7.3　组织块 OB 在 PLC 系统故障中的作用

在数控系统的 PLC 中，支持各种组织块如图 5-75 所示，组织块定义为 PLC 操作系统与用户程序之间的接口。组织块有如下特性：

- 组织块是由 PLC 操作系统定义的用户接口，组织块的编号确定了其功能作用；
- PLC 编程人员不能定义组织块编号，也不能修改组织块的功能；
- PLC 编程人员不能像调用 FC/FB 一样调用组织块；
- 不同 PLC 的 CPU 性能不一致，所支持的组织块会有所差异；
- CPU 不支持的组织块不能编程使用；

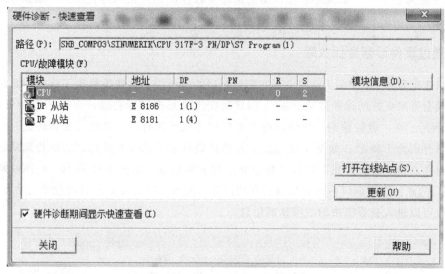

图 5-72　硬件诊断快速查看窗口

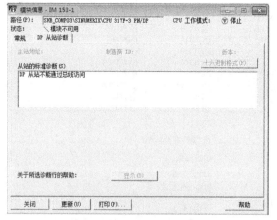

图 5-73　模块的故障诊断信息

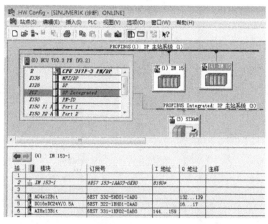

图 5-74　硬件组态在线打开硬件诊断

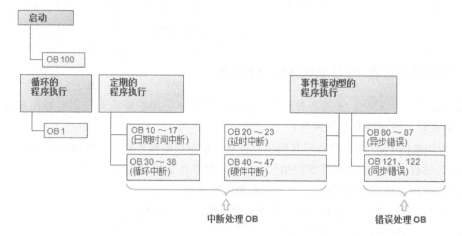

图 5-75　组织块分类

- 处理中断和处理错误的组织块，如果相应的事件被触发，但是 CPU 中没有相应的组织块，那么 CPU 会报错并且进入停机模式；
- 使用相应的组织块时，编程人员需要在 PLC 程序块中插入组织块的编号，并且可以在组织块中编程，下载到 PLC 中。

中断时间和错误事件被触发时，如果没有编程相应的组织块，则 PLC 进入停机模式，在 840D sl/840D 数控系统中比较常用的事件触发的组织块如表 5-5 所示。在做 PLC 故障诊断时，如果不希望由于故障错误事件导致 PLC 进入停机模式，那么可以把相应的组织块编程下载到 PLC 中。

表 5-5　840D sl/840D 数控系统中常用组织块

事件类型	事件信息举例	组织块编号
循环扫描	循环扫描	OB1
暖启动	NCU 重启或 NCK Reset	OB100
时间错误	超出最大循环扫描时间	OB80
诊断中断	有诊断功能的模块触发	OB82
程序执行错误	更新过程映像区时出错	OB85
机架故障	扩展设备或 DP 从站故障	OB86
编程错误	访问不存在的数据块或变量	OB121
访问错误	各有故障的或不存在的模块	OB122
时间中断	触发时间日期中断	OB10
延时中断	编程指令触发	OB20
循环中断	10～1000ms 之间循环执行	OB35
硬件中断	硬件模块触发	OB40

比如某数控机床由于从站故障导致 PLC 停机，其故障缓冲区信息如图 5-76 所示，从故障信息中可以看出触发分布式 IO 故障需要编程组织块 OB86。可以在 PLC 程序块中插入一个 OB86 的组织块并下载到 PLC 中，如图 5-77 所示，组织块下载完成之后需要重新启动 NCU。

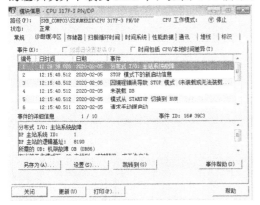

图 5-76　从站故障信息　　　　　　　图 5-77　插入 OB86 组织块

5.8　HMI 数控诊断工具

在 HMI 数控界面中的诊断工具主要就是"诊断"菜单中的报警/信息、变量表、跟踪功能、服务显示信息、驱动系统信息、安全集成服务信息。其中报警/信息和变量表在前面的章节详细介绍过，在本节中不重复讲述，本节重点介绍服务显示以及驱动系统部分。

5.8.1 NC/PLC 跟踪功能

"跟踪"功能用于跟踪指定时间内的变量状态，是在 HMI Operate 数控界面中才有的一个功能。跟踪结果以图表形式显示在屏幕上，在诊断界面按向右扩展键调用 NC/PLC 跟踪界面，如图 5-78 所示。在界面中可以输入或选择 NC/PLC 变量，配置曲线的线型和颜色等，比如在机床上需要监控 I7.7 这个信号的状态曲线，在变量中输入 I7.7，配置颜色可以选择绿色。在垂直操作软键中，按下"显示跟踪"并"启动跟踪"，则可以显示 I7.7 的信号状态曲线，如图 5-79 所示。

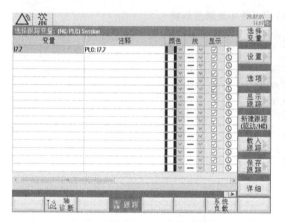

图 5-78 NC/PLC 跟踪界面　　　　　　　　　图 5-79 I7.7 信号状态曲线

在轴的优化调整时，为了检查轴的性能，也可以使用"跟踪"功能，例如我们在确定机床轴的最大加速度时，会分析轴的扭矩电流值、位置设定值以及速度实际值等信息。在"跟踪"窗口中，插入如下变量：

- Nck/ServoData/nckServoDataActCurr64（扭矩产生电流实际值）
- Nck/ServoData/nckServoDataCmdPos2ndEnc64（位置设定值）
- Nck/ServoData/nckServoDataActVel1stEnc64（速度实际值）

可以通过"跟踪"界面垂直操作软键"选择变量"，把所需要的变量查找并通过"添加"插入，如图 5-80 所示。查找变量时，可以在"筛选"下拉选项栏里面选择变量分组，变量选择完成之后启动跟踪显示，如图 5-81 所示。

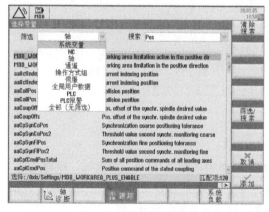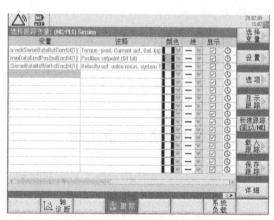

图 5-80 选择 NC 变量　　　　　　　　　　图 5-81 启动变量跟踪显示

在跟踪界面中通过"设置"功能可以设置为手动或自动启动跟踪功能,还可以设置记录时间,如图 5-82 所示。如果设置为自动启动跟踪功能,在程序中编写如下:

```
SOFT
$ AN_SLTRACE= 0    ;复位跟踪条件
G0 X0
$ AN_SLTRACE= 1    ;启动跟踪条件
G01 X20 F200
M30
```

启动程序运行即可以通过程序触发跟踪功能,测试出变量曲线如图 5-83 所示。借助光标可以确定恒速区域的最大电流。

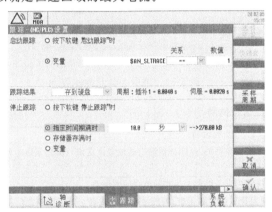

图 5-82　设置跟踪启动条件和时长

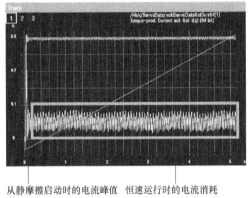

从静摩擦启动时的电流峰值　恒速运行时的电流消耗

图 5-83　测试的变量曲线图

可以设置变量 $ AN_SLTRACE= =1$ 作为跟踪的启动条件并设置记录持续时间为 5s,这样可以检查最大加速度是否合适,检查位置设定值跟踪曲线,如图 5-84 所示。可借助光标计算出图表中的最大负载,一般要求该值不能超过 80%。

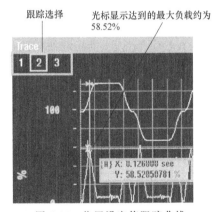

图 5-84　位置设定值跟踪曲线

5.8.2　轴诊断信息

在机床发生问题时,可能需要检查轴/驱动的状态,这些状态界面提供的信息对于技术人员非常有用,有助于加快故障查找过程。图 5-85 所示为服务显示中的"轴诊断"信息概览,在该界面上可以检查各个轴的使能情况、激活的测量系统以及电机和驱动是否温度报警等信息。常见标识符如表 5-6 所示。

表 5-6　服务显示信息图例

图例标识	信息含义
✔	信号正常,如果是使能信号,则表示高电平;若是监控信号,则不存在故障
	信号缺失,即低电平(仅限使能信号)
✖	存在故障(仅限监控信号)
○ 或 ━━━	信号不激活或未使用

在"轴诊断"信息概览界面中选择垂直操作软键"轴信息",则可以查看各个轴和主轴的信息,如图5-86所示。在该界面下可以通过"轴+/一"切换显示各个轴的跟随误差轮廓偏差等信息,详细说明如表5-7所示。

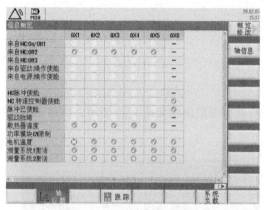

图 5-85　"轴诊断"信息概览

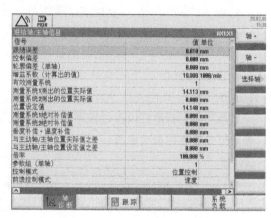

图 5-86　轴服务信息显示界面

表 5-7　轴服务信息说明

信号项目	功能说明
跟随误差	跟随误差与系统插补器输出和实际测量值有关,是插补器输出的位置设定值与测量系统1或2检测的实际值之间的误差
控制误差	位置调节器输入的位置设定值与测量系统1或者2的实际值之间的误差
轮廓误差	根据位置设定值,通过控制模型预先计算的实际位置,与测量系统1或者2的实际值之间的误差,就是当前的轮廓误差。轮廓误差与跟随误差密切相关,受跟随误差影响,在加工过程中速度的改变或者负载的变化都会影响轮廓误差
增益系数	伺服增益系数表明了速度设定值与跟随误差的关系,$K_v=V/e$
有效测量系统	表示已经生效激活的测量系统,测量系统1或者2
测量系统 1/2 测出的实际位置	实际位置值测量系统1或者2;在机床坐标系中显示的位置,有测量系统1或者2测量到的进给轴实际位置,包括了反向间隙补偿和螺距补偿值
位置设定值	由插补器输出到位置控制器的位置设定值
测量系统 1/2 绝对补偿值	显示测量系统1或者2的绝对补偿值,是当前坐标位置的反向间隙补偿和螺距误差补偿的累加结果
垂度和温度补偿	显示的补偿值是当前坐标位置的垂度补偿和温度补偿值之和
与主动轴/主轴位置实际值之差	相对于主动坐标轴/主轴实际值的位置偏移,为同步轴功能可编程的一个偏差
与主动轴/主轴位置设定值之差	相对于主动坐标轴/主轴设定值的位置偏移,为同步轴功能可编程的一个偏差
倍率	显示进给轴或主轴倍率修调开关的位置
速度设定值	速度设定值来自位置控制器和前馈控制器,输入到速度控制器作为速度控制信号
速度实际值	根据编码器提供的脉冲信号,由NC计算并显示的速度是最高速度的百分比,100%表示最高速度
控制模式	显示控制模式:0表示位置控制,1表示速度控制,2表示保持,3表示闲置,4表示跟随模式,5表示制动模式
主轴当前挡位	显示主轴当前挡位
返回参考点状态	用0和1表示系统返回参考点的状态,0表示测量系统1或者2没有返回参考点,1表示已经完成返回参考点
固定点停止	当"到达固定点停止"接口信号(DB3?.DBX62.5)有效时,表明进给轴已经满足了"固定点停止"条件

5.8.3　驱动服务信息

在轴诊断的"信息概览"界面可以看到的是每个驱动的概要信息，如果需要了解驱动详细的服务信息，可以进入到"驱动服务信息"界面，如图 5-87 所示。驱动服务信息界面显示有关电机和驱动状态的有用信息，例如驱动负载、电机温度、直流母线电压等。

在驱动服务信息中，有些信息在现场故障诊断时经常用到，介绍如下：

- 直流母线电压：当前驱动的诊断读出的电压值，并不是在直流母排上用万用表量出来的值。比如驱动报警欠电压、过电压最关键的就是查看直流母线电压值。

- 当前实际电流平滑值：这个指的就是电机负载，比如电机出现抖动、异响、过流等报警，最重要的就是查看电流实际值。

- 电机温度：显示电机当前的温度值，有电机温度报警时需要检查这个参数信息。

5.8.4　驱动系统诊断信息

详细的驱动诊断信息，特别是 S120 的相关信息，可通过软键"驱动系统"来查看，如图 5-88 所示。

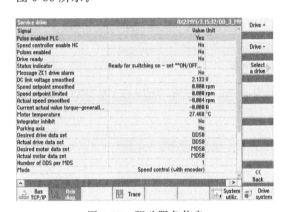

图 5-87　驱动服务信息

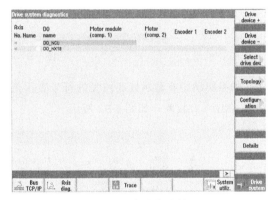

图 5-88　驱动系统诊断界面

把对象名称下面的"＋"打开，一个正常的系统不会出现红色表示，由绿勾显示，如图 5-89 所示，驱动未就绪或故障会显示黄色或红色符号。

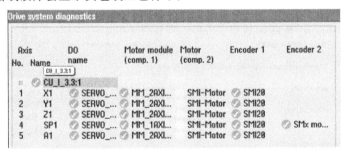

图 5-89　正常的驱动系统界面

如要查看详细的故障原因，请将光标移动至故障轴并选择软键"详细"，使用软键"驱动对象＋"或"驱动对象-"来查看其它驱动轴的状态，如图 5-90 所示。

"状态指示器"信息显示轴处于调试模式下的状态，如图 5-91 所示提供了驱动的详细状态信息，包括使能缺失、制动信号、驱动抑制等信息。

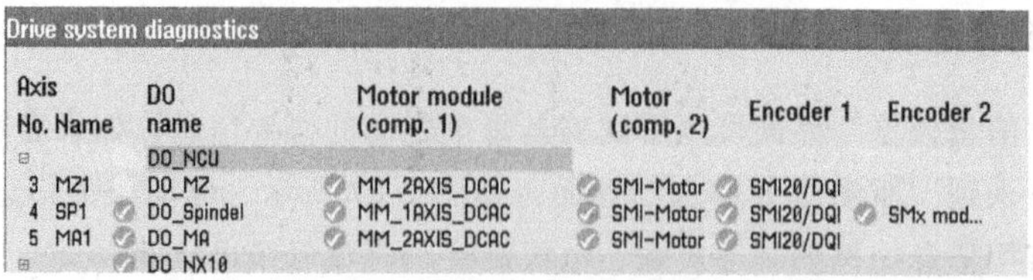

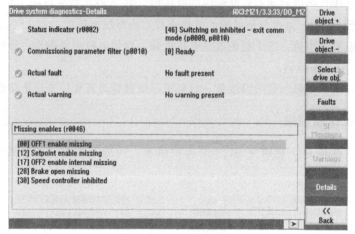

图 5-90   通过"详细"信息检查驱动故障

图 5-91   驱动状态信息

如果驱动中有显示红底白叉的符号表示更为严重的状态，比如某个轴 MA1 显示编码器信号模块 SMI20 有故障，如图 5-92 所示。

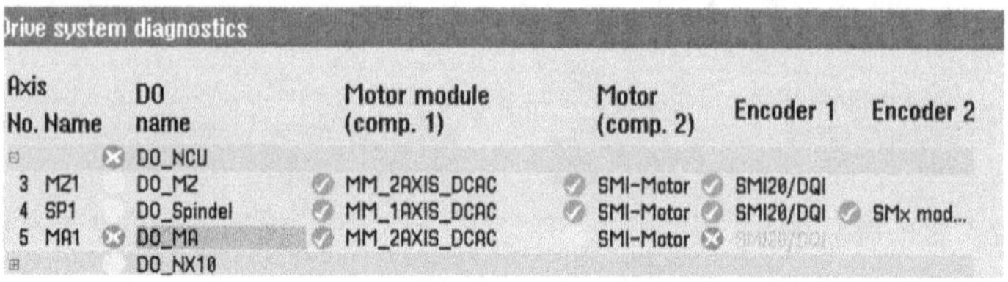

图 5-92   驱动显示严重故障指示

选择软键"详细"，可以查看与故障原因相关的信息，如图 5-93 所示。

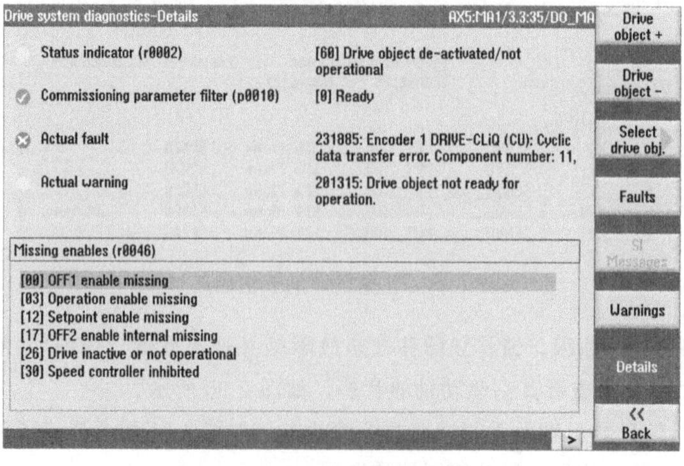

图 5-93   驱动详细的故障信息

选择软键"Warnings"（报警）显示关于编码器 1 故障的详细信息，如图 5-94 所示。

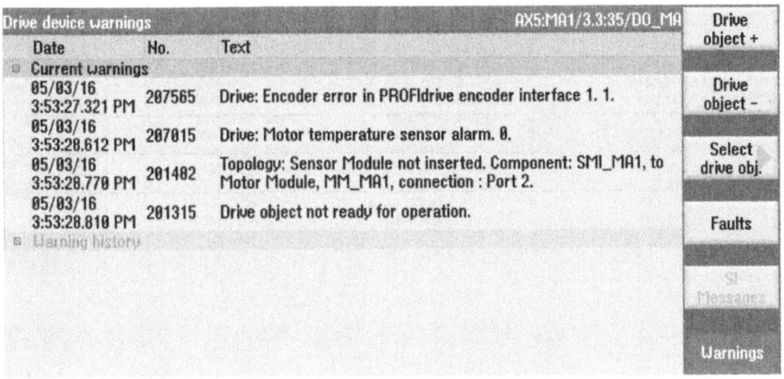

图 5-94　Warnings 报警信息

选择软键"Faults"（故障）可以显示关于编码器 1、驱动组件 11 的故障详细信息，如图 5-95 所示。

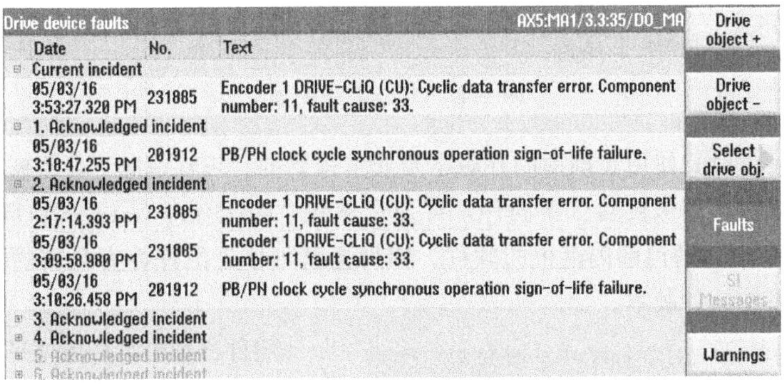

图 5-95　Faults 故障信息

选择水平操作软键"Topology"（拓扑）可查看驱动系统的拓扑结构，如图 5-96 所示。

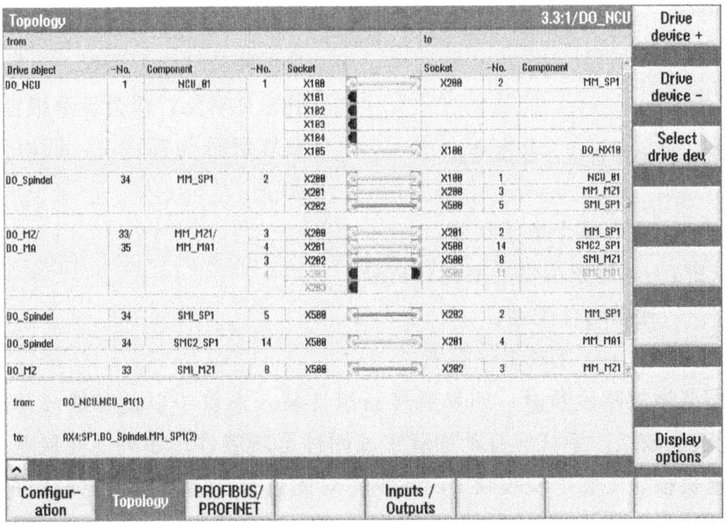

图 5-96　驱动系统拓扑结构

"配置"界面中显示轴和驱动对象组件的分配，这些信息只能使用左/右光标键查看，不能修改，如图 5-97 所示。

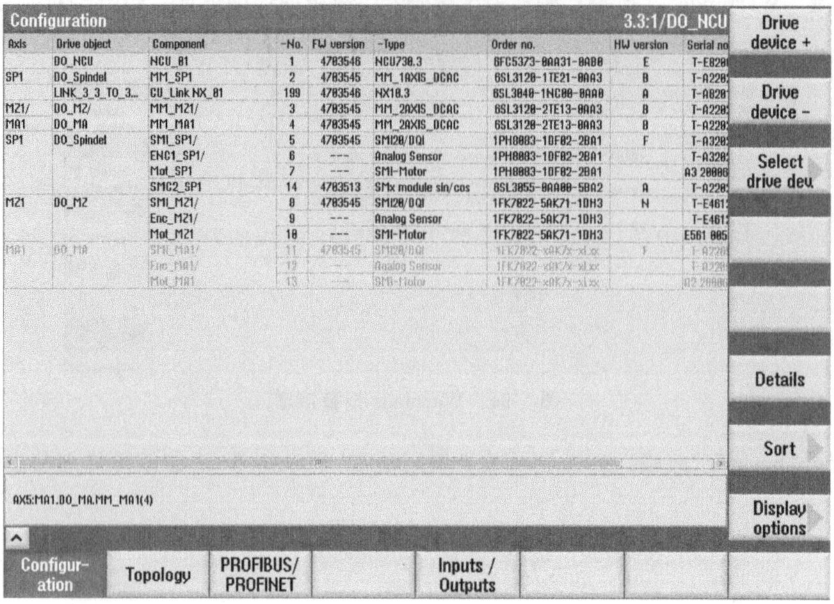

图 5-97　驱动系统配置

当更换驱动硬件时，使用正确的固件版本是非常重要的。正常情况下，系统会自动加载固件至版本不正确的模块。如未自动更新固件，可使用软键"Load firmware"（加载固件）。固件是写入在 Drive-CLiQ 组件的内部闪存中的软件。固件更新可保证组件拥有最新的工艺性能，固件版本取决于当前系统软件版本。

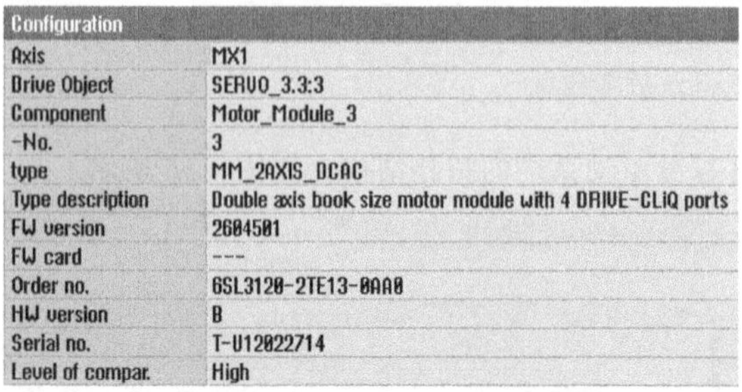

图 5-98　驱动组件电子铭牌信息

组件详细信息称为电子铭牌，包含产品类型、订货号、序列号等信息，如图 5-98 所示。系统将存储的每个对象电子铭牌的详细信息与连接到 Drive-CLiQ 总线的实际组件根据比较等级进行比较。驱动系统在配置完成后将持续受到监控，一旦发生故障或检测到未知对象，即会显示报警。驱动组件的比较等级分为高、中、低以及最小，其定义如下：

- High（高）——比较整个电子铭牌。
- Medium（中）——比较组件类型和订货号。
- Low（低）——比较组件类型。
- Minimum（最小）——比较组件类别。

通常在现场服务做故障诊断时，如果要将新组件装入系统中以便替换故障组件（相同订货号），此时无需更改比较级。系统应自动加载正确固件至新组件。如果要互换两个现有组件以便验证故障，例如电机模块 1 和电机模块 2，系统将对此进行检测并根据比较级的设置发出报警。那么这时，需要将比较级设为低，模块互换则不会触发报警。

5.8.5　驱动系统模块更换举例

驱动系统模块更换，在 840D 的数控系统中执行起来比较方便，因为 840D 使用的是 611D 的伺服驱动，其电源、功率模块以及控制轴卡不存储机床上调试的数据，并且模块信息是手动配置在 NCU 中，不是自动识别的铭牌数据。所以电源、功率模块以及控制轴卡只要是相同的订货号模块更换就可以。

在 840D sl 数控系统中，由于驱动系统组件有自身的电子铭牌，系统对于驱动对象组件需要自动或手动识别，所以在 840D sl 数控系统中，更换驱动系统组件有时候需要调整参数，以下介绍常用到的一些操作案例。

（1）诊断和更换 NX 模块

某机床 NX 模块连接的驱动出现故障时显示的错误消息，如图 5-99 所示。通过驱动系统诊断的拓扑结构图可以看出，以灰色显示的模块就是实际拓扑结构中丢失的模块，如图 5-100 所示。示例中的 NX 模块连接到 NCU 的 X105 接口上。通常处理这个故障仅需更换 NX 模块这一个硬件。机床重新上电后，控制器启动且不出现错误消息，可以继续对机床进行操作。

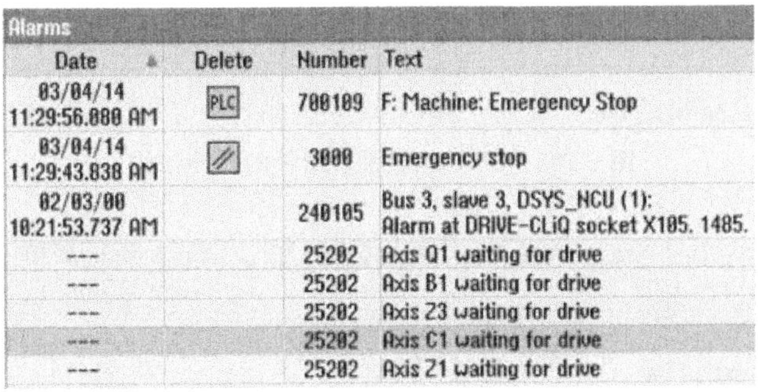

图 5-99　NX 模块故障信息

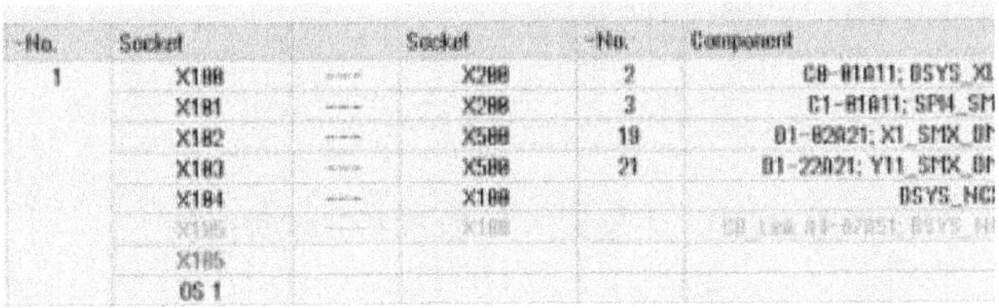

图 5-100　NX 模块丢失的拓扑结构

（2）诊断和更换 SMC 模块

某机床带有电机编码器连接和安全集成功能的 SMC 模块出现故障时显示的错误消息如图 5-101 所示。以灰色显示的模块为实际拓扑结构中丢失的模块，在本例中，这表示连接到 C4 轴双电机模块的 C 轴的 SMC 模块已经发生故障，该模块连接到电机模块的 X202 接口上，如图 5-102 所示。通常处理这个故障仅需更换 SMC 模块这一个硬件。机床重新上电后，控制器启动且不出现错误消息，可以继续对机床进行操作。

（3）更换硬件并确认 SI 校验和诊断信息

配置了安全功能的机床中，更换硬件模块之后需要确认 SI 校验和。在确认 SI 校验和重启之后会显示如图 5-103 所示诊断信息，这表示更换硬件模块之后必须确认 SI 校验和。

确认 SI 校验和需要进入到"调试"菜单安全配置界面执行操作，如图 5-104 所示。"Select menu"（选择菜单）"Setup"（调试）"＞""Safety"（安全）"Confirm SI data"（确认 SI 数据）。

（4）组件更新

为了将要更换模块的固件版本校准为激活的驱动版本，必须对要更换模块的固件进行更新，

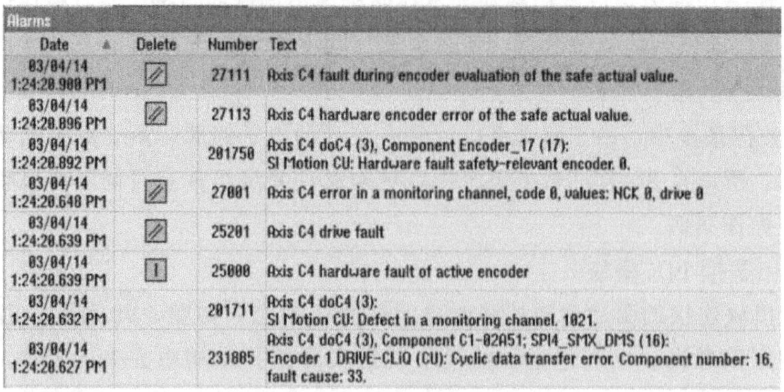

Alarms			
Date ▲	Delete	Number	Text
03/04/14 1:24:20.900 PM	✎	27111	Axis C4 fault during encoder evaluation of the safe actual value.
03/04/14 1:24:20.896 PM	✎	27113	Axis C4 hardware encoder error of the safe actual value.
03/04/14 1:24:20.892 PM		201750	Axis C4 doC4 (3), Component Encoder_17 (17): SI Motion CU: Hardware fault safety-relevant encoder. 0.
03/04/14 1:24:20.648 PM	✎	27001	Axis C4 error in a monitoring channel, code 0, values: NCK 0, drive 0
03/04/14 1:24:20.639 PM	✎	25201	Axis C4 drive fault
03/04/14 1:24:20.639 PM	!	25000	Axis C4 hardware fault of active encoder
03/04/14 1:24:20.632 PM		201711	Axis C4 doC4 (3): SI Motion CU: Defect in a monitoring channel. 1021.
03/04/14 1:24:20.627 PM		231885	Axis C4 doC4 (3), Component C1-02A51; SPI4_SMX_DMS (16): Encoder 1 DRIVE-CLiQ (CU): Cyclic data transfer error. Component number: 16, fault cause: 33.

图 5-101　SMC 模块故障信息

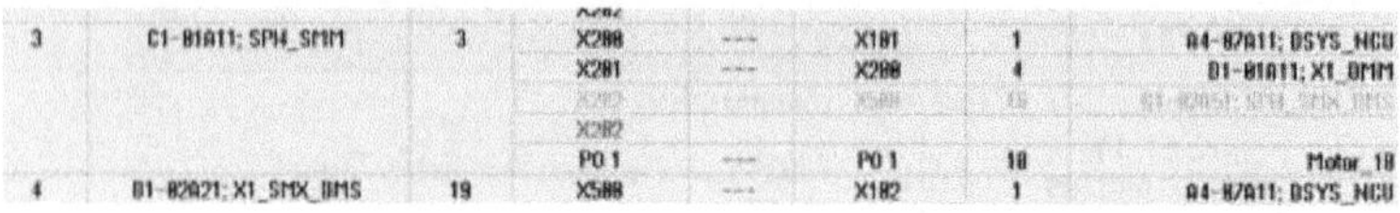

3	C1-01A11; SPI4_SMM	3	X200	---	X101	1	A4-07A11; DSYS_HCU
			X201	---	X200	4	D1-01A11; X1_DMM
			X202				C1-02A51; SPI4_SMX_DMS
			P0 1	---	P0 1	10	Motor_10
4	B1-02A21; X1_SMX_DMS	19	X500	---	X102	1	A4-07A11; DSYS_NCU

图 5-102　SMC 模块丢失组件的拓扑结构

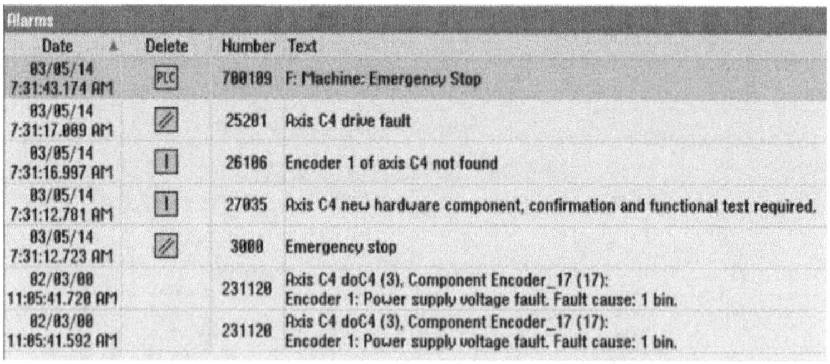

Alarms			
Date ▲	Delete	Number	Text
03/05/14 7:31:43.174 AM	PLC	700109	F: Machine: Emergency Stop
03/05/14 7:31:17.009 AM	✎	25201	Axis C4 drive fault
03/05/14 7:31:16.997 AM	!	26106	Encoder 1 of axis C4 not found
03/05/14 7:31:12.701 AM	!	27035	Axis C4 new hardware component, confirmation and functional test required.
03/05/14 7:31:12.723 AM	✎	3000	Emergency stop
02/03/00 11:05:41.720 AM		231120	Axis C4 doC4 (3), Component Encoder_17 (17): Encoder 1: Power supply voltage fault. Fault cause: 1 bin.
02/03/00 11:05:41.592 AM		231120	Axis C4 doC4 (3), Component Encoder_17 (17): Encoder 1: Power supply voltage fault. Fault cause: 1 bin.

图 5-103　需要确认 SI 校验和的诊断信息

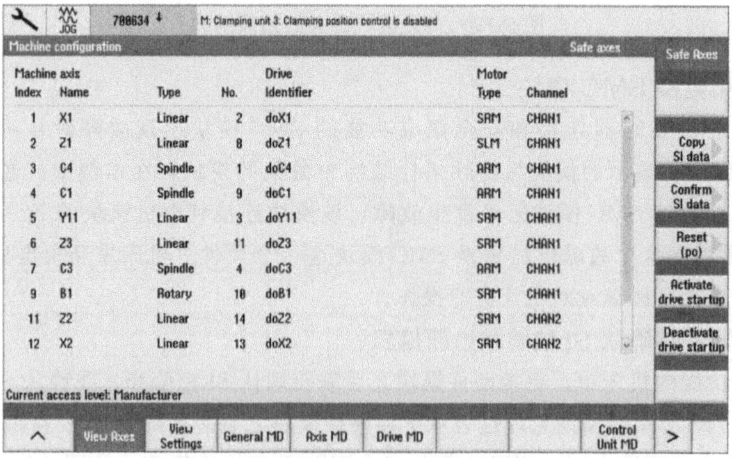

Machine axis Index	Name	Type	No.	Drive Identifier	Motor Type	Channel	
1	X1	Linear	2	doX1	SRM	CHAN1	Copy SI data
2	Z1	Linear	8	doZ1	SLM	CHAN1	
3	C4	Spindle	1	doC4	ARM	CHAN1	Confirm SI data
4	C1	Spindle	9	doC1	ARM	CHAN1	
5	Y11	Linear	3	doY11	SRM	CHAN1	Reset (po)
6	Z3	Linear	11	doZ3	SRM	CHAN1	
7	C3	Spindle	4	doC3	ARM	CHAN1	Activate drive startup
9	B1	Rotary	10	doB1	SRM	CHAN1	
11	Z2	Linear	14	doZ2	SRM	CHAN2	Deactivate drive startup
12	X2	Linear	13	doX2	SRM	CHAN2	

M: Clamping unit 3: Clamping position control is disabled

Current access level: Manufacturer

View Axes　View Settings　General MD　Axis MD　Drive MD　Control Unit MD

图 5-104　安全功能显示界面

且不能显示错误消息。通常更换硬件模块之后第一次上电会自动执行该步骤，又可以通过 P7826
参考检查，如图 5-105 所示。

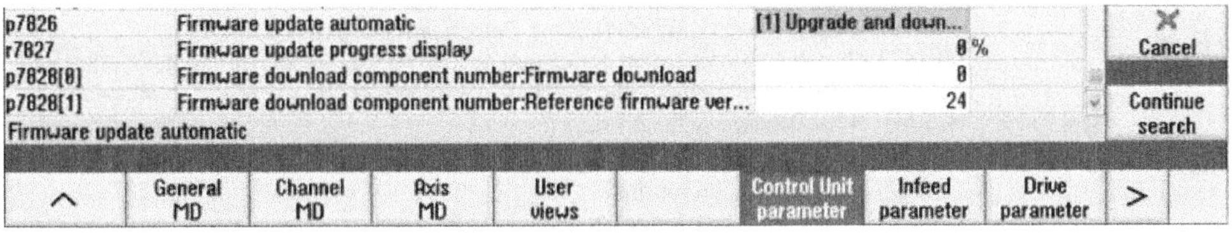

图 5-105　自动更新固件的参数

如果自动执行固件更新，则必须手动执行固件更新，执行手动更新驱动固件操作步骤如下：主菜单→"Setup"（调试）→"Drive system"（驱动系统）→"Drive"（驱动），在该界面下选择要更换的模块按下"Load firmware…"（加载固件…）软键，如图 5-106 所示。

图 5-106　手动更新驱动固件

（5）更换电机模块

电机模块出现故障时显示的错误信息如图 5-107 所示，以灰色显示的模块为实际拓扑结构中丢失的模块，如图 5-108 所示。通常处理这个故障仅需更换电机模块这一个硬件，机床重新上电后，控制器启动且不出现错误消息，可以继续对机床进行操作。

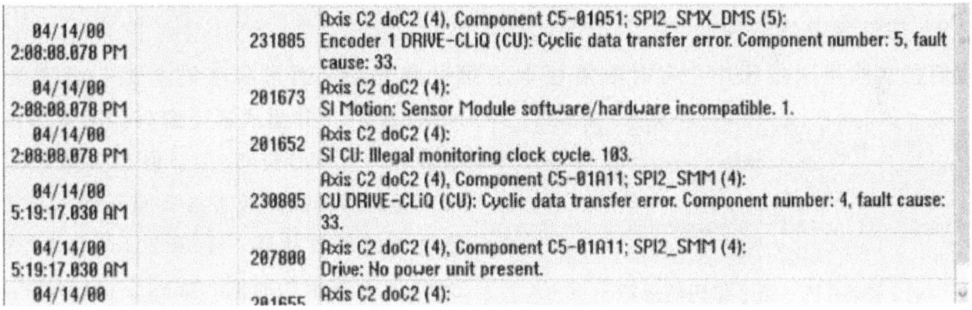

图 5-107　电机模块故障信息

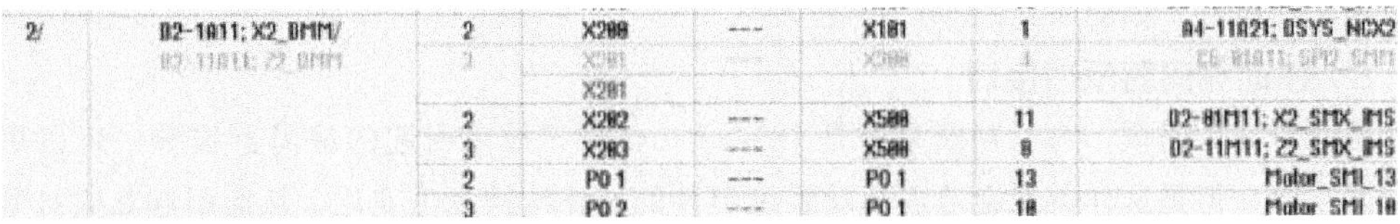

图 5-108　电机模块丢失的拓扑结构

（6）更换一个更大功率的电机模块

如果更换的电机模块功率等级比原来的大一级，比如原来使用的是 5A 的驱动，现在更换成 9A 的驱动，在电机模块更换之后出现报警 201420，如图 5-109 所示。拓扑结构比较等级一般系统默认设置为"High"，所以在拓扑结构界面会看到都是红色的链接，如图 5-110 所示。

04/14/00 9:18:39.009 AM		201420	Bus 3, slave 15, DSYS_NCX (1), Component D1-21A11; Q1SMM (2): Topology: Comparison a component is different. Component number: D1-21A11; Q1SMM, component class target: 2, component class actual: 2, fault cause: 2.
---		25202	Axis Q1 waiting for drive
---		25202	Axis B1 waiting for drive
---		25202	Axis Z3 waiting for drive
---		25202	Axis C1 waiting for drive
---		25202	Axis Z1 waiting for drive

图 5-109　更换不同功率的电机模块报警信息

DSYS_NCX	1	<NX15.3>	201	X100	---	X105		DSYS_NCU
				X101	---	X200	202	<MM_1AXIS_DCAC>
				X102	---	X500	203	<SMx module sin/cos>
				X103				
		<MM_1AXIS_DCAC>	202	X200	---	X101	201	<NX15.3>
				X201	---	X200	204	<MM_1AXIS_DCAC>
				X202	--->	X500	213	<SMI20/DQI>
				PO 1				
		<SMx module sin/cos>	203	X500	---	X102	201	<NX15.3>
				AN 1				
		<MM_1AXIS_DCAC>	204	X200	---	X201	202	<MM_1AXIS_DCAC>
				X201	---	X200	205	<MM_1AXIS_DCAC>

图 5-110　拓扑结构出错

更换完电机模块之后，根据出现的报警信息操作步骤如下：

第一步：设置 p0009＝1，驱动设备重新配置；

第二步：设置 p9906＝2，拓扑比较等级设置为低；

第三步：设置 p201＝r200，设置功率代码，配置的功率代码与读出的功率代码一致；

第四步：设置 p0009＝0，调整回准备状态；

第五步：保存设置，并重启。

（7）取消第 2 编码器

我们在维修机床过程中，有时候需要取消第 2 编码器，通常屏蔽第 2 编码器需要修改 MD30200＝1 并激活第 1 编码器测量系统接口信号 DB3？. DBX1. 5＝1。但是如果还需要把第 2 编码器移除，或者第 2 编码器本身就有短路之类的严重故障，出现 207566、232110 以及 232150 报警的时候，如图 5-111 所示。此时需要把第 2 编码器组件在拓扑结构中取消激活，其方法是修改驱动参数 P145：P145［0］：电机编码器；P145［1］，设置第 2 编码器，选择“0”取消激活组件，如图 5-112 所示。

报警

日期	删除	报警号	文本
94.01.29 02:54:59.523		207566	DP003.从动装置003: SERVO_3.3:3 (3): 驱动：在 PROFIdrive 编码器接口 2 上的编码器错误. 1.
94.01.29 02:54:59.523		232120	DP003.从动装置003: SERVO_3.3:3 (3): 编码器 2：电源电压故障.故障原因: 1 bin.
94.01.29 02:54:59.523		232150	DP003.从动装置003: SERVO_3.3:3 (3): 编码器 2: 初始化出错. 0x100000.

图 5-111　第 2 编码器故障

（8）移动编码器反馈接口

在维修机床的时候，为了判断是否是 Drive-CLiQ 接口故障引起的编码器报警，可以更改移动编码器接口，但是这样一来会造成驱动系统组件的拓扑结构发生变化，从而引起其它报警。例如，将第 2 编码器的接口从 DMC20 的 X502 接口移动到接口 X503 时，驱动系统拓扑结构中 DMC20 显示红色并出现 207566 报警，如图 5-113 所示。编码器接口改变之后，根据出现的报警信息操作步骤如下：

第一步：设置 p0009＝1，驱动设备重新配置；

第二步：设置 p9904＝1，等待 p9904 变回为 0，接收拓扑结构更改；

第三步：设置 p0009＝0，调整回准备状态；

第四步：保存设置并重启。

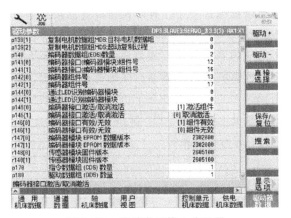

图 5-112　取消激活第 2 编码器

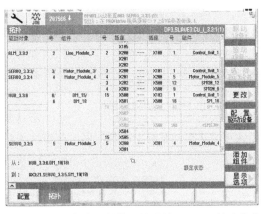

图 5-113　移动编码器接口导致的 DMC20 故障信息

（9）增加组件

比如我们机床上需要增加第 4 轴或者第 5 轴，那么首先需要添加轴的驱动、电机等组件模块。在连接好驱动、电机和编码器信号线之后，重新上电启动系统，会检测出添加了新的组件，出现 201416 报警，如图 5-114 所示。

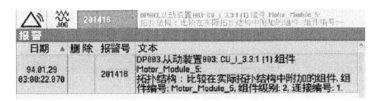

图 5-114　增加组件的报警信息

由于驱动系统检测到添加了组件，因此拓扑结构发生了改变，需要在"调试"界面中进入驱动系统的拓扑结构，如图 5-115 所示。在拓扑结构界面中，选择"添加组件"，系统把自动识别到的新组件添加到拓扑结构中，如图 5-116 所示。

接收完成所添加的新组件之后，可以把驱动电机分配给所指定的轴。

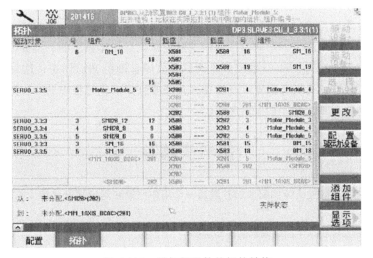

图 5-115　添加新组件的拓扑结构

图 5-116　添加新组件

（10）屏蔽驱动模块

在我们维修机床过程中，有时候会需要屏蔽某一根轴，通过 MD30130＝0、MD30240＝0 可以屏蔽轴。但是如果该轴所对应的驱动依旧有故障或需要移除，那么还必须把这个电机模块屏蔽不激活。屏蔽电机模块时，设置驱动数据 p105＝0，驱动数据的 r106 显示当前模块的状态（激活或者禁止），如图 5-117 所示。当模块禁止时，模块可以从驱动系统中拆除，同时与模块关联的电机、编码器都无效。

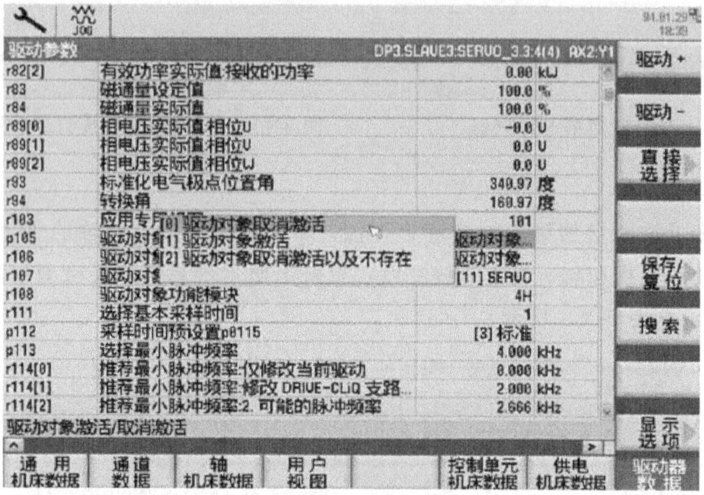

图 5-117　屏蔽驱动

5.9 总结

在第 5 天的学习结束之后，本书的所有内容都已完成。第 5 天主要的内容有接口信号以及故障诊断工具的应用两部分。这两部分内容都不是新的东西，因为在前几天的学习中或多或少都有涉及。然而这两部分内容是一个重点，我们学习本书的目的就是为了能排除机床故障，所以最后一天，带有总结性质地把接口信号以及故障诊断工具通过一些例子详细介绍了一遍。

如何把所学的东西串起来，形成自己西门子数控知识结构体系里的一部分，或者通过学习帮助自己建立起西门子 840D sl/840D 数控机床调试和故障诊断的知识体系，这是我们编写本书的一个最主要目的。另外，我们还需要进一步深入拓展并且把工作过程中的一些案例加以融入，经过比较长一段时间的积累沉淀才能有所突破。

第 5 天练习

1. 简要描述 840D sl 数控机床如何添加并激活一个用户报警和用户提示信息（机床配置操作界面为 HMI Operate）。

2. 编写一个程序实现机床手自动喷水的辅助功能：

（1）MCP483C 标准面板 T1 键及其对应的指示灯作为机床手动开关喷水功能并指示，即按一下 T1 键对应的指示灯亮，喷冷却水；再按一下 T1 键对应的指示灯灭，关闭冷却水。

（2）通过编程辅助功能 M08 代表打开喷冷却水功能， M09 代表关闭喷冷却水功能。

（3）手动已经打开喷冷却水功能时，执行 M08 不影响该功能，但是执行 M09 能够关闭该功能。自动已经打开喷冷却水功能时，手动按下 T1 按键，可以关闭喷冷却水功能。

（4）喷冷却水功能不管在手动还是自动操作，开该功能时 T1 对应的指示灯亮，关闭该功能时 T1 对应的指示灯灭。

参考文献

[1] 陈先锋，等. SIEMENS 数控技术应用工程师——SINUMERIK 840D/810D 数控系统功能应用与维修调整教程. 北京：人民邮电出版社，2010.

[2] 陈先锋. 西门子 SINUMERIK 数控系统维修调试工程师手册——西门子 840D sl 数控系统. 北京：化学工业出版社，2011.

附 录

附录 A　新技术拓展之虚拟调试

A.1　数控机床虚拟调试概念

　　虚拟调试属于数字化双胞胎（数字孪生）的一类（图 A-1），从技术实现的维度，虚拟调试包括物理空间的实体控制单元、虚拟空间的虚拟产品、物理空间和虚拟空间之间的数据和信息交互接口。

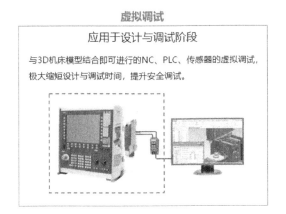

图 A-1　数控数字化双胞胎（虚拟调试＋虚拟机床）

　　机床虚拟调试技术属于数控数字化双胞胎的一部分，西门子作为拥有高端数控系统 840D sl、信号转换系统、机电一体化概念设计（MCD）完整产品线的公司打造了该解决方案。具体技术

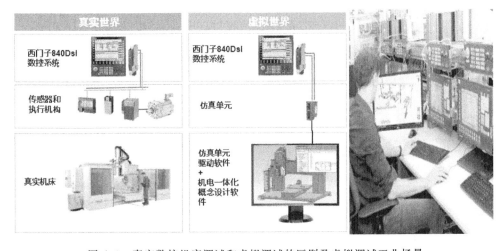

图 A-2　真实数控机床调试和虚拟调试的区别及虚拟调试工业场景

原理是从数控系统出发，结合数字化的机械设计、电气设计以及自动化控制，实现在不需要真实的物理机械结构的前提下，在机电一体化概念设计平台上将虚拟 3D 仿真模型通过硬件信号仿真单元与硬件数控系统结合，进行运动及编程仿真、测试和设计优化，实现机床的高效快速调试并可以反过来优化机床设计（图 A-2）。

A.2　数控机床虚拟调试的功能应用

虚拟调试主要用于设备的研发和改造阶段，帮助工程技术人员提高设计速度，缩短产品调试时间，降低生产成本。在数控机床虚拟调试的过程中，通常采用 MCD＋数控系统 840D sl 的方式，将 MCD 和西门子数控系统进行虚实连接，完成机床的虚拟调试。可以调试的内容和实现的功能包括如下方面：

（1）仿真的功能：干涉、刚体、加速度等；

（2）验证的功能：操作顺序、NC 代码、PLC 代码等；

（3）定义的功能：功能模型、需求、驱动和传感器等；

（4）虚拟调试的功能：数字双胞胎验证、校验机电概念设计、可视化呈现等。

通常虚拟调试过程可以分为模型创建和虚拟调试执行两个应用阶段，如图 A-3 所示。

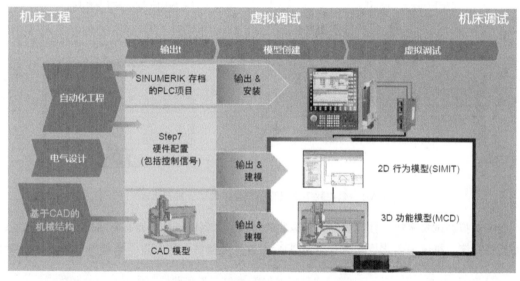

图 A-3　虚拟调试的两个应用阶段

虚拟调试支持机械工程和机床调试，包括机床建模、配置控制器、测试 PLC 和操作交互、测试 NC-PLC 交互、测试 NC 循环、零部件 NC 程序测试以及最终的机床调试，如图 A-4 所示。

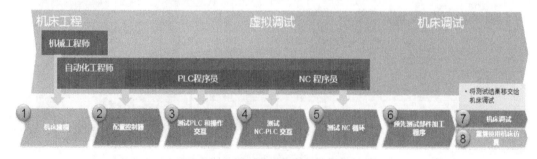

图 A-4　数控虚拟调试的内容

其中，机床建模属于机械工程方面的内容，包含在 MCD 中的功能建模、SIMIT 中的行为建模、基于 3D CAD 中的数据压缩、建立组件库以及基于模板的模型生成。从配置控制器开始到测试 NC 循环属于自动化工程方面的内容，主要包含根据虚拟模型配置真实控制器、测试 PLC 程序和 I/O 信号、测试 NC/PLC 接口信号、测试换刀等 NC 循环程序、测试零件程序以及验证加工过程中是否有碰撞等问题产生。

机床模型建立好以后，就要进行 MCD 的设置，MCD 的主要作用就是将机床模型的各种动作通过电气虚拟设计实现起来。MCD 的设置主要包括刚体的设置、运动副的设置、传感器和执行器的设置、信号源的设置、建立信号连接、建立仿真序列等几个方面。对于自动化工程师来说，核心的工作是机床的 NC 功能的配置以及 PLC 程序编写，虚拟调试项目中，需要完成 PLC 程序以及 I/O 信号的测试，则需要在虚拟调试的仿真平台中建立 MCD 信号与外部信号的交互通道。西门子 840D sl 数控那个系统通过 PROFINET 连接到 PLC 外围 I/O 从而实现机床辅助功能，而对于虚拟调试，数控系统通过 PROFIBUS 或者 PROFINET 连接到 SIMIT 单元。SIMIT 单元能够仿真数控机床外围 I/O 总线通信，数控机床的控制信号经过 SIMIT 单元传送到计算机的三维机床模型，从而实现机床相应的动作；同时从机床反馈过来的状态信号通过 SIMIT 单元送到数控系统，在整个过程中 SIMIT 单元实现了机床外部 I/O 设备的通信模拟仿真。通过 SINU-MERIK 的控制面板操作数控机床，模型中所有的轴都可以实现运动和动作。调入换刀程序及加工程序，可以观察到 MCD 中的机床模型完全数控程序的指令进行换刀及工件加工运动轨迹（MCD 不属于 CAM 模块，不模拟减材仿真）。

通过数控机床虚拟调试方法，可以实现数控机床虚拟样机的设计、研发、调试与验证工作，从而可以快速判断出所设计的机床是否满足要求。

A.3 数控机床虚拟调试的优势

虚拟调试是一个新技术应用，在原有的解决方案基础上，实现了全虚拟环境的仿真调试，实现了虚拟调试闭环，其应用优势在于如下几个方面：

（1）支持机床的集成设计流程，从概念设计阶段贯穿详细设计和虚拟调试，这有助于降低机床研发的时间和成本。

（2）MCD 概念设计功能支持机床研发的多方案比选，帮助技术人员实行早期设计决策。

（3）多学科工程使工程师能够在机械、电气和自动化领域之间进行协同，加速机床研发周期，提高产品质量。

（4）虚拟调试在制造真实机床之前，很早就可以开始进行自动化编程，减少实物调试验证的次数，提前预知设计错误和缺陷，最终消除过程中的风险。

附录 B　西门子数控系统 840D sl 仿真软件 SinuTrain

SinuTrain 一个逼真再现真实数控系统的编程平台，如图 B-1 所示，它可以在计算机上逼真再现 SINUMERIK Operate 标准界面及机床操作面板，为培训提供仿真的操作环境，使学员可以实践所学理论知识。通过 SinuTrain，工艺编程人员可以在计算机上离线编制 NC 程序并仿真测试程序，随后可直接传送给数控系统。SinuTrain 上的所有控制、编程操作以及程序执行都可以如同在真实操作系统上一样顺利进行，不受任何限制。

SinuTrain 还是一个非常实用的数控培训工具，无论是专家还是新手，都可以利用 SinuTrain

来练习新型 SINUMERIK 840D sl 数控系统的操作和编程。

SinuTrain 的 V4.7 和 V4.8 有可以无限期使用的免费基础版下载。

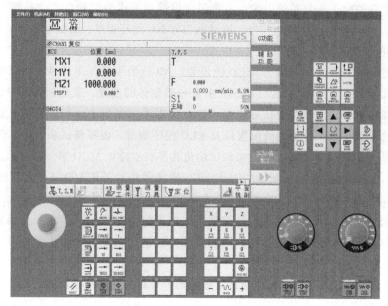

图 B-1   SinuTrain 仿真操作界面

安装要求

软件版本	个人电脑 操作系统要求	个人电脑 硬件要求
V4.8 Ed.2-basic （基本版，无试用时间限制） V4.7 Ed.3-basic （基本版，无试用时间限制）	• MS Windows7 基础家用版、高级家用版、专业版、旗舰版、企业版（32/64 位） • MS Windows8.1/MS Windows8.1 专业版，企业版（32/64 位） • 不支持 MS Windows XP 平台 • Adobe Reader，及管理员权限	• CPU：2GHz 或更高 • 内存条：4GB • 硬盘容量：约 3GB（完整安装） • 显卡：DirectX9 或更高（带 WD-DM1.0 驱动），分率最小 800×600 • 鼠标，键盘等